Hans Hoischen

Praxis des Technischen Zeichnens Metall

mit einer Einführung in die
Darstellende Geometrie

Erklärungen, Übungen, Tests

für Schule, Umschulung
und Weiterbildung

10., überarbeitete Auflage

D1673869

Normen werden wiedergegeben mit Erlaubnis des DIN Deutsches Institut für Normung e.V. Maßgebend für das Anwenden der Norm ist deren Fassung mit dem neuesten Ausgabedatum, die bei der Beuth Verlag GmbH, Burggrafenstraße 6, 1000 Berlin 30, erhältlich ist.

Bitte beachten:

Aus drucktechnischen Gründen mußten Zeichnungen verkleinert werden, so daß diese sowie Linien, Maßzahlen, Oberflächensymbole usw. nicht immer den angegebenen Maßstäben und Normgrößen entsprechen. Infolge Platzmangels konnten nicht alle Schriftfelder und Stücklisten normgerecht gebracht werden.

In diesem Fachbuch werden zur Vereinheitlichung nur noch die neuen Normbezeichnungen nach DIN 820 Teil 27 verwendet, die bei älteren DIN-Normen erst bei deren Überarbeitung geändert werden.

Um das freihändige Beschriften technischer Zeichnungen zu fördern, wird in dem Abschnitt

    1 Grundlagen des Technischen Zeichnens

die kursive ISO-Normschrift nach DIN 6776 B angewendet.

In den Abschnitten

    2 Darstellende Geometrie, Einführung und

    3 Lesen und Anfertigen von Gesamt- und Teilzeichnungen, Baugruppen

kommt die vertikale ISO-Normschrift nach DIN 6776 B zur Anwendung, die nur mit Hilfe von Schriftschablonen exakt geschrieben werden kann. Hierbei sollen Formelzeichen und Maßbuchstaben nach DIN 1338 kursiv geschrieben werden, was nicht auf Maßbuchstaben bei Normteilen angewendet wird, um stetigen Schriftschablonenwechsel zu vermeiden.

Nach der neuen DIN 406 T11 ist z.B. das Ø-Symbol nicht dem Maßbuchstaben in der Zeichnung, sondern der Maßzahl in der Tabelle zugeordnet. Dies wird in den Normteiltabellen auf den S. 152...181 wie in den entsprechenden Normen erst später geändert.

Für den Gebrauch an Schulen
© 1993 Cornelsen Verlag, Berlin
Alle Rechte vorbehalten.

Bestellnummer 420434
10. Auflage
Druck 5 4 3 2 1 / 96 95 94 93
Alle Drucke derselben Auflage sind im Unterricht parallel verwendbar.

Satz: Satz-Zentrum West, Dortmund
Druck: Fürst & Sohn, Berlin
Bindearbeiten: Fritzsche/Ludwig, Berlin

ISBN 3-464-42043-4

Geleitwort

Das Lehr-, Lern- und Übungsbuch „Praxis des Technischen Zeichnens – Metall" vermittelt in drei Kapiteln

1. das grundlegende Technische Zeichnen mit einer Einführung in die Zeichnungsnormen, Einsatz der Zeichengeräte, Grundregeln der Bemaßung, Darstellen und Bemaßen der Grundkörper, Räumliches Vorstellen und Zeichnungslesen, Ansichten und Schnitte, Gewindedarstellung, Darstellen und Bemaßen geschweißter Bauteile, Toleranzen und Passungen;
2. eine Einführung in die Darstellende Geometrie mit geometrischen Konstruktionen, Projektionszeichnen, Schnitte, Durchdringungen und Abwicklungen, Axonometrische Projektionen;
3. eine Anzahl ausgewählter Baueinheiten als Gruppenzeichnungen für die Gesamtbehandlung durch Zeichnungslesen, Übungsgruppen zum Erkennen der technologischen Probleme und Zeichenaufgaben für das Konstruieren von Einzelteilen und Baugruppen sowie wichtige Verbindungselemente mit Abmessungstabellen.

Dieses Fachbuch enthält eine Reihe von ausgewählten, gestuften und aufbereiteten Aufgaben für das Technische Zeichnen von heute. Außerdem bietet es eine Vielfalt von Lern-, Übungs- und Lösungshilfen sowie Hinweise für das Zeichnungslesen und Beispiele für das schrittweise Zeichnen und Konstruieren.

Von besonderem Wert sind die nach den gestuften Lehrstoffen jeweils gestellten Wiederholungsfragen und Tests. Sie dienen der Feststellung des Lern- und Übungsfortschritts und der Prüfungsvorbereitung.

In der Darstellenden Geometrie werden die wichtigsten Grundkonstruktionen für das Bestimmen der wahren Größen von Strecken und Flächen sowie das Ermitteln der Durchstoßpunkte von Geraden und Flächen als Voraussetzung für die Konstruktion von Schnittkurven und Körperdurchdringungen eingehend behandelt.

Dieses Fachbuch berücksichtigt die Lehrplanrichtlinien und ist besonders geeignet für Berufsaufbau-, Berufsfach-, Fachoberschulen, in Lehrgängen, Meister- und Umschulungskursen sowie für die Praxis und zum Selbststudium insbesondere zur Vorbereitung auf Zwischen- und Abschlußprüfungen.

Der überarbeiteten 10. Auflage wurde weitgehend der Normenstand, insbesondere DIN 406 T10...T12, zugrunde gelegt.

Ferner wird auch ein Einblick in das rechnergestützte Konstruieren und Zeichnen (CAD) gegeben, das sich immer mehr zum Werkzeug des Konstrukteurs entwickelt.

Anregungen und Verbesserungsvorschläge wurden berücksichtigt und werden auch weiterhin dankbar begrüßt.

Zur Ergänzung und Vertiefung sei auf das Fachbuch „Technisches Zeichnen – Grundlagen, Normen, Beispiele, Darstellende Geometrie", 24. Auflage vom gleichen Verfasser hingewiesen.

Dr.-Ing. Hans Hoischen

Inhaltsverzeichnis

Lernziele

1	**Grundlagen des Technischen Zeichnens.**	7
1.1	Einführung in die Zeichnungsnormen, Zeichengeräte	7
	Die normgerechte technische Zeichnung als Verständigungsmittel der Technik, Normung, DIN-, DIN ISO- und DIN EN-Normen	7
	Zeichengeräte und ihre Anwendung, DIN-Blattgrößen nach DIN 6771 T6	8, 9
	Faltung der DIN-Formate nach DIN 824, Maßstäbe für Zeichnungen nach DIN ISO 5455, Zeichnungsarten nach DIN 199, Liniengruppen,	10, 11
	Linienarten und Linienbreiten nach DIN 15	12, 13
	Normschrift für Zeichnungen nach DIN 6776, Schriftübungen	14 ... 16
1.2	Geometrische Grundkonstruktionen	17
	Senkrechte errichten, Parallele ziehen, Strecken und.	17
	Winkel teilen, regelmäßige Vielecke zeichnen,	18
	Kreisanschlüsse konstruieren	19
1.3	Darstellen und Bemaßen flacher Werkstücke mit geradliniger Begrenzung.	20
	Grundregeln der Maßeintragung nach DIN 406	20 ... 22
	Unsymmetrische, flache Werkstücke	23, 24
	Symmetrische, flache Werkstücke	25, 26
	Flache Werkstücke mit Winkeln, Winkellehren	27, 28
	Maßtoleranzen und Eintragen von Grenzabmaßen	29
1.4	Darstellen und Bemaßen prismatischer Werkstücke in mehreren Ansichten, Räumliches Vorstellen und Zeichnungslesen, Werkstücke mit rechtwinkligen Flächen	30
	Rechteckprisma in drei Ansichten	30
	Bestimmen von Eckpunkten, Kanten und Flächen an prismatischen Körpern, verdeckte Kanten	31
	Räumliches Vorstellen durch Vergleich von Raumbildern mit der technischen Zeichnung	32
	Fertigungsbezogenes Bemaßen von prismatischen Werkstücken	33
	Test: Zuordnen und Auswählen von Ansichten	34, 35
	Anleitung zum Anfertigen von technischen Zeichnungen	36
	Zeichnen und Bemaßen von Werkstücken als Raumbilder	37, 38
	Übungen im räumlichen Vorstellen durch Ergänzungszeichnen	39
	Test und Übungen: Zeichnen von Werkstücken nach Raumbildern	40
	Darstellen und Bemaßen von Werkstücken mit schrägen Flächen, drei- und sechskantige Werkstücke	41
	Test und Übungen: Zuordnen und Auswählen von Ansichten, Ergänzen von Ansichten, Zeichnen von Werkstücken nach Raumbildern	42 ... 45
	Prismatische Werkstücke mit Abwicklungen	46, 47
1.5	Darstellen und Bemaßen flacher Werkstücke mit Radien, Bohrungen und Durchbrüchen	48
	Bemaßen von Radien und Bohrungen	48
	Bemaßen von Flanschformen	49
	Übungen: Darstellen und Bemaßen von flachen Werkstücken mit Radien, Bohrungen und Durchbrüchen	50, 51
1.6	Darstellen und Bemaßen zylindrischer Werkstücke	52
	Fertigungsbezogenes Bemaßen zylindrischer Werkstücke.	53
	Werkstücke mit Parallelschnitten und Abwicklung	54
	Test und Übungen: Zuordnen und Ergänzen von Ansichten, Zeichnen von Werkstücken nach Raumbildern	55 ... 57
	Reihenfolge beim Ausziehen einer Teilzeichnung in Tusche	58
1.7	Darstellen und Bemaßen pyramiden-, kegel- und kugelförmiger Werkstücke	59
	Pyramidenförmige Werkstücke	59
	Test und Übungen: Zuordnen von Ansichten, Zeichnen von Werkstücken nach Raumbildern und Ergänzen von Ansichten	60 ... 62
	Kegel- und kugelförmige Werkstücke	63, 64
	Test und Übungen: Zuordnen und Ergänzen von Ansichten	65, 66
	Zeichnen von Werkstücken nach Raumbildern	67

1.8	**Anordnung der Ansichten und Schnittdarstellung nach DIN 6**	68
	Projektionsmethoden und Anordnung der Ansichten	68
	Teilansichten und verkürzte Darstellungen	69
	Vollschnitt, Halbschnitt, Teilschnitt, Profilschnitt, Schnittverlauf, Einzelheit	70
	Schnittkennzeichnung, Einzelheiten, Positionsnummern	71
	Schnittdarstellung einer Scheibenkupplung	72
	Test und Übungen: Verkürzte Darstellung und Schnittdarstellung von Werkstücken, Ergänzen von Ansichten als Schnittdarstellungen.	73, 74
1.9	**Darstellen und Bemaßen von Gewinden nach DIN ISO 6410**	75
	Außen- und Innengewinde.	75
	Darstellen von Schraubenverbindungen.	76
	Metrisches ISO-Gewinde nach DIN 13, Gewindebezeichnungen nach DIN 202.	77
	Konstruieren der Fasenkreise an Sechskantschraube und Mutter.	78
	Test und Übungen: Auswahl normgerechter ISO-Gewindedarstellungen,	79
	Zeichnen von Schraubenverbindungen,	80
	Darstellen und Bemaßen der Einzelteile einer Stockwinde	81
1.10	**Oberflächen-, Rändel- und Härteangaben an Werkstücken**	82
	Rauheitsmaße, Oberflächenangaben nach DIN ISO 1302	82...85
	Rändelangaben nach DIN 82.	86
	Härteangaben nach DIN 6773 und Härteprüfverfahren	87
	Test: Auswahl normgerechter Oberflächen- und Rändelangaben.	88
1.11	**Regeln der Maßeintragung und Zeichnungslesen**	89
	Maßeintragung nach DIN 406 T11 (Auswahl)	89, 90
	Bemaßen genauer Kegel nach DIN ISO 3040	91
	Neigungs- und Verjüngungsangaben	92
	Lesen der Teilzeichnung Kugelgelenkbolzen	93
	Zeichnen nach Fertigungsstufen für Einzelfertigung	94
	Massenfertigung von Stopfbuchsen auf einem Mehrspindeldrehautomaten	95
	Darstellen und Bemaßen der Zuschnitte von Biegeteilen	96, 97
1.12	**Maßtoleranzen, Grenzmaße, Passungen, Form- und Lagetoleranzen**	98
	Grundbegriffe, Paßsysteme der Einheitsbohrung und der Einheitswelle.	99
	Bestimmen einer Passung, Eintragen von Toleranzklassen	100
	Kennzeichen und Richtlinien für die Anwendung von Passungen	101
	Auswahl von Passungen nach DIN 7157	102
	Eintragen von Form- und Lagetoleranzen nach DIN ISO 1101	103, 104
	Text und Übungen: Zeichnen und Bemaßen von Werkstücken nach Raumbildern	105
1.13	**Darstellen und Bemaßen geschweißter Bauteile**	106
	Darstellen und Bemaßen von Schweißnähten nach DIN 1912, Grundsymbole	106, 107
	Bezugszeichen mit Angaben, Bewertungsgruppen, schweißgerechtes Gestalten	108, 109
	Beispiel für die Aufnahme eines Werkstückes durch Freihandskizzieren	110
	Darstellen und Bemaßen von geschweißten Bauteilen	111
2	**Darstellende Geometrie, Einführung**	112
2.1	**Geometrische Konstruktionen.**	112
	Ellipse, Parabel, Hyperbel, Spirale, Evolvente, Zykloide, Schraubenlinie, Schraubenfläche, Schraubengang.	113...114
2.2	**Projektionszeichnen**	115
	Projektionsarten,	115
	Projektion von Punkt, Strecke, Fläche, wahre Länge, wahre Größe.	116...118
	Test: Projektion von Strecken und Flächen.	119
	Konstruktion der Durchstoßpunkte von Geraden mit Flächen und Körpern	120
	Konstruktion der Durchdringung mit ebenen Flächen	121
	Test: Konstruktion der Durchstoßpunkte von Geraden mit Flächen und Körpern	122
	Projektion von Werkstücken durch Kippen und Drehen	123, 124
2.3	**Konstruktion von Schnitten an Grundkörpern mit Abwicklungen**	125
	Schnitte an Grundkörpern.	125
	Schnitte an pyramidenförmigen und zylindrischen Werkstücken.	126, 127

	Test: Zylinderschnitte und Abwicklungen.	128
	Schnitte an kegel- und kugelförmigen Werkstücken, Schnitte an Drehkörpern	128 ... 131
	Test: Schnitte an kegel- und kugelförmigen Werkstücken	132
	Abwicklung einer Entlüftungshaube, Lösungsfolge	133
	Abwicklung von Übergangskörpern nach dem Dreieckverfahren	134
2.4	**Durchdringungen von Grundkörpern mit Abwicklungen**	135
	Prismen- und Pyramidendurchdringungen	135 ... 137
	Test und Übungen: Durchdringungen und Abwicklungen von Grundkörpern	138
	Durchdringungen von Zylindern, Hilfseben- und Hilfskugelverfahren	139 ... 141
	Test und Übungen: Durchdringungen und Abwicklungen von Zylindern	142
	Kegel-Zylinder- und Ringkörperdurchdringungen	143, 144
	Test und Übungen: Durchdringungen von Zylindern, Kegeln und Ringkörpern	145
2.5	**Axonometrische Projektionen nach DIN 5**	146
	Isometrische und dimetrische Darstellung	146
	Zeichenschritte bei der dimetrischen Darstellung von Werkstücken	147, 148
3	**Lesen und Anfertigen von Gesamt- und Teilzeichnungen, Baugruppen**	149
3.1	**Gesamtbehandlung der Baugruppe Prüflehre**	149
	Lesen von Gruppen- und Teilzeichnungen	150, 151
	Zeichenfolge bei der Anfertigung der Teilzeichnung Anschlag	152
	Zeichenfolge bei der Anfertigung der Gruppenzeichnung Prüflehre	153
3.2	**Zeichnungs- und Stücklistensatz, Schriftfelder und Stücklisten nach DIN 6771**	154
3.3	**Verbindungselemente**	155
	Federn	155
	Schrauben und Muttern, Unterlegscheiben	156
	Stifte, Keile, Paßfedern, Keilwellenprofile	157 ... 159
	Sicherungsringe für Achsen und Wellen, Zentrierbohrungen	160
3.4	**Wälzlager, Gleitlager, Dichtungen**	161
	Wellenlagerung durch Wälzlager, Fest- und Loslager	161
	Toleranzfelder für den Einbau von Wälzlägern	161
	Abmessungen von Wälzlägern, Freistiche, Dichtungen	162, 163
	Mitlaufende Körnerspitze	164
	Deckellager, Treibstange mit Gleitlagern	165, 166
3.5	**Zahnräder und Getriebe**	167
	Bestimmungsgrößen der Geradestirnräder, Moduln für Stirnräder	167
	Darstellen von Zahnrädern nach DIN ISO 2203	168
	Evolventenverzahnung	169
	Dreiganggetriebe	170, 171
	Schneckengetriebe	172, 173
	Zahnradpumpe	174
3.6	**Kupplungen, Wellenenden, Keilriemenscheiben**	175
	Einteilung der Kupplungen	175
	Scheibenkupplungen	175
	Elastische Kupplungen	176
	Kreuzscheibenkupplung für Einspritzpumpe	177
	Wellenenden, Schmalkeilriemenscheiben	178
3.7	**Vorrichtungen, Werkzeuge und Werkzeugmaschinenteile**	179
	Fräsvorrichtung, Bohrvorrichtung, Bohrbuchsen	179 ... 181
	Plattenführungsschneidwerkzeug für Scheiben	182, 183
	Reitstock einer Drehmaschine	184, 185
	Schnellwechselfutter	186
3.8	**Absperrventil und Ventilgehäuse**	187, 188
3.9	**Druckluftzylinder**	189
3.10	**Konstruieren und Zeichnen am graphischen Bildschirm, CAD**	190 ... 194
3.11	**Größenverhältnisse von Symbolen in technischen Zeichnungen**	195, 196
3.12	**Werkstoffe, Eigenschaften und Verwendung**	197, 198
	Sachwortverzeichnis	199, 200

1 Grundlagen des Technischen Zeichnens

1.1 Einführung in die Zeichnungsnormen, Zeichengeräte

Die normgerechte technische Zeichnung als Verständigungsmittel der Technik

Die heutige moderne Fertigung ist gekennzeichnet durch eine weitgehende Arbeitsteilung. Im Hinblick auf eine kostengünstige Herstellung wird ein Werkstück meist nacheinander in mehreren Werkstätten eines Werkes oder sogar in einem anderen Werk gefertigt. Normteile werden im allgemeinen in großen Stückzahlen von Spezialfabriken hergestellt und von dort kostengünstig bezogen.

Diese Arbeitsteilung macht die technische Zeichnung als Verständigungsmittel und Informationsträger zwischen dem Konstruktionsbüro, der Arbeitsvorbereitung und den einzelnen Werkstätten eines Werkes erforderlich.

In der technischen Zeichnung ist das räumliche Werkstück mit Hilfe der rechtwinkligen Parallelprojektion in einer zweidimensionalen Ebene, der technischen Zeichnung, maßgetreu abgebildet, was durch eine Fotografie nicht erreicht werden kann.

Die technische Zeichnung enthält ferner alle Maße zur Festlegung der Abmessungen und der Form des Werkstückes sowie Oberflächenangaben, Werkstoff und Wärmebehandlung, so daß das Werkstück ohne Rückfragen gefertigt werden kann. Die technische Zeichnung ist daher auch eindeutiger als eine Textbeschreibung.

Der Fachbearbeiter an der Werkzeugmaschine muß die technische Zeichnung einwandfrei lesen und die Form und Abmessungen des Werkstückes eindeutig erkennen, damit bei der Bearbeitung keine Fehler am Werkstück entstehen, die zu Ausschuß führen und die termingerechte Fertigstellung, z. B. einer Maschine, in Frage stellen und somit die Montage und Auslieferung der Maschine verzögern.

Die technische Zeichnung muß daher eindeutig und klar zu lesen sein. Das setzt voraus, daß der Konstrukteur die technische Zeichnung nach verbindlichen Zeichenregeln, den Zeichnungsnormen, anfertigt. Diese werden vom DIN, dem Deutschen Institut für Normung e. V., herausgegeben.

Hier sei auf einige wichtige Zeichnungsnormen hingewiesen:

DIN 6	Ansichten und Schnitte
DIN 15	Linien in Zeichnungen
DIN 406 T11	Regeln der Maßeinrichtung in Zeichnungen
DIN 6771 T6	DIN-Blattgrößen
DIN 6776	ISO-Normschrift
DIN ISO 1302	Angabe der Oberflächenbeschaffenheit in Zeichnungen
DIN ISO 5455	Maßstäbe für technische Zeichnungen
DIN ISO 6410	Darstellen und Bemaßen von Gewinden

Normung

Die Normung ist ein Mittel zur sinnvollen Ordnung in der Technik. Sie stellt durch Vereinheitlichung Lösungen für wiederkehrende Aufgaben bereit. So können z. B. Normteile, die nach Form, Größe und Ausführung festgelegt sind, ausgetauscht werden. Genormte Prüfverfahren, z. B. für die Härteprüfung, gewährleisten die Vergleichbarkeit von Meßergebnissen. Daher ist die Normung die wichtigste Grundlage für eine technische Zusammenarbeit. Sie schafft die Voraussetzungen für den Austauschbau und ermöglicht damit eine kostengünstige Massenfertigung.

Normen sind Regeln der Technik, die stets zu beachten und anzuwenden sind.

DIN-Normen

DIN-Normen enthalten die vom Deutschen Institut für Normung e. V. erarbeiteten Fassungen der Normen, die von Fachnormenausschüssen erarbeitet werden. Sie werden auf besonderen Blättern, den Normblättern, herausgegeben.

DIN ISO-Normen

DIN ISO-Normen sind ISO-Normen, die von der ISO, der Vereinigung der nationalen Normenvereinigungen, gemeinsam erarbeitet werden und in der Bundesrepublik Deutschland erscheinen. Der Zweck der ISO ist, die Förderung der Normung in der Welt um dadurch die gegenseitige Zusammenarbeit der einzelnen Länder zu entwickeln.

DIN EN-Normen

DIN-EN-Normen sind Europäische Normen, deren deutsche Fassung als Deutsche Normen gelten. EN-Normen werden auf dem Gebiete der Technik mit Ausnahme der Elektrotechnik in Westeuropa unter Berücksichtigung der ISO-Normen erarbeitet, um die nationalen Normen untereinander in Einklang zu bringen. Teilweise werden ISO-Normen als EN-Normen übernommen, z.B. S. 156.

Zeichengeräte und ihre Anwendung

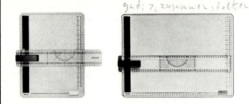

8.1 u. 2 Flachzeichenplatten DIN A4 und DIN A3

Zeichenplatten DIN A4 ... A2 erleichtern das Anfertigen genauer technischer Zeichnungen. Sie besitzen versenkte Klemmleisten zum Einspannen des Zeichenblattes und sind mit einem in Nuten geführten schwenkbaren Lineal oder mit einem verstellbaren Zeichenkopf ausgestattet, 8.1 u. 2.

8.3 Nachfüllbarer Feinminenhalter

Zum Zeichnen in Blei werden Bleistifte oder nachfüllbare Feinminenhalter verwendet, 8.3. Die Minen haben verschiedene Härtegrade, die durch Buchstaben gekennzeichnet und teilweise durch Ziffern noch feingestuft sind:

    B = schwarz (Black) weich
    HB = mittelhart (Hard-Black)
          für breite Linien
    H = hart (Hard)
          H2 für schmale Linien
    F = fest (Firm)

8.4 Röhrchen-Tuschefüller

Beim Zeichnen in Tusche gewährleisten Röhrchen-Tuschefüller $\overline{m}$ (micronorm) das Einhalten der genormten Strichbreiten nach DIN 15.

Für den Schulgebrauch haben sich ein 4er-Satz mit den Linienbreiten 0,7, 0,5, 0,35 und 0,25 bzw. ein 3er-Satz mit den Linienbreiten 0,5, 0,35 und 0,25 bewährt, die in Kassetten aufbewahrt werden, 8.5.

8.5 Kassette mit Tuschefüller

8.6 Einsatzzirkel

Zirkel sind Hilfsmittel zum Zeichnen von Kreisen.

Einsatzzirkel dienen zum Zeichnen von Kreisbögen in Blei und mit Hilfe eines Zirkelansatzes für Tuschefüller auch in Tusche, 8.6. Mit einer Verlängerungsstange lassen sich auch sehr große Kreise zeichnen.

8.7 Stechzirkel

Stechzirkel benutzt man zum Übertragen von Längen vom Maßstab auf die Zeichnung und zur Überprüfung von Maßen in der Zeichnung, 8.7.

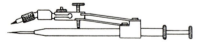

8.8 Nullenzirkel

Mit dem Nullenzirkel lassen sich kleine Kreise zeichnen, 8.8. Er kann mit einem Blei- oder Tuscheinsatz benutzt werden.

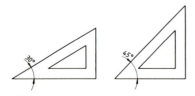

*8.9 u. 10 Winkel
mit 30°, 60° und 90°   45° und 90°*

Zeichendreiecke mit 30°-, 60°-, 90°- und 45°-, 90°-Winkel dienen zum Zeichnen von senkrechten sowie aller in einem Winkel zur Grundlinie liegenden Linien, 8.9 u. 10. Bei Zeichenplatten mit Zeichenkopf erübrigen sich Zeichendreiecke.

Zeichengeräte und ihre Anwendung, DIN-Blattgrößen nach DIN 6771 T6

9.1 Schlagen von Kreisen

9.2 Parallelen ziehen

Beim geschlossenen Zirkel haben Mine und Nadel die gleiche Länge, und beim geöffneten Zirkel stehen die abgeknickten Schenkel senkrecht zum Zeichenpapier. Der Zirkelgriff ist beim Kreisschlagen nur mit Daumen und Zeigefinger zu drehen, 9.1.

Parallele Linien können mit Hilfe zweier Dreiecke durch Verschieben eines Dreiecks gezeichnet werden, 9.2.

9.3 Geo-Dreieck

9.4 Dreikantmaßstab

Das Geometrie-Dreieck ist ein Zeichendreieck mit Winkelmesser und Maßstab, 9.3.

Der Dreikantmaßstab besitzt mehrere Maßstäbe und eignet sich besonders zum Abnehmen von Maßen bei Verkleinerungen wobei das Umrechnen von Maßen erspart wird, 9.4.

9.5 Schriftschablonen

Schriftschablonen werden zum sauberen Beschriften technischer Zeichnungen verwendet, 9.5.

Zeichenschablonen für Radien, Muttern, Oberflächenzeichen usw. erleichtern das technische Zeichnen, z. B. 9.6.

Der Aufbau der Papierformate ist nach DIN 476 festgelegt.

Das Ausgangsformat A0 ist ein Rechteck mit einer Fläche von 1 m².

$$A0 = x_0 \cdot y_0 = 1 \text{ m}^2$$

Die Formate der A-Reihe lassen sich aus dem Ausgangsformat A0 durch fortgesetztes Hälften entwickeln, 9.7.

Alle Formate sind einander ähnlich, da sich ihre Seiten wie $1 : \sqrt{2}$ verhalten:

$$x : y = 1 : \sqrt{2}$$

Alle Zeichenblattgrößen können in der Hoch- oder Querlage verwendet werden. Schriftfeld und Stückliste, s. S. 148, stehen in der rechten unteren Ecke. Der Schriftfeldabstand vom Blattrand beträgt bei allen Blattgrößen 5 mm. Bei A4-Format wird die Hochlage bevorzugt, s. 10.1 u. 36.2.

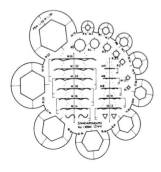

9.6 Zeichenschablonen für Radien und Sechskante

Die Papierformate sind nach DIN 6771 T6 genormt.

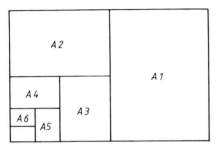

9.7 Hälften der DIN-Formate

9.8 Maße für beschnittene Zeichenblätter

Format	Abmessungen in mm
A0	841 x 1189
A1	594 x 841
A2	420 x 594
A3	297 x 420
A4	210 x 297
A5	148 x 210
A6	105 x 148

Faltung der DIN-Formate nach DIN 824 und Maßstäbe für Zeichnungen nach DIN ISO 5455

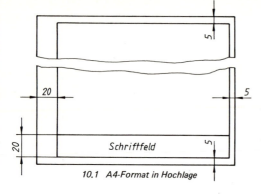

10.1 zeigt ein A4-Zeichenblatt in Hochlage mit vereinfachtem Schriftfeld für den Schulgebrauch.

Faltung der DIN-Formate auf A4 für Ordner nach DIN 824

Werden Vervielfältigungen technischer Zeichnungen, z. B. Lichtpausen, zum Ablegen in A4-Hefter gefaltet, dann muß nach dem Falten das Schriftfeld der Zeichnung sichtbar sein. Die in 10.2 ... 4 angegebene Reihenfolge der Faltungen ist einzuhalten.

10.1 A4-Format in Hochlage

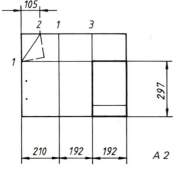 A 2

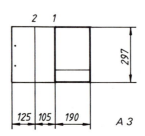 A 3

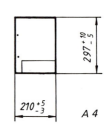 A 4

10.2 ... 4 Formatfaltungen zum Ablegen in A4-Hefter

Maßstäbe für technische Zeichnungen nach DIN ISO 5455

Der Maßstab ist das Verhältnis der Abmessungen des in einer Zeichnung dargestellten Werkstückes zum wirklichen Werkstück. Es gibt folgende Maßstäbe:

Maßstab 1 : 1 als natürlicher Maßstab, 10.6
Maßstab X : 1 als Vergrößerungsmaßstab, 10.7
Maßstab 1 : X als Verkleinerungsmaßstab, 10.5

Arten der Maßstäbe	Empfohlene Maßstäbe		
Natürlicher Maßstab			1 : 1
Vergrößerungsmaßstäbe	5 : 1 50 : 1	2 : 1 20 : 1	10 : 1
Verkleinerungsmaßstäbe[1]	1 : 2 1 : 20 1 : 200 1 : 2000	1 : 5 1 : 50 1 : 500 1 : 5000	1 : 10 1 : 100 1 : 1000 1 : 10000

[1] In der Bundesrepublik Deutschland ist der Maßstab 1 : 2,5 noch üblich

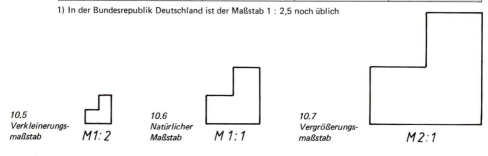

10.5 Verkleinerungsmaßstab M1:2
10.6 Natürlicher Maßstab M 1:1
10.7 Vergrößerungsmaßstab M 2:1

Zeichnungsarten nach DIN 199 Teil 1

Zeichnungsarten nach DIN 199 Teil 1 (Auswahl)

In DIN 199 Teil 1 werden zwecks Vereinheitlichung die wichtigsten Zeichnungsbegriffe in alphabetischer Reihenfolge aufgeführt.

Einzelteil-Zeichnung	enthält ein Einzelteil ohne die räumliche Zuordnung zu anderen Teilen,
Entwurf-Zeichnung	bringt eine Darstellung, über deren Ausführung noch nicht entschieden wurde,
Fertigungs-Zeichnung	enthält die Darstellung eines Teiles mit weiteren Angaben für die Fertigung,
Gesamt-Zeichnung	enthält eine Maschine, eine Anlage oder ein Gerät im zusammengebauten Zustand,
Gruppen-Zeichnung	zeigt maßstabsgetreu die räumliche Lage und die Form der zu einer Gruppe zusammengefaßten Teile,
Konstruktions-Zeichnung	stellt einen Gegenstand in seinem vorgesehenen Endzustand dar,
Original-Zeichnung	zeigt eine für weitere Arbeitsschritte verbindliche Fassung,
Skizze	ist eine nicht unbedingt maßstäbliche, vorwiegend freihändig erstellte Zeichnung,
Standard-Zeichnung	muß durch Hinzufügen oder Verändern bestimmter vorgesehener Daten dem jeweiligen Anwendungsfall angepaßt werden,
Technische Zeichnung	ist eine in der für technische Zwecke erforderlichen Art und Vollständigkeit, z. B. durch Einhalten von Darstellungsregeln und Maßeintragung,
Teil-Zeichnung	zeigt ein Teil ohne räumliche Zuordnung zu anderen Teilen,
Vordruck-Zeichnung	ist eine reproduzierte Standard-Zeichnung,
Zeichnung	enthält eine aus Linien bestehende bildliche Darstellung,
Zeichnungssatz	ist die Gesamtheit aller Zeichnungen, die zur vollständigen Darstellung eines Gegenstandes erforderlich sind,
Zusammenbau-Zeichnung	dient zur Erläuterung von Zusammenbauvorgängen.

Linienarten, Linienbreiten und Liniengruppen nach DIN 15 Teil 1 u. 2

Für das Anfertigen normgerechter Zeichnungen sind in DIN 15 die Linienarten A . . . K und ihre Anwendung festgelegt. Die Linienbreiten sind mit dem Stufensprung $\sqrt{2}$ gestuft, der auch für Blattgrößen von technischen Zeichnungen nach DIN 6771 T6 und DIN 476 gilt. Damit ist gewährleistet, daß beim Mikroverfilmen von Zeichnungen und anschließendem Rückvergrößern auf andere Formate als Ausgangsformate genormte Linienbreiten und Schrifthöhen sichergestellt sind.

Genormte Linienbreiten d (mm) sind:

$$0{,}13; \quad 0{,}18; \quad 0{,}25; \quad 0{,}35; \quad 0{,}5; \quad 0{,}7; \quad 1$$

In technischen Zeichnungen werden für die Darstellung der Werkstücke im allgemeinen nur zwei Linienbreiten verwendet, deren Verhältnis zueinander 2:1 beträgt.
Bei Beschriftung nach DIN 6776 Teil 1, Schriftform B, für Maß- und Textangaben sowie für Darstellung und Beschriftung graphischer Symbole ist eine dritte Linienbreite zwischen der breiten und der schmalen Linie (Stufensprung $\sqrt{2}$) erforderlich.
Für die zeichnerische Darstellung und Beschriftung ist vorzugsweise die Liniengruppe 0,5 und für größere Formate A 1 und A 0 die Liniengruppe 0,7 anzuwenden.

Liniengruppe 0,5   mit den Linienbreiten 0,5,   0,35 (Schrift) und 0,25
Liniengruppe 0,7   mit den Linienbreiten 0,7,   0,5 (Schrift) und 0,35

Norm-Bezeichnung:
einer Linie (Linienart A, Linienbreite 0,5 mm): Linie DIN 15 − A 0,5
einer Liniengruppe, 0,7: Liniengruppe DIN 15 − 0,7

Linienarten, Linienbreiten und Liniengruppen nach DIN 15 Teil 1 u. 2

Linienarten		Linienbreiten				Anwendung (z. T. Auswahl)
A	——————— Vollinie, breit	0,35	0,5	0,7	1	sichtbare Kanten und Umrisse, Gewindespitzen, nutzbare Gewindelängen, Hauptdarstellungen in Diagrammen, Systemlinien im Metallbau
B	——————— Vollinie, schmal					Maßlinien, Maßhilfslinien, Maßlinienbegrenzungen, Hinweislinien, Lichtkanten, Schraffuren, Umrisse eingeklappter Querschnitte, kurze Mittellinien, Gewindegrund, Fußkreise bei Verzahnungen, Projektionslinien, Diagonalkreuz (ebene Flächen)
C	∼∼∼∼ Freihandlinie	0,18	0,25	0,35	0,5	Begrenzung von abgebrochen oder unterbrochen dargestellten Ansichten und Schnitten, wenn die Begrenzung keine Mittellinie ist
D	—/\—/\—[1]) Zickzacklinie					
F	– – – – – Strichlinie, schmal					verdeckte Kanten und verdeckte Umrisse
G	— · — · — Strichpunktlinie, schmal					Mittellinien, Symmetrielinien, Trajektorien (Übertragungslinien), Teilkreise von Verzahnungen, Lochkreise, Teilungsebenen (Formteilung)
J	— · — · — Strichpunktlinie, breit	0,35	0,5	0,7	1	Kennzeichnung geforderter Behandlungen, z. B. Wärmebehandlung, Kennzeichnung der Schnittebene
K	— ·· — ·· — Strich-Zweipunktlinie, schmal	0,18	0,25	0,35	0,5	Umrisse angrenzender Teile, Grenzstellungen von Teilen, z. B. Hebel, Umrisse vor der Verformung, Umrisse wahlweiser Ausführungen, Fertigformen von Rohteilen, Schwerlinien im Metallbau, Umrahmungen besonderer Felder

[1]) für rechnergestütztes Zeichnen geeignet

Anstelle der nicht aufgeführten Linienart E (Strichlinie, breit) soll für verdeckte Kanten und Umrisse nur die Linienart F angewendet werden. Linienart E ist nur für eine mögliche Kennzeichnung zulässiger Oberflächenbehandlungen vorgesehen.

Anstelle der auch nicht aufgeführten Linienart H (Strichpunktlinie, schmal jedoch mit breiten Enden und Richtungsänderungen) soll nur die Linienart G verwendet werden.

Anwendungsbeispiele

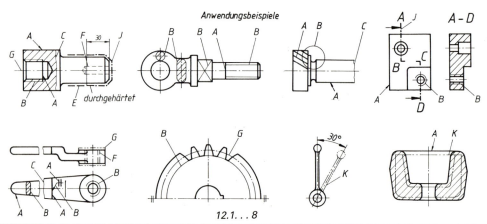

12.1...8

Üben der Linienarten mit Schiene, Winkel und Zirkel

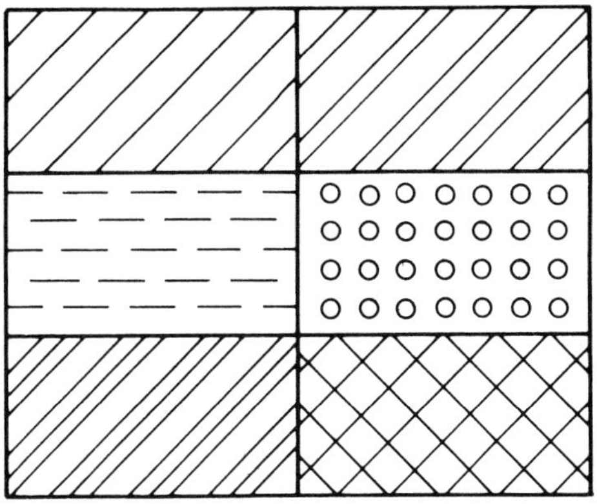

1 Kennzeichnung der Werkstoffarten durch verschiedene Schraffuren nach DIN 201

2 Muster für gestanzte Bleche

3 Kreise

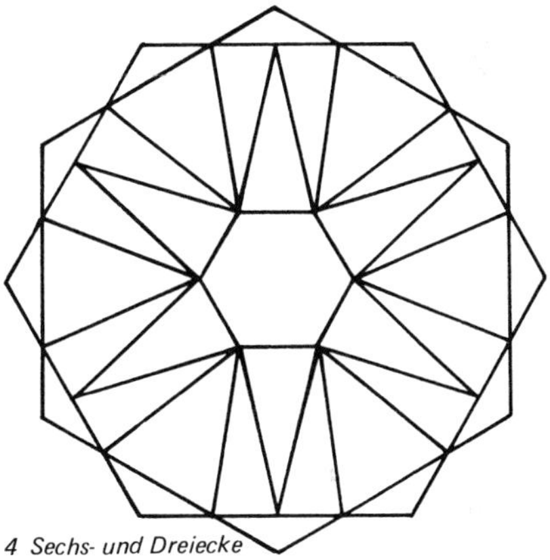

4 Sechs- und Dreiecke

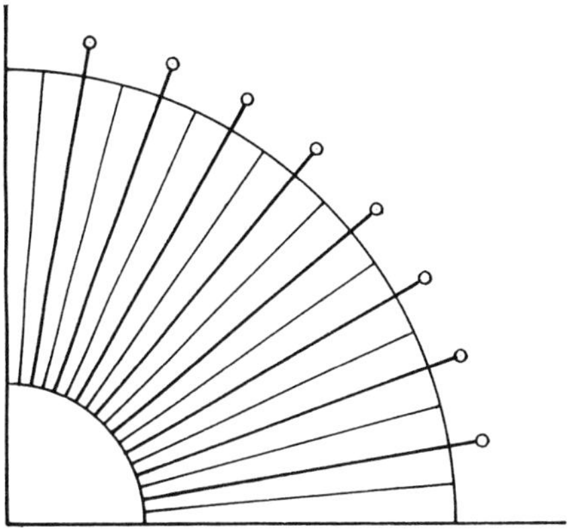

5 Viele Radien mit gleichem Kreismittelpunkt sind nur bis zum Hilfskreisbogen zu zeichnen.

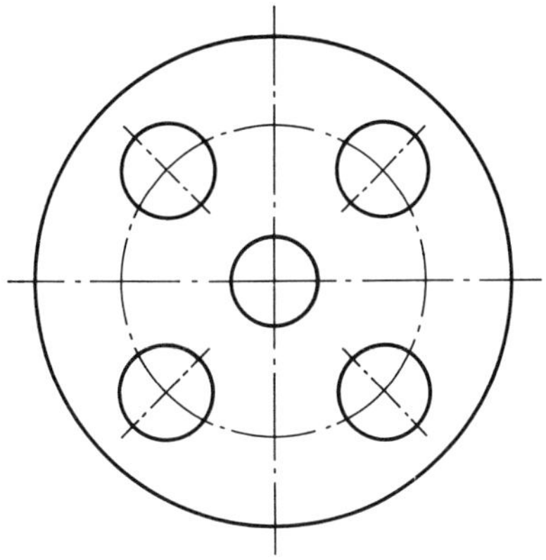

6 Rundflansch

Zeichnen Sie die Bilder 1 ... 4 im M 1 : 2, Bild 5 und 6 im M 1 : 1, zunächst als Entwurf in Blei, dann in Tusche auf zwei A4-Blätter (Hochlage) oder auf ein A3-Blatt (Breitlage). Dabei ist auf eine gleichmäßige Blattaufteilung und die genormten Linienbreiten nach DIN 15 zu achten. Es ist als Liniengruppe 0,5 mm zu wählen, für breite Vollinien 0,5, für Beschriftung 0,35 und für schmale Vollinien 0,25 mm. Benutzen Sie hierfür genormte Tuschefüller m̄ nach DIN 6775.

Normschrift für Zeichnungen nach DIN 6776

Wiederholungsfragen

1. Warum ist die technische Zeichnung der wichtigste Informationsträger zwischen der Konstruktion, Arbeitsvorbereitung, Fertigung und dem Zusammenbau?
2. Welche Bedeutung hat die Normung in der Technik?
3. Was bedeuten die Abkürzungen DIN und ISO?
4. Worin besteht der Unterschied zwischen den DIN-Normen und den DIN ISO-Normen?
5. Wie lassen sich alle DIN-Formate aus dem Ausgangsformat A0 entwickeln?
6. Wie ist das Verhältnis der Seitenlängen bei einem DIN-Format?
7. Welche Unterscheidungen können im allgemeinen bei technischen Zeichnungen nach DIN 199 vorgenommen werden?
8. Nennen Sie die drei Arten der Maßstäbe nach DIN ISO 5455, und erklären Sie deren Bedeutung!
9. Welche Liniengruppen gibt es nach DIN 15 und wie sind die Linienbreiten einer Liniengruppe gestuft?
10. Nennen Sie die einzelnen Linienarten und ihre Anwendung in der technischen Zeichnung!

ISO-Normschrift für Zeichnungen nach DIN 6776

Als wesentliche Merkmale für die Beschriftung technischer Zeichnungen gelten Lesbarkeit, Einheitlichkeit und Eignung für die Mikroverfilmung. Diesen Anforderungen entspricht am besten die ISO-Normschrift nach DIN 6776.

Die Nenngröße der Schriftzeichen ist die Höhe h der Großbuchstaben. Die Größenreihe der Schrifthöhe h hat, wie die Normreihe der Zeichnungsformate nach DIN 823, die Stufung $\sqrt{2} \sim 1{,}4$ und lautet:

$\quad$ 2,5; 3,5; 5; 7; 10; 17 und 20 mm[1])

Die Höhe h der Großbuchstaben und die Höhe h der Kleinbuchstaben sollen mindestens 2,5 mm betragen. Bei gleichzeitiger Verwendung von Groß- und Kleinbuchstaben sollen c = 2,5 und h = 3,5 mm sein, s. Tabelle 1.

Die Schriftform B ist festgelegt mit einer Linienbreite d = h/10 sowie einer Schrifthöhe der Großbuchstaben von h = 10/10 h und der Kleinbuchstaben von c = 7/10h.

Die Schriftform B kann unter einem Winkel von 15° nach rechts geneigt (kursiv) oder vertikal geschrieben werden.

Für das freihändige Üben der Normschrift ist die Schriftform B kursiv zu bevorzugen.

Beim Beschriften von technischen Zeichnungen mit Schriftschablonen ist die Schriftform B vertikal vorzuziehen.

Tabelle 1 Schriftform B (d = h/10)

Beschriftungsmerkmal		Verhältnis	Maße in mm					
Schriftgröße								
Höhe der Großbuchstaben	h	(10/10) h	2,5	3,5	5	7	10	14	20
Höhe der Kleinbuchstaben (ohne Ober- oder Unterlängen)	c	(7/10) h	—	2,5	3,5	5	7	10	14
Mindestabstand zwischen Schriftzeichen	a	(2/10) h	0,5	0,7	1	1,4	2	2,8	4
Mindestabstand zwischen Grundlinien	b	(14/10) h	3,5	5	7	10	14	20	28
Mindestabstand zwischen Wörtern	e	(6/10) h	1,5	2,1	3	4,2	6	8,4	12
Linienbreite	d	(1/10) h	0,25	0,35	0,5	0,7	1	1,4	2

[1]) Zusätzlich wird noch die Schriftgröße 1,8 angewendet.

Normschrift für Zeichnungen nach DIN 6776

1) Beide Schriftformen sind möglich

Die Schriftform A mit d = h/14 sowie h = (14/14) h und c = 10/14 ist nur bei der Mikroverfilmung technischer Zeichnungen anzuwenden.

Indizes, z. B. B_3 und Exponenten, z. B. 10^2 werden um eine Schriftgröße kleiner geschrieben als die gewählte Schriftgröße, jedoch nicht kleiner als 2,5 mm. Bei Benutzung der kleinsten Schriftgröße 2,5 mm für Zeichnungen sind Indizes, Exponenten usw. mit der gleichen Schriftgröße zu schreiben.

Abmaße, z. B. 10 ± 0,1 und Kurzzeichen der Toleranzklasse, z. B. 20H7, werden möglichst gleich groß wie die gewählte Schriftgröße geschrieben.

Schräge und senkrechte griechische Schrift nach DIN 1453

Die Buchstaben der schrägen griechischen Schrift haben eine Neigung von 75° zur Waagerechten.

3) Beide Schreibformen sind zulässig.

Für die vertikale und kursive griechische Schrift nach DIN 1453 gelten die Schriftgrößen nach DIN 6776.

Wiederholungsfragen

1. Welche Vorteile hat die ISO-Normschrift nach DIN 6776?
2. Wann ist zweckmäßigerweise die schräge und wann die vertikale ISO-Normschrift anzuwenden?
3. Nennen Sie die Größenreihe der Schriftgrößen h für die Normschrift und wie ist diese gestuft?
4. Welche Höhe haben die Kleinbuchstaben im Verhältnis zu den Großbuchstaben bei der Normschrift?
5. Wie ist für die Normschriften das Verhältnis von Schrifthöhe zu Linienbreite festgelegt?
6. Welches ist die kleinste in technischen Zeichnungen zu verwendende Schrifthöhe, und wie groß sind Exponenten, Abmaße usw. zu schreiben?

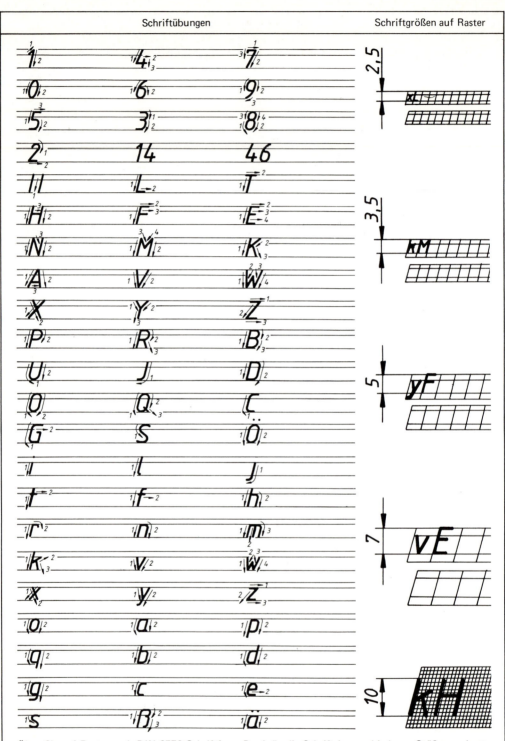

1.2 Geometrische Grundkonstruktionen

Senkrechte errichten, Parallele ziehen, Strecken und Winkel teilen

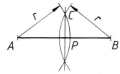

17.1 Mittelsenkrechte errichten

Mittelsenkrechte errichten

Um A und B wird ein Kreisbogen mit beliebigem Radius r geschlagen und die Schnittpunkte C und D miteinander verbunden.

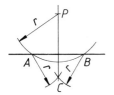

17.2 Lot fällen

Vom Punkt P das Lot auf eine Gerade fällen

Um P wird ein beliebiger Kreis mit dem Radius r geschlagen. Dieser schneidet die Gerade in den Punkten A und B. Dann sind um A und B Kreisbögen mit r zu schlagen, die sich im Punkt C schneiden. Die Verbindung von P und C stellt das gefällte Lot dar.

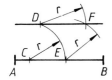

17.3 Parallele ziehen

Parallele zu AB durch den gegebenen Punkt D ziehen

Um einen beliebigen Punkt, z. B. C auf AB, wird ein Kreisbogen mit dem Radius CD = r geschlagen, dann der gleiche um D und um den Schnittpunkt E. Die Verbindungslinie DF verläuft parallel zu AB.

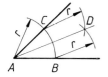

17.4 Winkel halbieren

Winkel CAB halbieren

Um A wird ein Kreisbogen mit beliebigem Radius r geschlagen, der die Schenkel des Winkels CAB in C und B schneidet. Dann sind mit gleichem Radius r um B und C Kreisbögen zu schlagen. Die Verbindungslinie AD halbiert den Winkel CAB.

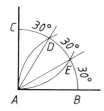

17.5 Winkel teilen

Winkel von 90° in drei gleich große Winkel teilen

Um A wird ein beliebiger Kreisbogen und mit der gleichen Zirkelöffnung je ein Bogen um B und C geschlagen. Die Verbindungslinien von A durch die neuen Schnittpunkte D und E dritteln den rechten Winkel.

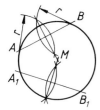

17.6 Mittelpunkt suchen

Mittelpunkt eines Kreises suchen

Es werden zwei nicht parallele Sehnen durch den Kreis gezogen und auf diesen die Mittelsenkrechten errichtet. Ihr Schnittpunkt ist der Kreismittelpunkt M.

Regelmäßige Vielecke zeichnen

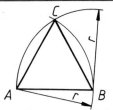

18.1 Gleichseitiges Dreieck

Gleichseitiges Dreieck konstruieren

Mit der Strecke AB = r werden um A und B Kreisbögen geschlagen. Dann ist der Schnittpunkt C mit A und B zu verbinden.

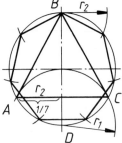

18.2 Drei- und Siebeneck

Dreieck — Siebeneck im gegebenen Kreis

Um D wird ein Kreisbogen mit dem Kreishalbmesser r_1 geschlagen. Die Verbindung von B mit A und C ergibt ein gleichseitiges Dreieck. — Um das Siebeneck zu konstruieren wird $1/2$ AC 7mal auf dem Kreis abgetragen.

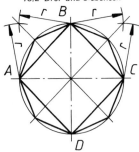

18.3 Vier- und Achteck

Viereck — Achteck im gegebenen Kreis

Die Schnittpunkte A, B, C und D des rechtwinkligen Achsenkreuzes mit dem Kreis werden zu dem Quadrat ABCD verbunden. Dann sind die Quadratseiten zu halbieren und die entsprechenden Verbindungslinien durch den Mittelpunkt zu ziehen. Die neuen Schnittpunkte ergeben die Eckpunkte des Achtecks.

Merke: Beim einbeschriebenen Quadrat gilt:
$d = \sqrt{2} \cdot s = 1{,}414 \cdot s$
d = Durchmesser oder Eckenmaß,
s = Quadratseite.

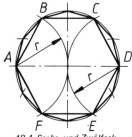

18.4 Sechs- und Zwölfeck

Sechseck — Zwölfeck im gegebenen Kreis

Der Halbmesser wird 6mal von A auf dem Kreis abgetragen. Die entstandenen Schnittpunkte sind zum Sechseck zu verbinden.

Die Halbierung der Sechseckseiten ergibt ein Zwölfeck.

Merke: Beim einbeschriebenen Sechseck gilt:
d = 1,155 · SW,
d = Durchmesser,
SW = Schlüsselweite.

Schlüsselweiten sind für zwei-, vier-, sechs- und achtkantige Formen sowie Schrauben, Armaturen und Fittings nach DIN 475 genormt.

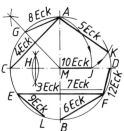

18.5 Seitenlängen regelmäßiger Vielecke

Bestimmen der Seitenlängen regelmäßiger Vielecke in einem Kreis

Die Verbindung der Punkte A und C ergibt die Quadratseite, die Halbierung der Strecke AC die Achteckseite AG. Durch den Kreisbogen mit dem Radius BM um B erhält man die Dreieckseite EF, durch Verbinden der Punkte F und B die Sechseckseite und F mit D die Zwölfeckseite. Außerdem ist EF/2 die Seite des Siebenecks. Der Kreisbogen um H als Halbierungspunkt der Strecke MC mit dem Radius HA ergibt die Zehneckseite MJ und mit AJ um A die Fünfeckseite AK. Teilt man den Kreisbogen über der Dreieckseite EF in drei gleiche Teile, dann ist EL die Neuneckseite.

Kreisanschlüsse konstruieren

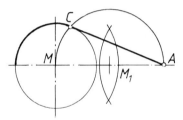

19.1 Tangente von einem Punkt außerhalb an einen Kreis legen

Von einem Punkt außerhalb die Tangente an einen Kreis konstruieren

Der Punkt A ist mit dem Mittelpunkt M des Kreises zu verbinden. Der Halbkreis über der Strecke AM schneidet den Kreis im Punkt C. Die Verbindung von A mit C ist die gesuchte Tangente.

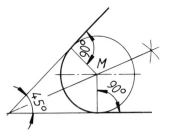

19.2 Kreisanschluß in spitzem Winkel

Kreisanschluß in einem spitzen Winkel mit gegebenem Radius

Es wird ein spitzer Winkel gezeichnet. Im Abstand des gegebenen Halbmessers r sind zu den beiden Schenkeln Parallelen (oder die Winkelhalbierende und zu einem Schenkel die Parallele) zu ziehen. Der Schnittpunkt M ist der Mittelpunkt des Kreisbogens.

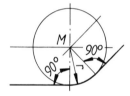

19.3 Kreisanschluß in stumpfem Winkel

Kreisanschluß in einem stumpfen Winkel mit gegebenem Radius

Es wird ein stumpfer Winkel gezeichnet. Im Abstand des gegebenen Halbmessers r sind zu den beiden Schenkeln Parallelen zu ziehen, deren Schnittpunkt M der Mittelpunkt des Anschlußkreises ist.

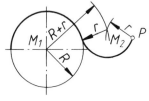

19.4 Verbindung von Punkt mit Kreis durch Kreis

Verbindung eines Punktes mit einem Kreis durch Kreisbogen

Um den Mittelpunkt M_1 des Kreises wird ein Kreisbogen mit dem Radius $R + r$ und um den Punkt P ein Kreisbogen mit dem Radius r geschlagen. Die beiden Kreisbogen schneiden sich im Mittelpunkt M_2 des Kreisanschlußbogens.

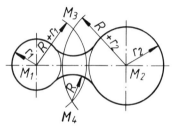

19.5 Verbindung zweier Kreise durch Kreisbogen

Verbindung zweier Kreise durch Kreisbogen

Anschluß zweier gegebener Kreise mit dem Radius r_1 und r_2 durch Kreisbogen mit dem Radius R.

Um die Mittelpunkte M_1 und M_2 werden Kreisbogen mit den Halbmessern $r_1 + R$ bzw. $r_2 + R$ geschlagen. Um die Schnittpunkte M_3 und M_4 dieser Kreisbogen sind dann die Anschlußkreisbogen mit dem gegebenen Halbmesser zu zeichnen.

Übung

Zeichnen Sie jeweils 4 ... 6 geometrische Grundkonstruktionen in doppelter Größe auf einem A4-Blatt.

1.3 Darstellen und Bemaßen flacher Werkstücke mit geradliniger Begrenzung
Grundregeln der Maßeintragung nach DIN 406[1]

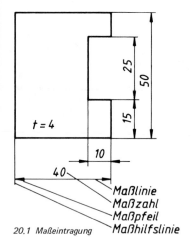

20.1 Maßeintragung

Die Bemaßung legt die Form und Abmessungen eines Werkstückes eindeutig fest.

Sie kann nach verschiedenen Gesichtspunkten durchgeführt werden, und zwar fertigungsbezogen, funktionsbezogen und prüfbezogen.

In diesem Buch soll nur die fertigungsbezogene Bemaßung angewendet werden. Eine Bemaßung ist fertigungsbezogen, wenn die Maße ohne Umrechnung für die Fertigung verwendet werden können, s. auch S. 33 und 53.

Die Regeln für das Bemaßen enthält DIN 406 T11, s. auch S. 89 ... 92.

Die Zeichnungsnormen schreiben folgende Grundregeln für das Bemaßen vor:

Sichtbare Kanten und Umrißlinien werden als breite Volllinien (A), *Maßlinien* (B) und *Maßhilfslinien* (B) als schmale Vollinien einer Liniengruppe nach DIN 15 gezeichnet, s. S. 12.

Maßlinien stehen rechtwinklig zwischen den Körperkanten oder rechtwinklig zwischen den herausgezogenen Maßhilfslinien, 20.1.

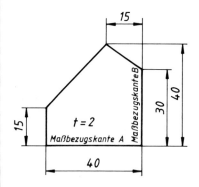

20.2 Bemaßung ausgehend von Bezugskanten

Die Maßlinien sind ≈ 10 mm von der Körperkante entfernt, weitere parallele Maßlinien wenigstens ≈ je 7 mm im Abstand davon zu zeichnen, 20.2.

Mittellinien und Kanten dürfen nicht als Maßlinien benutzt werden.

Maßhilfslinien ragen etwa 2 mm über die Maßlinien hinaus, 20.2.

Maß- und Maßhilfslinien sollen keine anderen Maßlinien schneiden.

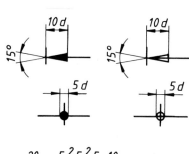

Als *Maßlinienbegrenzung* dienen im allgemeinen volle Maßpfeile unter einem Spitzenwinkel von ≈ 15°. Ihre Länge richtet sich nach der Breite d der schmalen Vollinie (B), der in der Zeichnung gewählten Liniengruppe, z. B. 0,5 oder 0,7 nach DIN 15, s. Bild 20.3 u. S. 15.

Bei Platzmangel darf auch als Maßlinienbegrenzung ein Punkt angewendet werden, 20.5 und 20.6.

Ferner gibt es nach DIN 406 auch nicht ausgefüllte Pfeile als Maßlinienbegrenzung, die vorwiegend in Zeichnungen Verwendung finden, die auf Plottern (automatischen Zeichenmaschinen) erstellt werden, s. auch S. 89.

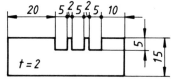

20.3 ... 8 Maßlinienbegrenzungen

Maßzahlen für Längenmaße in mm sind ohne Maßeinheit (mm) über der Maßlinie einzutragen. Wird von der Einheit mm abgewichen, so ist diese mit der Maßzahl anzugeben, z. B. 16 cm.

Beim freihändigen Beschriften von Zeichnungen ist die ISO-Normschrift nach DIN 6776 Schriftform B kursiv (schräg) anzuwenden, S. 15.

Im allgemeinen soll die vertikale Schriftform B bevorzugt werden, die exakt nur mit Schablone oder mit Plotter geschrieben werden kann.

---

[1] ISO 129

Grundregeln der Maßeintragung nach DIN 406

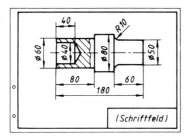

21.1 Hauptleserichtungen

Maßeintragung in zwei Hauptleserichtungen (Methode 1)

Die Maßeintragung in Zeichnungen soll bevorzugt in zwei Hauptleserichtungen eingetragen werden, 21.1. Ausgehend von der Leselage des Schriftfeldes sind die Maßzahlen von unten oder von rechts lesbar, 21.2.

Die *Maßzahlen* werden im allgemeinen parallel zur Maßlinie und möglichst mittig über der Maßlinie angeordnet. Bei Platzmangel dürfen die Maßzahlen auf der Verlängerung der Maßhilfslinie oder mit Hilfe einer Hinweislinie eingetragen werden.

Jedes Maß eines Formelementes ist in einer Zeichnung nur einmal einzutragen, 89.10. Maßzahlen dürfen weder durch Linien getrennt noch gekreuzt werden, S. 72.

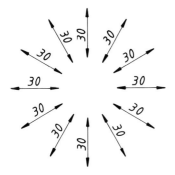

21.2 Längenmaße

Mittellinien kennzeichnen symmetrische, d. h. spiegelbildgleiche Werkstücke. Sie werden als strichpunktierte schmale Vollinien (G) nach DIN 15 gezeichnet und ragen einige Millimeter über die Werkstückkanten hinaus.

Mittellinien schneiden sich nur in den Mitten der Strichlinien, nicht in den Punkten, 21.3.

Werden Mittellinien als Maßhilfslinien benutzt, so zieht man sie außerhalb der Werkstückkanten als schmale Vollinien aus.

Unmaßstäbliche Maße dürfen nur in Ausnahmefällen in Handzeichnungen, aber nicht in CAD-Zeichnungen angewendet werden. Bei unmaßstäblichen Abmessungen werden die Maßzahlen unterstrichen, 21.3. Dies gilt nicht für abgebrochen oder unterbrochen gezeichnete Werkstücke, S. 69.

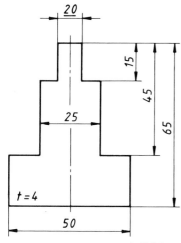

21.3 Maßeintragung bei unmaßstäblicher Darstellung

Normmaße sind nach DIN 323 Teil 1 in mm festgelegt.

Wählen Sie stets statt willkürlicher Maße Normmaße, und zwar die fettgedruckten Hauptwerte. Das führt in der Praxis zur häufigeren Wiederkehr gleicher Maße, setzt die Lagerhaltung von Werkstoffabmessungen herab und steigert die Ausnutzung von bestimmten Werk-, Meßzeugen und Vorrichtungen. Die Folge sind erhebliche Kosteneinsparungen.

Die Tabellenwerte sind nach Bedarf mit den Zehnerpotenzen 0,1, 1, 10, 100 usw. zu multiplizieren.

1,0	1,06	1,12	1,18	1,25	1,32	1,4	1,5	1,6	1,7	1,8	1,9	2,0	2,12	2,24	2,36	2,5	2,65	2,8	3,0	3,15
	1,05	1,1	1,2		1,3								2,1	2,2		2,4		2,6		3,2
3,35	3,55	3,75	4,0	4,25	4,5	4,75	5,0	5,3	5,6	6,0	6,3	6,7	7,1	7,5	8,0	8,5	9,0	9,5	10,0	
3,4	3,6	3,8		4,2		4,8														

Die Bemaßungsbeispiele zeigen nur das Wesentliche der Bemaßungsregeln und sind daher nicht immer vollständig bemaßt.

Grundregeln der Maßeintragung nach DIN 406

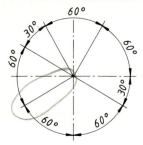

22.1 Winkelmaße

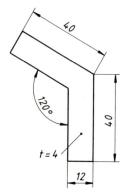

22.2 120°-Lehre

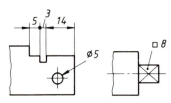

22.3 Hinweislinien für Maßangaben

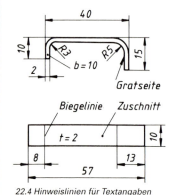

22.4 Hinweislinien für Textangaben

Winkelmaße werden tangential über der Maßlinie eingetragen, 22.1. Sie sollen auch nach rechts oder von unten zu lesen sein. Bei Winkelmaßen wird die Maßeinheit ° (Grad) erhöht hinter die Maßzahl gesetzt.

Die *Schreibrichtung* von Maßen, Symbolen und Wortangaben in Zeichnungen verläuft im allgemeinen wie die zugehörige Maßlinie. Hiervon ausgenommen sind Maße
- an gekrümmten Maßlinien,
- bei steigender Bemaßung,
- in CAD-Zeichnungen, die nach der Methode 2 nur in einer Hauptleserichtung beschriftet sind,
- an Hinweislinien.

Hinweislinien werden als schmale Vollinien schräg aus der Darstellung herausgezeichnet, 22.4. Sie dürfen bei Platzmangel auch für die Maßeintragung verwendet werden.

Hinweislinien enden:
- mit einem Pfeil an einer Körperkante,
- mit einem Punkt in einer Fläche,
- ohne Begrenzung an allen anderen Linien, z. B. Maßlinien und Mittellinien.

Maßbuchstaben dürfen als Kleinbuchstaben anstelle von Maßen angewendet werden. Hierbei sind folgende Maßbuchstaben und ihre Bedeutung festgelegt:
- b = Breite,
- h = Höhe (Tiefe),
- t = Dicke.

Maßbuchstaben werden z. B. in Sammelzeichnungen als variable Maße eingetragen und ermöglichen die Darstellung ähnlicher Teile in einer Zeichnung. Die anstelle der Maßzahlen eingetragenden Maßbuchstaben sind in einer Tabelle mit den Zahlenwerten in der Zeichnung aufgeführt. Jede Zeile der Tabelle entspricht einer Bauteilform.

Nach DIN 406 T11 darf nach der Methode 2 die Bemaßung nur in einer Hauptleserichtung, und zwar in der des Schriftfeldes erfolgen. Entsprechendes gilt auch für Winkelmaße.

Diese Methode soll möglichst auf CAD-Zeichnungen beschränkt bleiben. Die Methode 1 mit der Maßeintragung in zwei Hauptleserichtungen ist zu bevorzugen und wird daher in diesem Buch ausschließlich angewendet.

Wiederholungsfragen

1. Was legt die Bemaßung eines Werkstückes fest?
2. Was verstehen Sie unter einer fertigungsbezogenen Bemaßung?
3. Welche Arten der Maßlinienbegrenzungen kennen Sie?
4. Wie ist die Schreibrichtung für die Längen- und Winkelmaße?
5. Wie ist die Größe und Form der Maßpfeile zu wählen?
6. Wie kennzeichnet man ein Maß bei einer unmaßstäblich dargestellten Abmessung eines Werkstückes?
7. Was verstehen Sie unter der Leserichtung einer Zeichnung?
8. Wie enden Hinweislinien?

Bemaßen unsymmetrischer, flacher Werkstücke

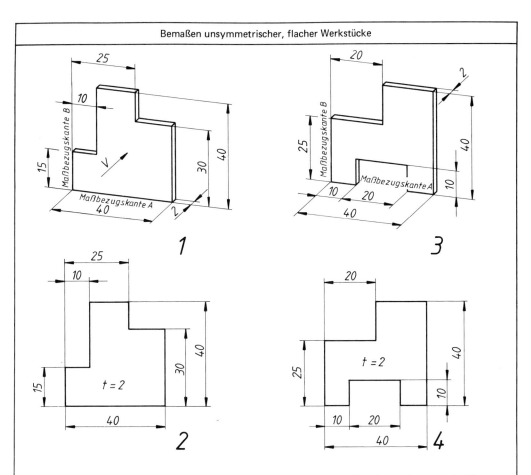

Flache Werkstücke, auch als Bleche bezeichnet, zeichnet man in einer Ansicht, und zwar in der Vorderansicht. Diese zeigt das Werkstück von vorn. Die Vorderansicht läßt bei flachen Werkstücken die Form und Maße eindeutig erkennen, wenn zu den Breiten- und Höhenmaßen noch die Dicke als Zusatz, z. B. t = 2 im oder am Werkstück eingetragen wird.

Flache Werkstücke entstehen aus Ausgangsblechen durch spanend oder spanlos hergestellte Aussparungen wie Einschnitte oder Durchbrüche.

Bei unsymmetrischen, d. h. nicht spiegelbildgleichen Blechen erfolgt das Eintragen der Maße von zwei rechtwinklig aufeinanderstehenden Maßbezugskanten aus; entsprechend dem Anreißvorgang.

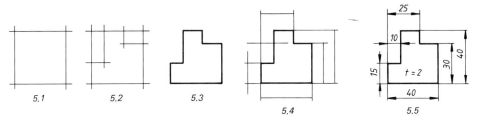

Zeichenschritte

5.1 Aufzeichnen des Ausgangsbleches 40 x 40 (Hüllform)
5.2 Einzeichnen der Aussparungen 10 x 25 und 15 x 10
5.3 Ausziehen der Außenform in breiter Vollinie
5.4 Zeichnen der Maß- und Maßhilfslinien
5.5 Eintragen der Maßzahlen, Endkontrolle

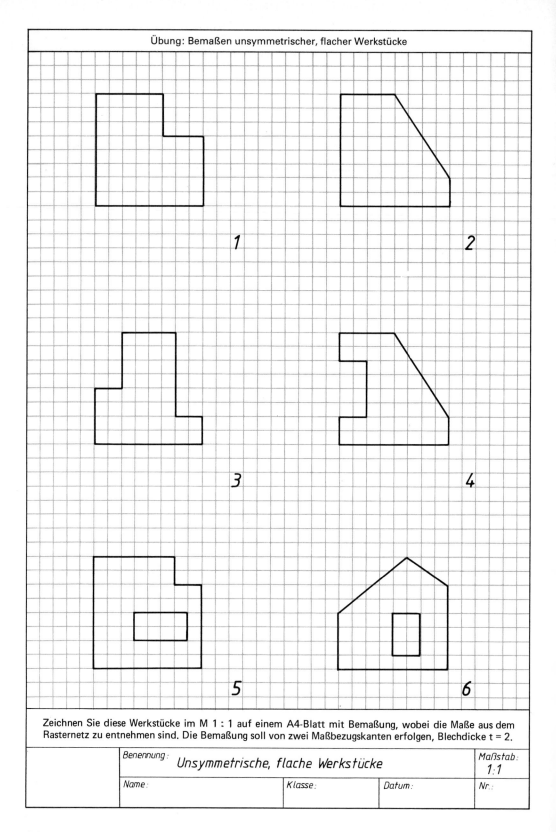

Bemaßen symmetrischer, flacher Werkstücke

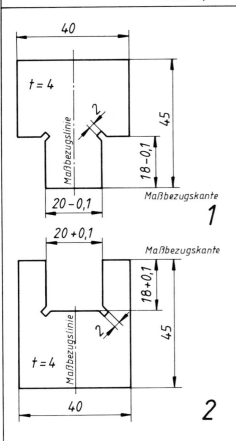

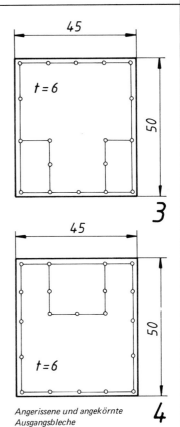

Angerissene und angekörnte Ausgangsbleche

Symmetrische Werkstücke, das sind spiegelbildgleiche Werkstücke, weisen eine Mittellinie auf, die über die Kanten des Werkstückes hinausragt. Die Mittellinie ist die Maßbezugslinie für die Breitenmaße, z. B. bei der Rechtecklehre. Die Längenmaße sind von einer Maßbezugskante aus einzutragen.

Die Rechtecklehre ist ein unverstellbares Meßzeug, das zum Prüfen stets gleicher Abmessungen an Werkstücken dient. Zur besseren Funktion weist diese Staubnuten in Form von Einschnitten mit 2 mm Breite auf.

Die Bilder 25.3 und 25.4 zeigen die angerissenen und angekörnten Rohbleche für die Fertigung von Hand.

 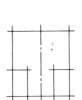 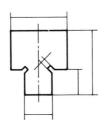 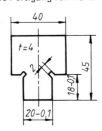

Zeichenschritte

Beim Zeichnen symmetrischer Werkstücke beginnen Sie stets mit der Mittellinie.

5.1 Aufzeichnen des Ausgangsbleches 40 x 45 (Hüllform)
5.2 Einzeichnen der beiden Aussparungen 10 x 20
5.3 Ausziehen der Außenform mit den beiden Einschnitten in breiter Vollinie
5.4 Zeichnen der Maß- und Maßhilfslinien
5.5 Eintragen der Maßzahlen, Endkontrolle

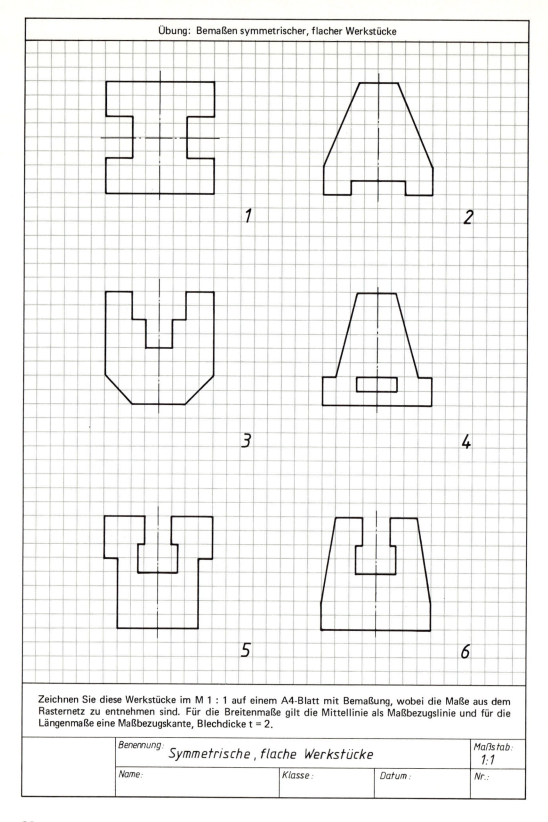

Bemaßen flacher Werkstücke mit Winkeln, Winkellehren

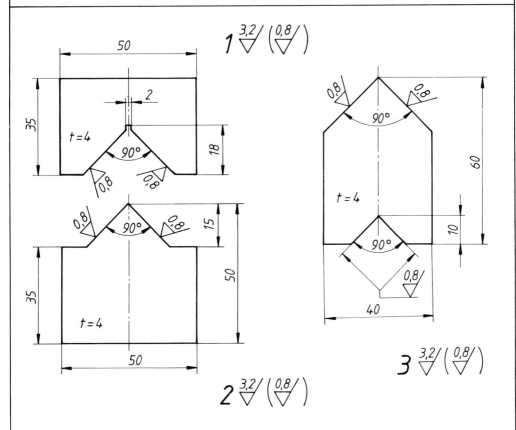

Die Formen flacher Werkstücke sollen nach Möglichkeit nur durch Längenmaße festgelegt werden, weil das Anreißen mit Maßstab, Anschlagwinkel und Zirkel vorteilhaft ist.

Das Bemaßen von Winkellehren aus Blech macht eine Ausnahme. Hierbei werden neben Längenmaßen auch Winkelmaße verwendet.

Die Oberflächenangaben besagen, daß alle Werkstückflächen einen Mittenrauhwert $R_a \leq 3{,}2$ μm besitzen sollen mit Ausnahme der Flächen, die durch die Oberflächenangabe $\frac{0{,}8}{\nabla}$ gekennzeichnet sind und einen Mittenrauhwert $R_a \leq 0{,}8$ μm aufweisen sollen. Oberflächenangaben s. S. 85.

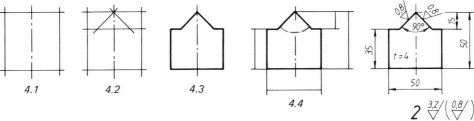

Zeichenschritte
- 4.1 Aufzeichnen des Ausgangsbleches 50 x 50 (Hüllform in schmaler Vollinie)
- 4.2 Einzeichnen des 90°-Winkels
- 4.3 Ausziehen der Außenform (mit breiter Vollinie)
- 4.4 Zeichnen der Maß- und Maßhilfslinien
- 4.5 Eintragen der Maßzahlen und Oberflächenangaben, Endkontrolle

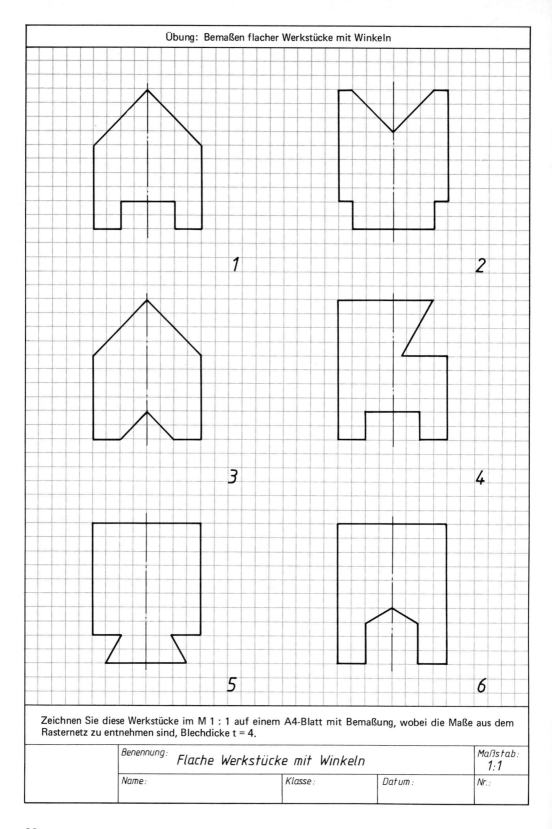

Maßtoleranzen und Eintragen von Grenzabmaßen

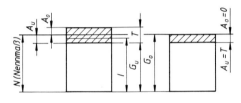

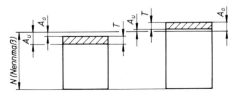

29.1 Nennmaß mit Grenzabmaßen

Um die Herstellkosten zu senken, werden den Maßen bestimmte Toleranzen zugeordnet. Das bedeutet, daß das eingetragene Maß um einen bestimmten Betrag größer oder kleiner als das Nennmaß sein darf.

Beispiel:
Nennmaß mit
Grenzabmaßen $\quad$ N $\;=\;15^{+0,1}_{+0,05}$
Höchstmaß*) $\quad G_o\;=\;15,1$
Mindestmaß*) $\quad G_u\;=\;15,05$
Maßtoleranz $\quad$ T $\;=\;0,05$
Istmaß, z. B. $\quad$ I $\;=\;15,08$
oberes Abmaß $\quad A_o\;=\;+0,1$
unteres Abmaß $\quad A_u\;=\;+0,05$

Das Höchstmaß als größtes zugelassenes Maß und das Mindestmaß als kleinstes zugelassenes Maß werden auch Grenzmaße genannt.

Das obere Abmaß ist der Unterschied zwischen dem Höchstmaß und dem Nennmaß

Das untere Abmaß ist der Unterschied zwischen dem Mindestmaß und dem Nennmaß

Eintragungsbeispiele:

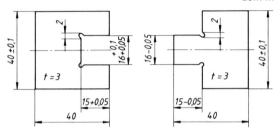

29.2 Lehren

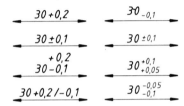

29.3 Eintragen von Grenzabmaßen

Tabelle 1 Grenzabmaße für Längenmaße

Toleranz-klasse	Grenzabmaße in mm für Nennmaßbereich in mm						
	0,5 bis 3	über 3 bis 6	über 6 bis 30	über 30 bis 120	über 120 bis 400	über 400 bis 1000	über 1000 bis 2000	über 2000 bis 4000
f (fein)	± 0,05	± 0,05	± 0,1	± 0,15	± 0,2	± 0,3	± 0,5	–
m (mittel)	± 0,1	± 0,1	± 0,2	± 0,3	± 0,5	± 0,8	± 1,2	± 2
c (grob)	± 0,15	± 0,2	± 0,5	± 0,8	± 1,2	± 2	± 3	± 4
v (sehr grob)	–	± 0,5	± 1	± 1,5	± 2,5	± 4	± 6	± 8

Bei Nennmaßen unter 0,5 mm sind die Grenzabmaße direkt am Nennmaß anzugeben.

Die Grenzabmaße werden hinter die Maßzahl mit dem Vorzeichen + und – im allgemeinen in gleicher Schriftgröße wie die Maßzahl geschrieben.
Wenn beide Abmaße gleich groß sind, so werden sie nur einmal mit einem ±-Zeichen hinter die Maßzahl eingetragen.
Die Grenzabmaße dürfen bei Platzmangel eine Schriftgröße kleiner als das Nennmaß geschrieben werden, 29.3.

Eintragungsbeispiele zeigen 29.2 u. 3.

Allgemeintoleranzen (Freimaßtoleranzen) nach DIN ISO 2768 T1

Allen Maßen ohne Grenzabmaße in der technischen Zeichnung können Toleranzen nach verschiedenen Toleranzgraden zugeordnet werden, wenn im Schriftfeld auf ISO 2768 Allgemeintoleranzen hingewiesen wird, z. B. Allgemeintoleranzen ISO 2768 m (mittel) siehe Tabelle 1. Nach ISO 2768 sind auch für Winkelmaße (Tabelle 2) und Rundungshalbmesser Toleranzen festgelegt.

Tabelle 2 Grenzabmaße für Rundungshalbmesser und Fasenhöhen

Toleranzklasse	Grenzabmaße in mm für Nennmaßbereich in mm		
	0,5 bis 3	über 3 bis 6	über 6
f (fein)	± 0,2	± 0,5	± 1
m (mittel)			
c (grob)	± 0,4	± 1	± 2
v (sehr grob)			

Bei Nennmaßen unter 0,5 mm sind die Grenzabmaße direkt am Nennmaß anzugeben.

*) bisher Größtmaß bzw. Kleinstmaß genannt.

1.4 Darstellen und Bemaßen prismatischer Werkstücke in mehreren Ansichten, Räumliches Vorstellen und Zeichnungslesen, Werkstücke mit rechtwinkligen Flächen, Rechteckprisma in drei Ansichten

Die verschiedenen Blickrichtungen auf das Prisma in der Raumecke zeigen seine Körperumrisse als Ansichten einer technischen Zeichnung, und zwar von vorn gesehen als *Vorderansicht* (V), von oben gesehen als *Draufsicht* (D) und von links gesehen als *Seitenansicht* von links (SL).[1]

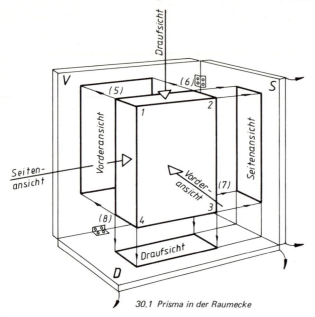

Dabei werden die Umrisse, die sichtbaren Kanten, als breite Volllinien gezeichnet. Entsprechend der rechtwinkligen Prallelprojektion haben V und S gleiche Höhen, V und D gleiche Breiten und D sowie S gleiche Dicken. Die rechtwinklige Parallelprojektion ist auf S. 103 erklärt.

Klappt man in der Raumecke die Tafel der Draufsicht um 90° nach unten und die Tafel der Seitenansicht von links um 90° nach rechts, dann liegen die drei Tafeln mit den Projektionen (Ansichten) der V, D und S in einer Ebene, und zwar steht die D bündig unter der V, die S von links steht rechts auf gleicher Höhe neben der V. Bild 30.2 zeigt die Anordnung der drei Ansichten einer technischen Zeichnung des Prismas in 30.1, wie sie die Zeichnungsnorm DIN 6 vorschreibt.

30.1 Prisma in der Raumecke

Die gleichen Projektionen wie in der Raumecke ergeben sich auch, wenn man denselben Körper — ein Holzklötzchen oder eine Streichholzschachtel — in Augenhöhe hält und dieses dann nacheinander von vorn, von oben und von der linken Seite aus ansieht.

Zur *Bemaßung* der Werkstücke dienen meist Maßhilfslinien mit Pfeilen. Die Maßzahlen sind über die Maßlinie einzutragen. Sie geben stets die natürlichen Größen der Abmessungen eines Werkstückes an, wie in 30.2: Breite = 35, Dicke = 15, Länge = 50 mm.

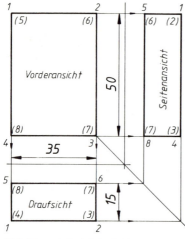

30.2 Prisma als Technische Zeichnung (Dreitafelprojektion)

Aufgaben für das räumliche Vorstellen

1. Üben Sie mit einer Streichholzschachtel oder einem ähnlichen prismatischen Körper = 35 x 15 x 50 das Drehen in die drei üblichen Ansichten!

2. Suchen Sie die am Körper in 30.1 durch Ziffern gekennzeichneten Flächen, Kanten und Eckpunkte auch in der technischen Zeichnung in 30.2 nacheinander in der Vorderansicht, Draufsicht und Seitenansicht von links.

3. Vergleichen Sie das Körperbild 30.1 mit der zeichnerischen Darstellung 30.2 in drei Ansichten und auch umgekehrt.

4. Stellen Sie sich dann beim zugedeckten Körperteil 30.1 aus den drei Ansichten der technischen Zeichnung 30.2 das Prisma körperlich vor.

5. Legen Sie das Prisma (Holzklötzchen ⟂ 35 x 15 x 50) nacheinander je auf die selbst im Maßstab 1 : 1 gezeichnete V, D und S. Sie erkennen daraus, daß die drei flächenhaften Ansichten den gleichen Körper nur in anderer Lage und Ansicht zeigen.

---

[1] Die Seitenansicht von links SL wird nachfolgend nur noch mit S bezeichnet.

Bestimmen von Eckpunkten, Kanten und Flächen an prismatischen Körpern, verdeckte Kanten

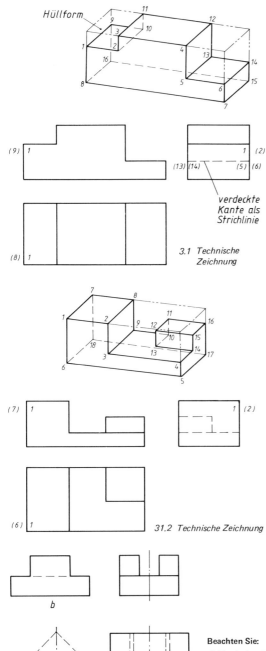

1. Bestimmen der Eckpunkte, Kanten und Flächen:
1.1 Suchen Sie nacheinander den Eckpunkt 1 (später 2, 3 ... 18) erst in der perspektivischen Darstellung, darauf in der V, D u. S der technischen Zeichnung auf und tragen ihn dort ein. Zum besseren Verstehen denkt man sich beim Betrachten der D des Körpers diesen vorher aus der V um 90° nach vorn gekippt, bei der S vorher aus der V um 90° nach rechts gedreht. Dadurch erkennen Sie, daß die 3 flächenhaften Ansichten der technischen Zeichnung ein und denselben Gegenstand darstellen, der aber von 3 Seiten aus angesehen wird.

1.2 Danach bestimmen Sie nacheinander die einzelnen Kanten 1 – 2 (später 1 – 3 ...) je am Körper und in der V, D und S der technischen Zeichnung. Sie erkennen dabei: z. B. die Kante 11 – 12 liegt am Körper, wenn sie diesen in Augenhöhe halten, desgleichen in der V oben, hinten, verdeckt, daher ist er in der V in Klammern einzutragen. Kante 11 – 12 fällt in der V mit der sichtbaren Kante 3 – 4 zusammen. In der D liegt die Kante 11 – 12 oben, vorn, sichtbar. Denken Sie sich hierbei den Körper um 90° aus der V gekippt. In der S liegt die Kante 11 – 12 oben links. Sie erscheint dort nur als Eckpunkt, und zwar ist 11 sichtbar, 12 verdeckt. 12 ist einzuklammern.

1.3 Die Fläche 1 – 2 – 3 – 4 – 5 – 6 – 7 – 8 liegt am Körper und in der V vorn, sichtbar. In der D liegt diese Fläche unten und erscheint dort als durchgehende gerade Strecke. Denken Sie hierbei wieder an den aus der V um 90° gekippten Körper.

In der S erscheint die Fläche als gerade, rechtsliegende, senkrechte Strecke. Hinter der scheinbar waagerechten und senkrechten Geraden muß man sich die wahre Vorderfläche des Körpers vorstellen.

2. Bei der Beschreibung eines Werkstückes geht man von der übergeordneten Gestalt, der Hüllform, aus. Dies ist in unserem Beispiel ein Rechteckprisma. Die Fertigform erhält man durch das Herausschneiden eines kleinen Teilprismas oben links und eines größeren Teilprismas oben rechts mit je entsprechender Breite und Dicke. Wenn Sie sich das Fertigstück als beidseitig gestuftes Rechteckprisma bei geschlossenem Buch vorstellen können, so skizzieren Sie es aus dem Gedächtnis, falls möglich, in perspektivischer Darstellung und als technische Zeichnung in der V, D und S. Stimmt Ihre Skizze mit Ihrer Vorstellung überein? Vergleichen Sie diese mit der Musterzeichnung dieses Buches.

3. Erarbeiten Sie Teil 31.2 in ähnlicher Weise. Wenden Sie dieses Verfahren der Formerfassung immer dann an, wenn Ihnen das räumliche Vorstellen Schwierigkeiten bereitet.

Verdeckte Kanten werden als schmale Strichlinien nach DIN 15 – F gezeichnet, 31.3.

Beachten Sie:
a) Verdeckte Kanten schließen wie in der Zeichnung 31.3 d direkt an.
b) Beim Übergang einer sichtbaren in eine verdeckte Kante darf eine Lücke von ≈ 1 mm gelassen werden.
c) Strichlinien stoßen nur an den Enden zusammen und bilden dort volle Ecken.
d) Dicht benachbarte, parallele Strichlinien werden gegeneinander versetzt gezeichnet.

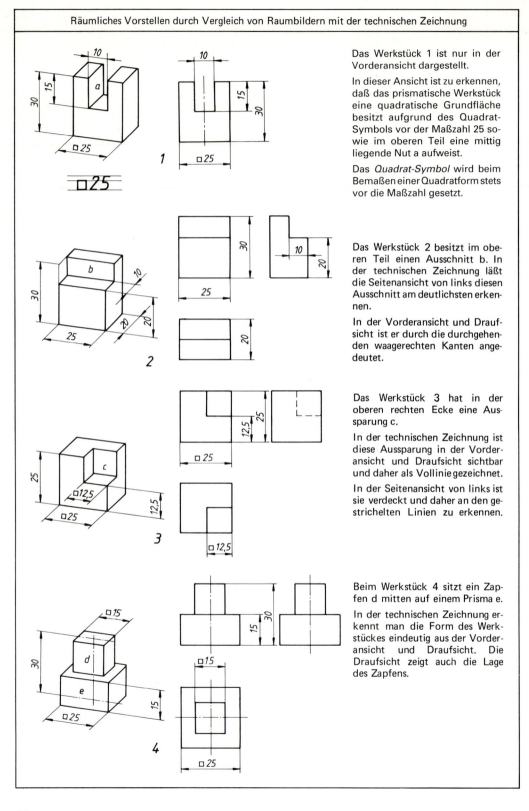

Fertigungsbezogenes Bemaßen von prismatischen Werkstücken

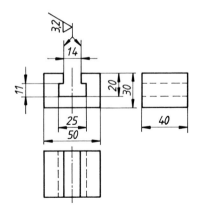

1:2	Aufspannplatte mit T-Nut	St 50-2
M	Benennung	Werkst.

Die Oberflächenangaben besagen, daß alle Werkstückflächen einen Mittenrauhwert $R_a \leq 12{,}5$ μm besitzen sollen, mit Ausnahme der Flächen, die durch die Angabe $R_a \leq 3{,}2$ μm gekennzeichnet sind, s. S. 85.

Fertigungsstufen:

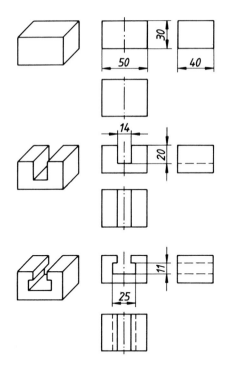

1. Fräsen aller Außenflächen auf Maß oder Hobeln aller Außenflächen auf Maß

2. Fräsen der Längsnut 14 breit 20 tief mit Scheibenfräser oder Hobeln der Längsnut

3. Fräsen mit T-Nutenfräser 25 breit 11 hoch oder Hobeln der T-Nut

Übung

Erkennen Sie:

wie sich bei jeder Fertigungsstufe Werkstückform und Maße ändern durch Vergleich der räumlichen Darstellung mit der technischen Zeichnung,

wie in der Fertigungszeichnung alle erforderlichen Maße und Oberflächenangaben (s. S. 85) eingetragen sind.

Test: Zuordnen von Ansichten prismatischer Werkstücke, Räumliches Vorstellen und Zeichnungslesen

Vorderansicht V	Draufsicht D	Seitenansicht S
1	6	11
2	7	12
3	8	13
4	9	14
5	10	15

V	1	2	3	4	5
D					
S					

1. Ordnen Sie der V die zugehörige D und S zu. Vergleichen Sie dabei die Ansichten mit den zugehörigen Raumbildern.
2. Zeichnen Sie von einigen Teilen jeweils die zugehörige V, D und S.

Test: Auswahl von Ansichten prismatischer Werkstücke, Räumliches Vorstellen und Zeichnungslesen

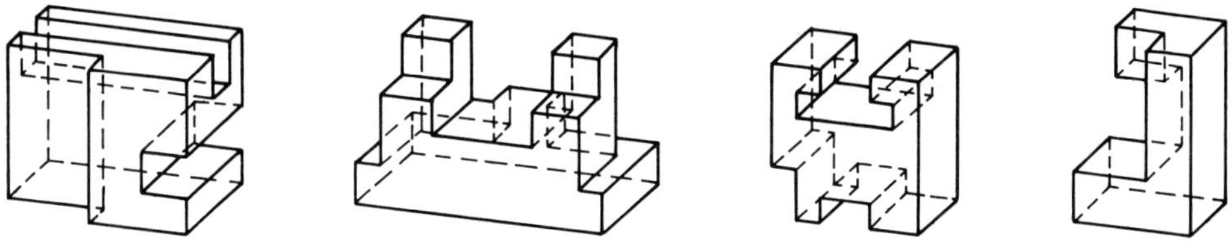

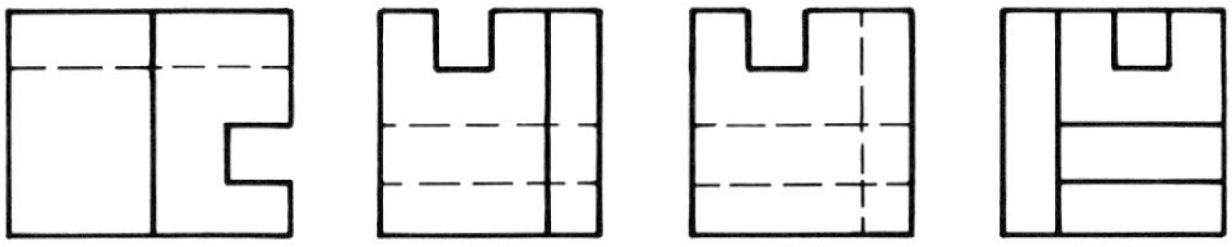

1.1 1.2 1.3

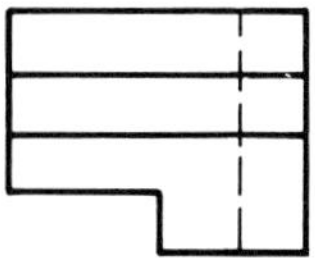

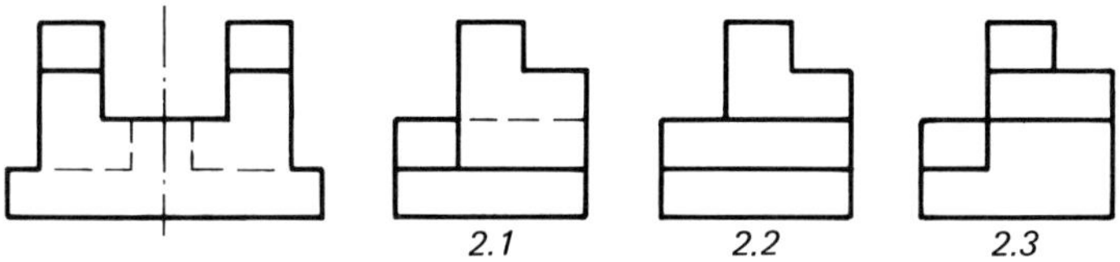

2.1 2.2 2.3

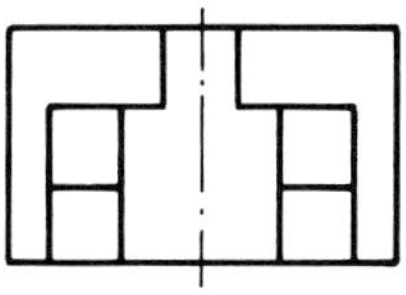

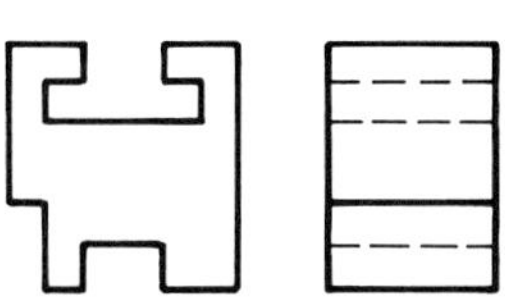

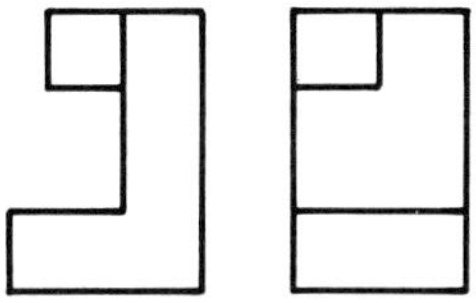

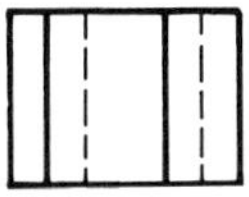

3.1 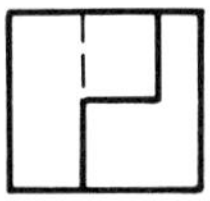 4.1

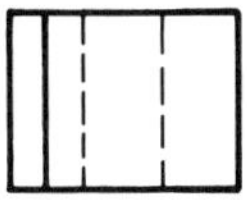

3.2 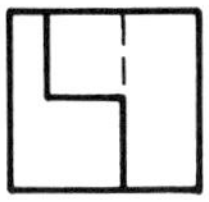 4.2

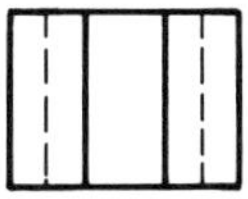

3.3 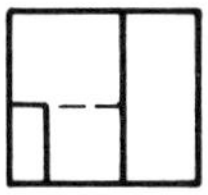 4.3

Wählen Sie jeweils die normgerechte Seitenansicht bzw. Draufsicht aus.
Vergleichen Sie die Ansichten mit den entsprechenden Raumbildern.

Anleitung zum Anfertigen von technischen Zeichnungen nach Zeichenschritten

1. Festlegen der zu zeichnenden Ansichten und des Maßstabes.

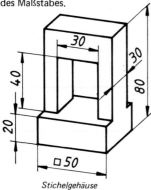

Stichelgehäuse

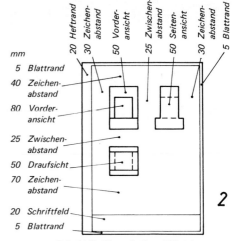

```
mm
 5  Blattrand
40  Zeichen-
    abstand
80  Vorder-
    ansicht
25  Zwischen-
    abstand
50  Draufsicht
70  Zeichen-
    abstand
20  Schriftfeld
 5  Blattrand
```

Beispiel für Blattaufteilung DIN A 4

2. Zeichenblatt mit den Maßen von Bild 1 für die Breite und Höhe wie in Bild 2 aufteilen.

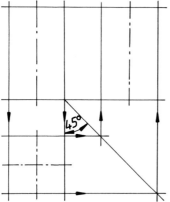

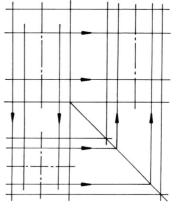

3. Zeichnen der Umrisse des Entwurfs durch schmale Vollinien mit Schiene und Winkel zugleich in der V, D und S.

4. Festlegen der Werkstückform, d. h. die Lage und Länge jeder Kante bestimmen, zugleich aus der V in die D und S durch Übertragen (Projizieren) mit Schiene und Winkel.

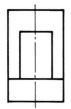

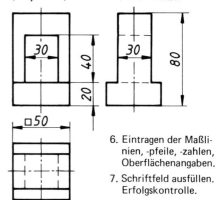

5. Abradieren aller Hilfslinien, Prüfen des Entwurfs, Ausziehen des Entwurfs unter Einhaltung der Linienbreiten, z. B. Liniengruppe 0,5 mm.

6. Eintragen der Maßlinien, -pfeile, -zahlen, Oberflächenangaben.
7. Schriftfeld ausfüllen. Erfolgskontrolle.

Die hier zur Verdeutlichung getrennt dargestellte Zeichenfolge in den Bildern 3 ... 6 erfolgt beim Zeichnen schrittweise nacheinander nur in einer Darstellung, Bild 6. Vergleichen Sie Beispiel S. 152.

Zeichnen und Bemaßen von Werkstücken als Raumbilder

Schaut man so auf einen Gegenstand, daß sich seine Vorderfläche, eine Seiten- und die Deckfläche auf einer Zeichenfläche abbilden, dann wird diese Darstellung als Raumbild bezeichnet. Bilder 1 ... 9.

Raumbilder sind sehr anschaulich, leicht erstellbar und helfen das räumliche Vorstellen schulen und testen. Sie werden vorwiegend als dimetrische Darstellung nach Bild 2 gezeichnet, s. auch S. 134.

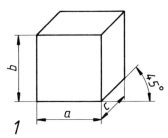

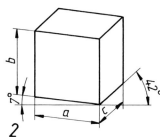

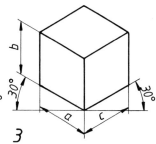

1 Kavalierperspektive (nicht genormt)
Seitenverhältnis a : b : c = 1 : 1 : $^1/_2$
Neigungswinkel zur Waagerechten 45°

2 Dimetrie nach DIN 5
Seitenverhältnis a : b : c = 1 : 1 : $^1/_2$
Neigungswinkel zur Waagerechten 7° und 42°

3 Isometrie nach DIN 5
Seitenverhältnis a : b : c = 1 : 1 : 1
Neigungswinkel zur Waagerechten 30°

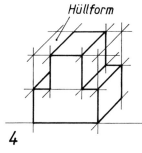

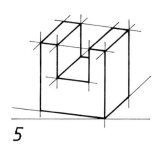

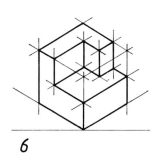

4 Hüllform **5** **6**

Bilder 4, 5 und 6 lassen die Zeichenschritte für das Erstellen dieser Raumbilder erkennen:
1. Entwerfen der jeweiligen Würfelform (= Hüllform).
2. Konstruieren jeder Fertigform unter gedanklichem Nachvollzug des jeweiligen Fertigungsverlaufes.
3. Ausziehen der Fertigstücke.

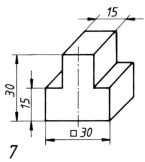

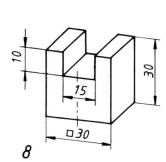

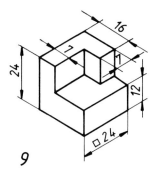

7 **8** **9**

Bilder 7, 8 und 9 zeigen, wie die Maßlinien zwischen den herausgezogenen Maßhilfslinien oder auch den Körperkanten zu ziehen sind. Die Maßzahlen für Fertigungs- und Baumaße sind nach DIN 406 unter 75° einzutragen.

Übungen

1. Zeichnen Sie die Raumbilder im M 1 : 1 der S. 40.
2. Zeichnen Sie Raumbilder nach technischen Zeichnungen auf den S. 38 u. 39.

s. auch S. 146

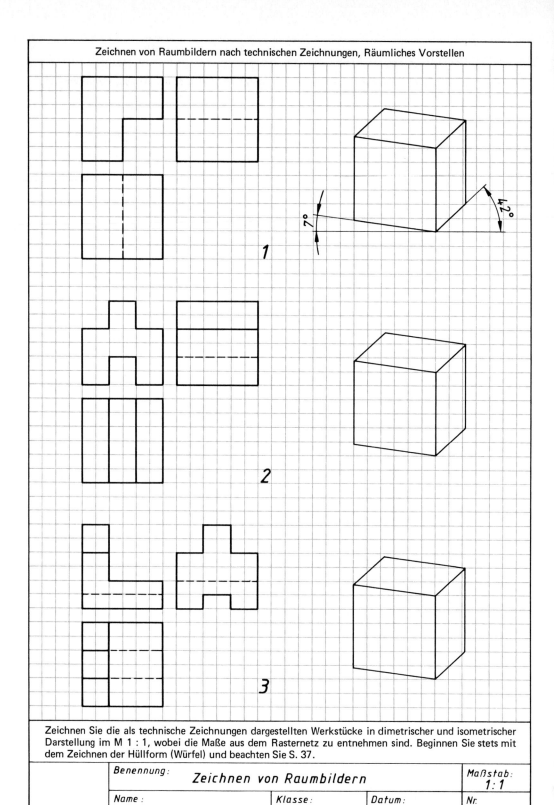

Übungen im räumlichen Vorstellen durch Ergänzungszeichnen

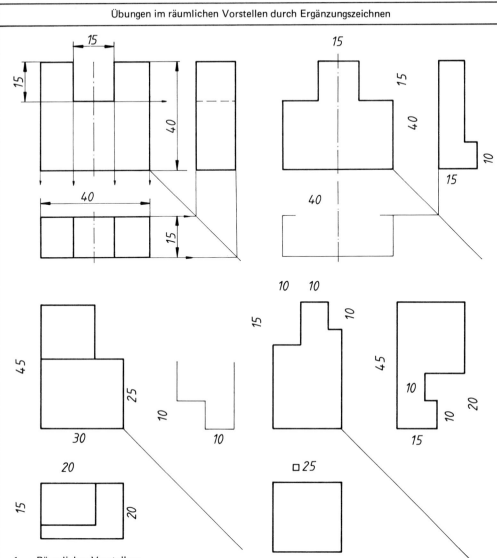

1. Räumliches Vorstellen:
   Teil 1 ist aus der gegebenen V und S als ein Flachstück in Form eines stehenden Rechteckprismas mit einer im oberen Teil durchgehenden Rechtecknut erkennbar.
2. Zeichenschritte:
2.1 Durch Projizieren aus der V in die D erhält man die Breite und aus der S in die D mit Hilfe der 45°-Diagonale die Dicke des Werkstückes und so seine Umrißform als Rechteck. Dann projiziert man die Nut aus der V.
2.2 Ausziehen der D mit gleicher Linienbreite wie die der V und S.
2.3 Zeichnen der Maßhilfs- und Maßlinien für die Hauptmaße: Breite, Dicke und Höhe sowie für die Fertigmaße der Nut: Breite und Tiefe. Maßpfeile eintragen. Endkontrolle.
3. Zeichnen der gegebenen Ansichten der Teile 2 ... 4 mit den angedeuteten Maßen im M 1 : 1 als Entwurf. Ergänzen der fehlenden Ansichten und in sämtlichen Ansichten der noch fehlenden Kanten. Dabei stellen Sie sich jedes Teil räumlich vor.

Benennung: *Prismatische Werkstücke mit Nut und Zapfen - Ergänzungszeichnen*		Maßstab: 1:1	
Name:	Klasse:	Datum:	Nr.:

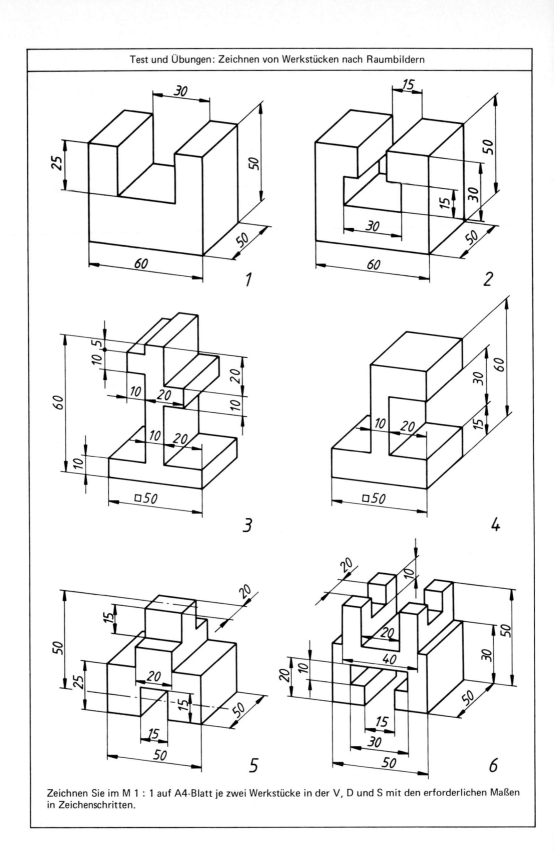

Darstellen und Bemaßen von Werkstücken mit schrägen Flächen, drei- und sechskantige Werkstücke

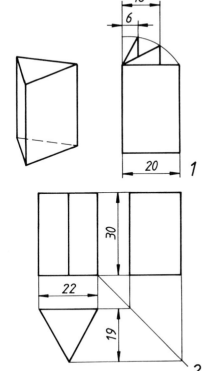

Die wahren Längen von Kanten erhält man nur dann, wenn die Blickrichtung senkrecht zur Fläche steht. Je kleiner der Neigungswinkel zwischen Blickrichtung und Fläche wird, um so kleiner erscheint die Fläche, 41.1. Die Bemaßung von Werkstücken mit schrägen Seitenflächen erfolgt nur in der Ansicht, in der die entsprechenden Werkstückkanten in wahrer Größe erscheinen.

Beim Dreikantprisma werden die Höhe und die Querschnittsform bemaßt. Für rechtwinklige, gleichseitige und gleichschenklige dreieckige Grundflächen sind nur zwei Maße, 41.2 und bei allen anderen Dreieckflächen drei Maße erforderlich.

Bei Sechskantprismen wird die Höhe in der Vorderansicht und die Querschnittsform mit Eckenmaß e und Schlüsselweite SW in der Draufsicht bemaßt, 41.3.

Das Zeichen für die Schlüsselweite SW kennzeichnet den Abstand von zwei parallelen gegenüberliegenden Flächen und ist anzuwenden, wenn in der bemaßten Ansicht nur eine dieser Flächen dargestellt ist, siehe 66.1 u. 2.

Bei der Darstellung von Dreikant- und Sechskantprismen zeichnet man zunächst die Ansicht, welche die Querschnittsform erkennen läßt, also die Draufsicht. Die senkrechten Kanten der stehenden Prismen werden aus der Draufsicht in die Vorderansicht übertragen. Für die Höhe der Seitenansicht entnimmt man die Höhe aus der Vorderansicht und die Breite aus der Draufsicht.

Die obere Aussparung am Sechskantprisma 41.4 ergibt Kantenrücksprünge in der V, die aus der D und S durch Projizieren zu ermitteln sind.

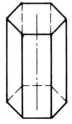

Beim regelmäßigen Sechskant läßt sich die Schlüsselweite SW aus dem Eckenmaß e berechnen und umgekehrt:

$SW = 0{,}5 \cdot \sqrt{3} \cdot e$; z. B. SW = 19

$e = \dfrac{2}{\sqrt{3}} \cdot SW$; z. B. e = 22

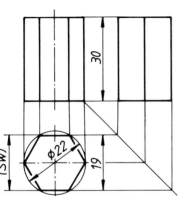

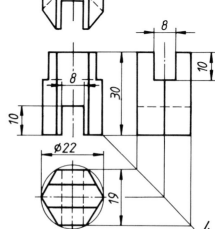

Test: Räumliches Vorstellen und Zeichnungslesen durch Zuordnen von Ansichten

Vorderansicht V	Draufsicht D	Seitenansicht S
1	6	11
2	7	12
3	8	13
4	9	14
5	10	15

V	1	2	3	4	5
D					
S					

1. Ordnen Sie der V die zugehörige D und S zu. Vergleichen Sie dabei die Ansichten mit dem zugehörigen Raumbild.
2. Zeichnen Sie von einigen Teilen jeweils die zugehörige V, D und S als technische Zeichnung.

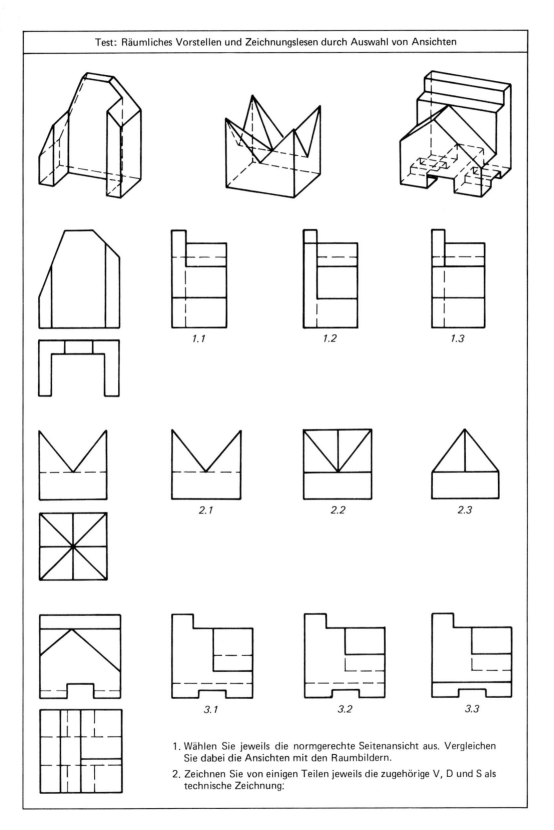

Test: Räumliches Vorstellen und Zeichnungslesen durch Auswahl von Ansichten

1. Wählen Sie jeweils die normgerechte Seitenansicht aus. Vergleichen Sie dabei die Ansichten mit den Raumbildern.
2. Zeichnen Sie von einigen Teilen jeweils die zugehörige V, D und S als technische Zeichnung:

Übung: Ergänzen von Ansichten, Räumliches Vorstellen

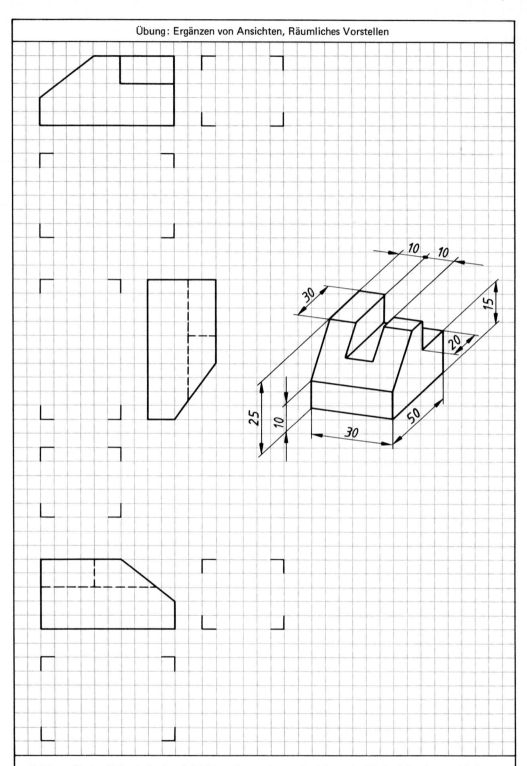

Zeichnen Sie im Maßstab 1 : 1 auf A4-Blatt die gegebenen Ansichten des Werkstückes in verschiedenen Lagen, und ergänzen Sie die fehlenden Ansichten ohne Maße.

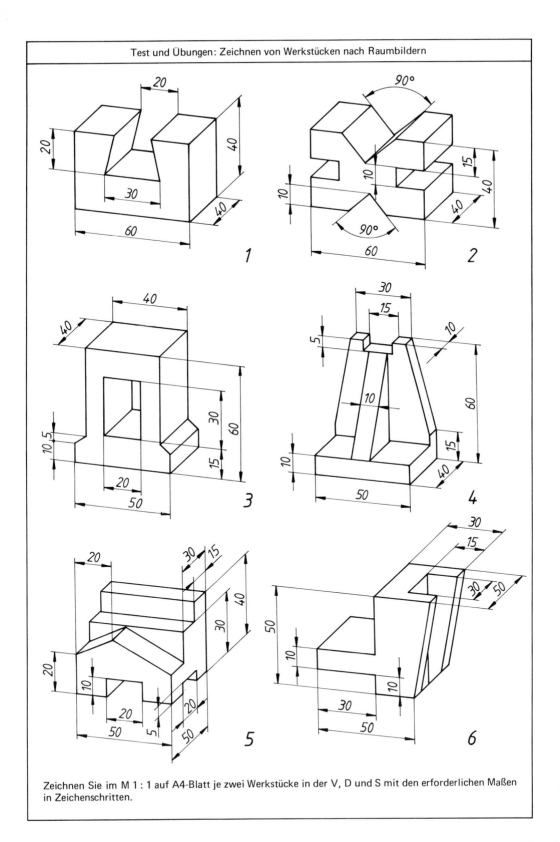

Prismatische Werkstücke mit Abwicklungen

Eine Abwicklung ist die in einer Ebene aufgezeichnete Oberfläche eines Körpers. Aus der Vorderansicht werden die wahren Höhen bzw. Längen und aus der Draufsicht die Breiten und Dicken des Körpers in die Abwicklung übertragen.

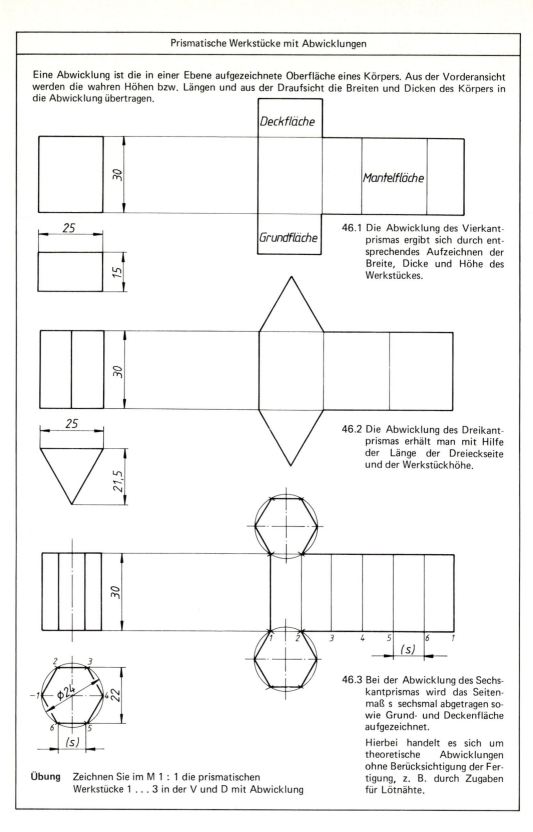

46.1 Die Abwicklung des Vierkantprismas ergibt sich durch entsprechendes Aufzeichnen der Breite, Dicke und Höhe des Werkstückes.

46.2 Die Abwicklung des Dreikantprismas erhält man mit Hilfe der Länge der Dreieckseite und der Werkstückhöhe.

46.3 Bei der Abwicklung des Sechskantprismas wird das Seitenmaß s sechsmal abgetragen sowie Grund- und Deckenfläche aufgezeichnet.

Hierbei handelt es sich um theoretische Abwicklungen ohne Berücksichtigung der Fertigung, z. B. durch Zugaben für Lötnähte.

Übung Zeichnen Sie im M 1 : 1 die prismatischen Werkstücke 1 ... 3 in der V und D mit Abwicklung

Schräggeschnittene prismatische Werkstücke mit Abwicklungen

Erscheint die Schnittfläche eines schräggeschnittenen prismatischen Werkstückes in der Vorderansicht als Strecke, so läßt sich die Seitenansicht aus der Vorderansicht durch Projizieren ermitteln. Schnittflächen, die durch Bearbeitung entstehen, sind ohne Schraffur zu zeichnen.

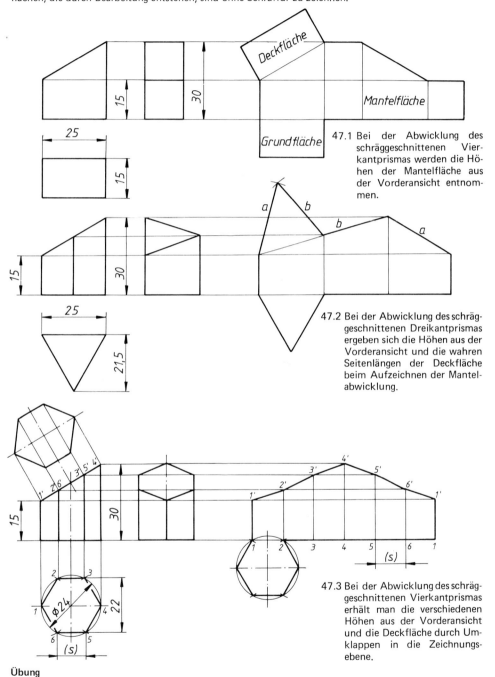

47.1 Bei der Abwicklung des schräggeschnittenen Vierkantprismas werden die Höhen der Mantelfläche aus der Vorderansicht entnommen.

47.2 Bei der Abwicklung des schräggeschnittenen Dreikantprismas ergeben sich die Höhen aus der Vorderansicht und die wahren Seitenlängen der Deckfläche beim Aufzeichnen der Mantelabwicklung.

47.3 Bei der Abwicklung des schräggeschnittenen Vierkantprismas erhält man die verschiedenen Höhen aus der Vorderansicht und die Deckfläche durch Umklappen in die Zeichnungsebene.

Übung

Zeichnen Sie im M 1:1 die schräggeschnittenen prismatischen Werkstücke in der V, D und S mit Abwicklung.

1.5 Darstellen und Bemaßen flacher Werkstücke mit Radien, Bohrungen und Durchbrüchen, Bemaßen von Radien und Bohrungen

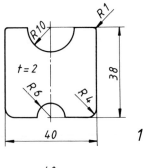

1

Radien bzw. Halbmesser an Werkstücken werden stets durch den vor die Maßzahl zu setzenden Großbuchstaben R gekennzeichnet, 48.1 ... 4.

Der Mittelpunkt des Radius wird nur dann durch ein Mittellinienkreuz festgelegt, wenn seine Lage für die Fertigung oder Funktion benötigt wird, 48.3.

Die Maßlinien für Radien erhalten nur eine Maßlinienbegrenzung am Kreisbogen. Dieser Maßpfeil soll bevorzugt von innen und bei Platzmangel von außen an den Kreisbogen gesetzt werden.

Muß bei großen Radien die Lage des Mittelpunktes festgelegt sein, so darf nur bei manuellen Zeichnungen die Maßlinie rechtwinklig abgeknickt und verkürzt gezeichnet werden. Der mit dem Maßpfeil versehene Teil der Maßlinie ist auf den geometrischen Mittelpunkt gerichtet. Die Maßzahl wird hierbei nicht unterstrichen, 48.3.

Sind viele Radien zentral angeordnet, so dürfen sie anstelle im Zentrum an einem kleinen Hilfskreis enden.

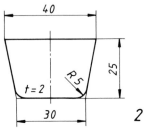

2

Besteht das zu bemaßende Formelement am Werkstück aus einem Halbkreis, der zwei parallele Linien miteinander verbindet,

    so muß der Radius bei 48.5 angegeben werden,

    kann der Radius bei 48.6 wegen Eindeutigkeit entfallen oder nur als Hilfsmaß in Klammern zusätzlich angegeben werden.

Beim Bemaßen von Radien sind die Rundungshalbmesser nach DIN 250 anzuwenden, wobei die fettgedruckten Werte in der Tabelle zu bevorzugen sind.

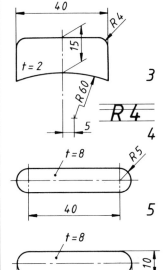

3

4

5

6

Das ø-Symbol wird zur Kennzeichnung der Kreisform stets vor die Maßzahl gesetzt, 48.8. Dies gilt für die Bemaßung von Formelementen, bei denen die Kreisform zu erkennen ist oder nur als Strecke erscheint, 48.7 u. 52.3.

Der Querstrich des ø-Symbols wird bei der ISO-Normschrift nach DIN 6776 Schriftform B kursiv unter 60° und bei der Schriftform B vertikal unter 75° geschrieben, S. 15.

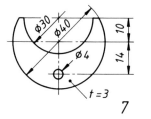

7

8

Radien an Werkstücken sind nach DIN 250 zu wählen

				0,2		0,3	0,4	0,5	0,6	0,8
1	1,2	**1,6**		**2**	2,5	**3**	**4**	**5**	**6**	**8**
10	12	**16**	18	**20**	22	**25**	28	**32**	36	**40**	45	**50**	56	**63**	70	**80**	90
100	110	**125**	140	**160**	180	**200**				

Darstellen und Bemaßen von Flanschformen

Flansche dienen zum Verschrauben von Armaturen und Rohrleitungen.

Rundflansche haben eine durch 4 teilbare Anzahl von Schraubenlöchern, die auf einem Lochkreis liegen. Diese sind so anzuordnen, daß sie symmetrisch zu den beiden Hauptachsen liegen, und daß in diese keine Löcher fallen.

Da die Schraubenlöcher gleichmäßig auf dem Lochkreis verteilt sind, unterbleibt die Angabe des Teilungswinkels.

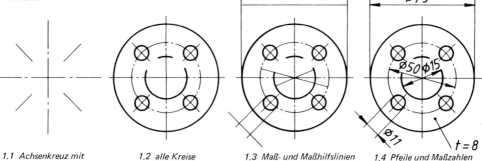

1.1 Achsenkreuz mit Mittellinien   1.2 alle Kreise   1.3 Maß- und Maßhilfslinien   1.4 Pfeile und Maßzahlen

1 Zeichenschritte bei der Darstellung eines Rundflansches

Unrunde als Form haben z. B. Flansche von Rohrleitungen und Stopfbuchsen. Sie besitzen zwei Schraubenlöcher. Für Unrunde sind bezüglich ihrer Breite drei Formen festgelegt, und zwar das schmale, mittlere und breite Unrund.

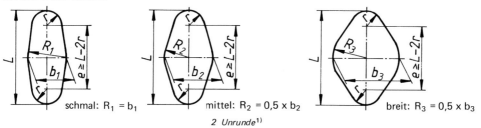

schmal: $R_1 = b_1$ mittel: $R_2 = 0,5 \times b_2$ breit: $R_3 = 0,5 \times b_3$

2 Unrunde[1)]

Maße in Millimeter

L	45	50	56	64	72	75	80	90	100
r	7	8	9	10	11	12	13	15	16
b_1 schmal	20	22	25	29	32	34	36	40	45
b_2 mittel	22	25	28	32	36	40	45	50	56
b_3 breit	32	36	40	45	50	52	56	64	72

Übung   Zeichnen Sie im M 1 : 1 auf einem A4-Blatt je ein schmales, mittleres und breites Unrund mit einer Länge von 80 mm.

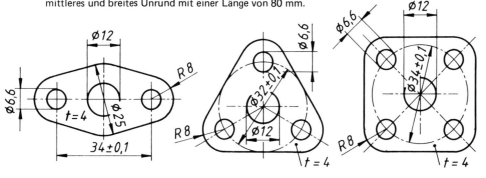

[1)] früher DIN 251

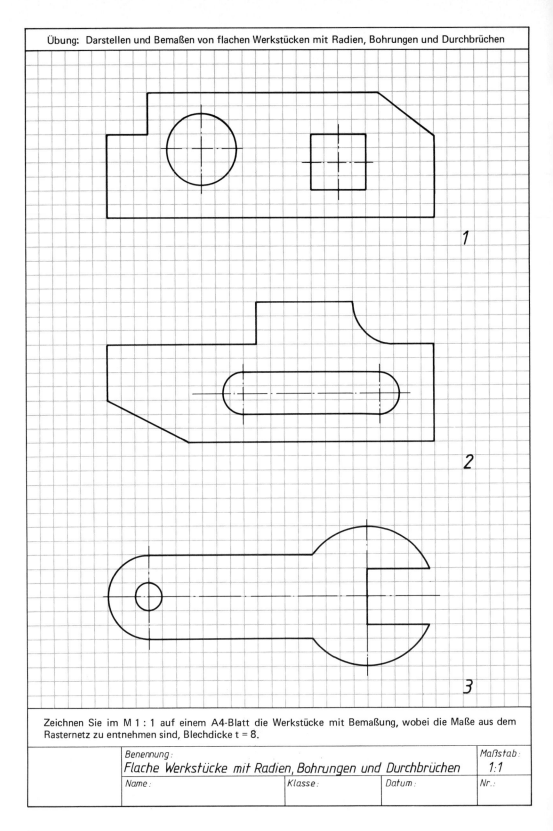

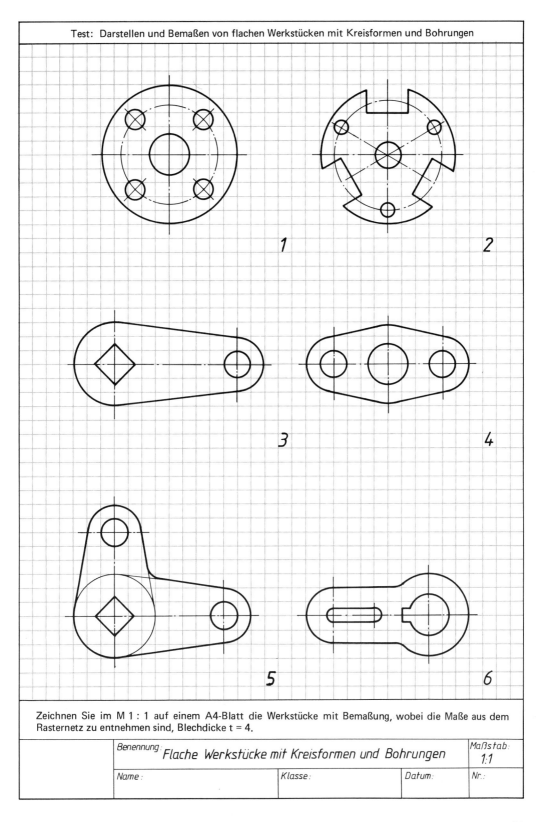

1.6 Darstellen und Bemaßen zylindrischer Werkstücke

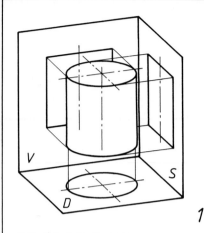

Der stehende Vollzylinder 52.2 wird in der Vorderansicht als Rechteck und in der Draufsicht als Kreis gezeichnet.

Als Maße sind das Durchmessermaß z. B. ⌀ 25 und die Zylinderhöhe, z. B. 30 einzutragen, 52.2.

Die zwei Ansichten genügen, da die Seitenansicht der Vorderansicht gleicht, siehe Raumecke, 52.1.

Es genügt sogar nur eine Ansicht, z. B. die Vorderansicht in 52.3.

Vollzylinder in der Raumecke

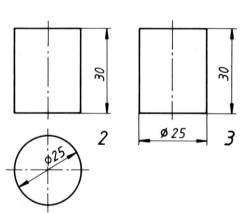

Vereinfachte Darstellung von Körpern aus geometrischen Formelementen mit Hilfe von Symbolen.

In einer Ansicht sind dargestellt

in 52.4 mit Hilfe von 2 ⌀-Symbolen ein abgesetzter Bolzen,

in 52.5 mit Hilfe eines ⌀-Symbols und eines ▢-Symbols in Verbindung mit einer Diagonalen zur Kennzeichnung ebener Flächen ein Zylinder auf einem Prisma mit quadratischer Grundfläche,

in 52.6 entsprechend eine Quadratsäule auf einem Vollzylinder.

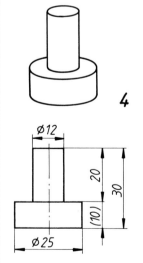
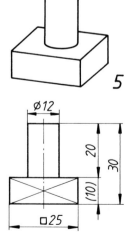
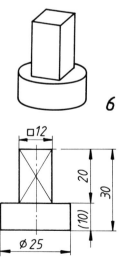

Fertigungsbezogenes Bemaßen zylindrischer Werkstücke

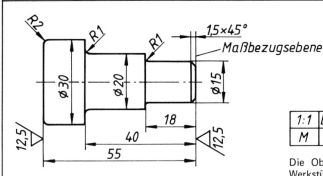

1:1	Bolzen mit Absätzen	St 50-2
M	Benennung	Werkst.

Die Oberflächenangaben besagen, daß alle Werkstückflächen einen Mittenrauhwert $R_a \leq 3{,}2$ μm besitzen sollen mit Ausnahme der Flächen, die durch die Angabe $R_a \leq 12{,}5$ gekennzeichnet sind.

Fertigungsstufen

1. Stirnfläche plandrehen

2. Absatz I auf ⌀30 , 60 lang schlichten

3. Absatz II auf ⌀20,5 , 40 lang schruppen und mit Radiusstahl 1 auf ⌀20 , 40 lang schlichten

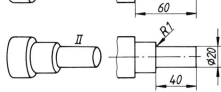

4. Absatz III auf ⌀15,5 , 18 lang schruppen und mit Radiusstahl 1 auf ⌀15 , 18 lang schlichten

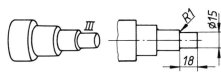

5. Kegelkuppe 1,5 × 45° fasen

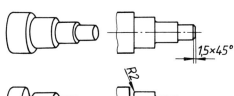

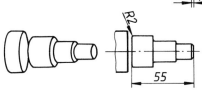

6. Bolzen auf Länge 55 abstechen, Werkstück umspannen und Kante mit Radius 2 brechen

Übung:
Erkennen Sie:
wie sich bei jeder Fertigungsstufe Werkstückform und Maße ändern durch Vergleich der räumlichen Darstellung mit der technischen Zeichnung,
wie in der Fertigungszeichnung alle erforderlichen Maße und Oberflächenangaben (s. S. 85) eingetragen sind.

Darstellen und Bemaßen zylindrischer Werkstücke mit Parallelschnitten und Abwicklung

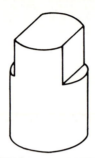

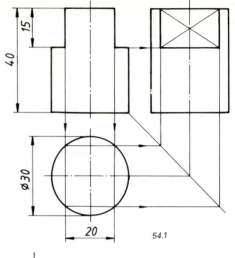

54.1 zeigt einen Zylinder mit beidseitigen Abflachungen. Diese erscheinen in der Seitenansicht als Rechteck und werden dort durch Projizieren aus der Vorderansicht und Draufsicht konstruiert. Dieses Rechteck wird nicht bemaßt, da es durch die Maße 20 und 15 bereits festgelegt ist.

Das Diagonalkreuz in schmaler Vollinie kennzeichnet eine ebene Fläche am Werkstück.

54.1

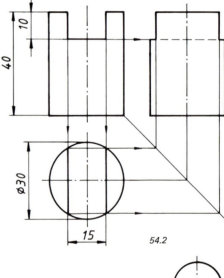

54.2 zeigt einen Zylinder mit einem mittigen Ausschnitt. Die zurückspringenden Schnittkanten in der Seitenansicht werden durch Projizieren aus der Vorderansicht und Draufsicht konstruiert.

Die Abwicklung eines geraden Zylinders 54.3 besteht aus der Mantelfläche sowie der Grund- und Deckflächen. Für die Mantelabwicklung teilt man den Grundkreis in z. B. 12 gleiche Teile und trägt diese als Umfang der Zylindermantelabwicklung ab. Der Umfang des Zylinders ergibt sich zu $U = d \times \pi = 62{,}8$ mm.

54.2

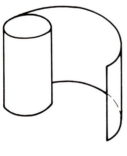

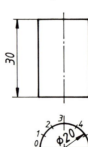

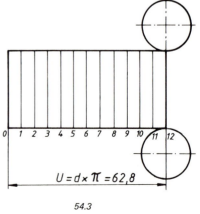

$U = d \times \pi = 62{,}8$

54.3

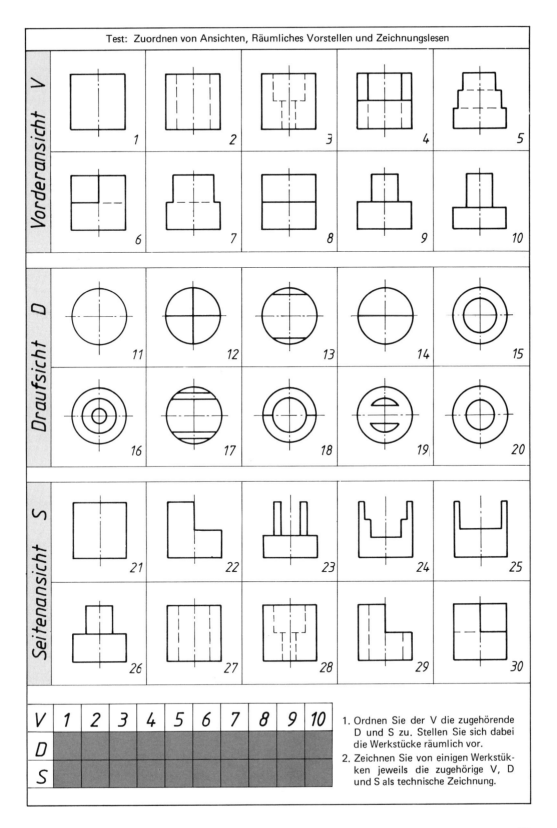

Übung: Ergänzungszeichnen zylindrischer Werkstücke mit Parallelschnitten

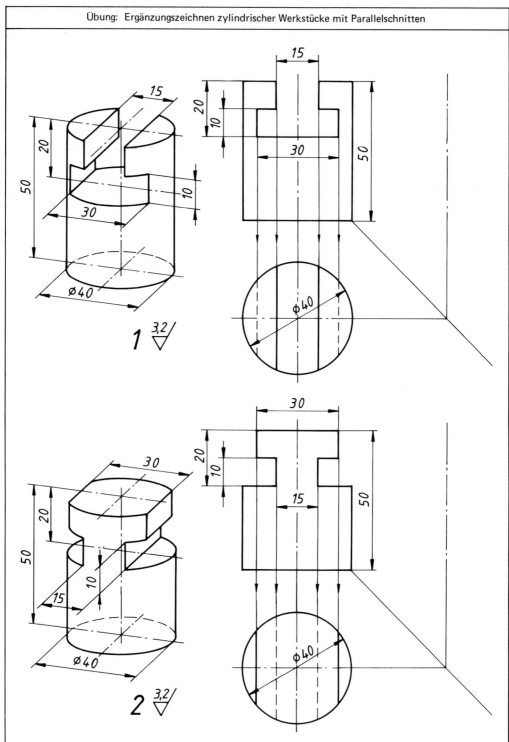

Zeichnen Sie im M 1 : 1 auf A4-Blatt von den Teilen 1 und 2 je die V und D und ergänzen Sie die S. Beachten Sie dabei die Kantenrücksprünge.

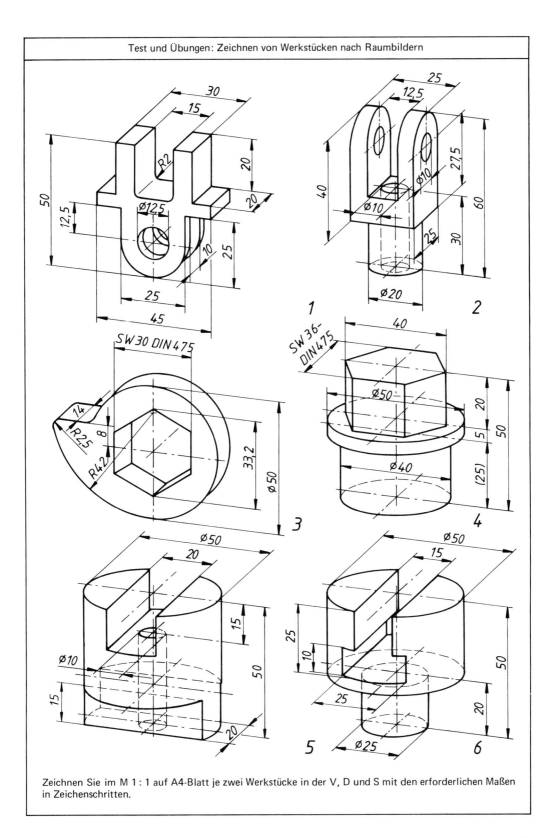

Reihenfolge beim Ausziehen einer Teilzeichnung in Tusche

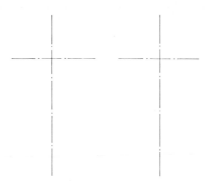

1 Vorzeichnen der Mittellinien mit Blei

2 Vorzeichnen der Hüllform des Werkstückes mit Blei

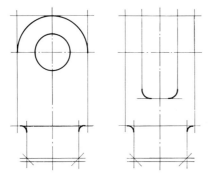

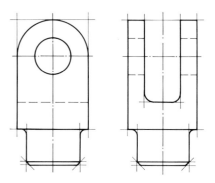

3 Vorzeichnen der Einzelheiten mit Blei und Ausziehen von Kreisen und Kreisbögen mit Tusche

4 Ausziehen der Körperkanten und Mittellinien mit Tusche

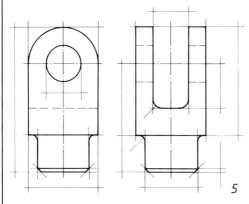

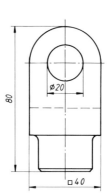

5 Vorzeichnen der Maß- und Maßhilfslinien mit Blei und anschließend Ausziehen mit Tusche, Abradieren

6 Bemaßen und Beschriften in Tusche, Endkontrolle

1.7 Darstellen und Bemaßen pyramiden-, kegel- und kugelförmiger Werkstücke
Pyramidenförmige Werkstücke

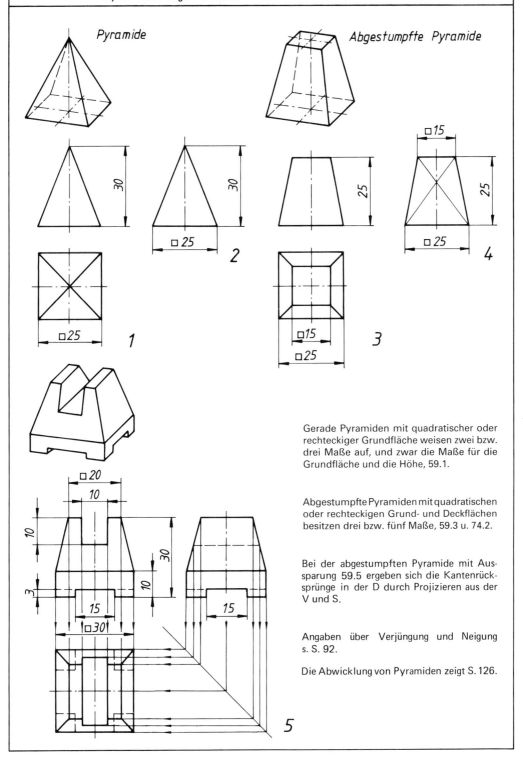

Gerade Pyramiden mit quadratischer oder rechteckiger Grundfläche weisen zwei bzw. drei Maße auf, und zwar die Maße für die Grundfläche und die Höhe, 59.1.

Abgestumpfte Pyramiden mit quadratischen oder rechteckigen Grund- und Deckflächen besitzen drei bzw. fünf Maße, 59.3 u. 74.2.

Bei der abgestumpften Pyramide mit Aussparung 59.5 ergeben sich die Kantenrücksprünge in der D durch Projizieren aus der V und S.

Angaben über Verjüngung und Neigung s. S. 92.

Die Abwicklung von Pyramiden zeigt S. 126.

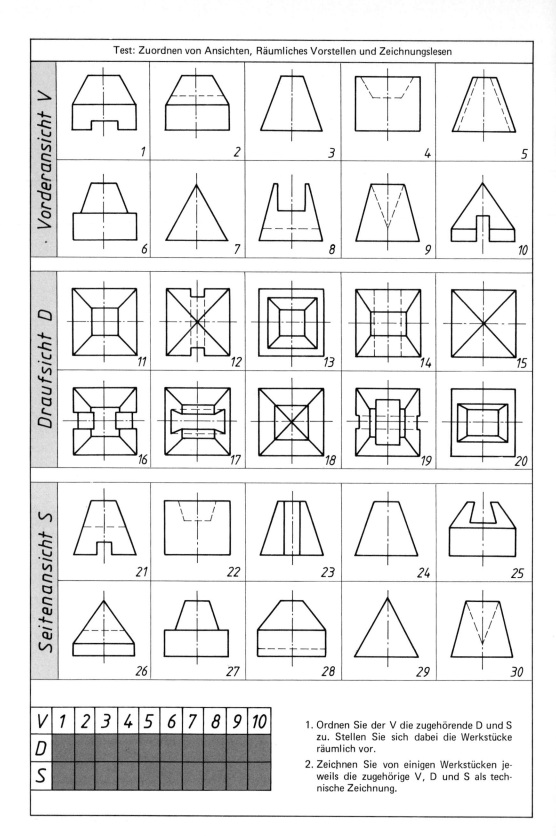

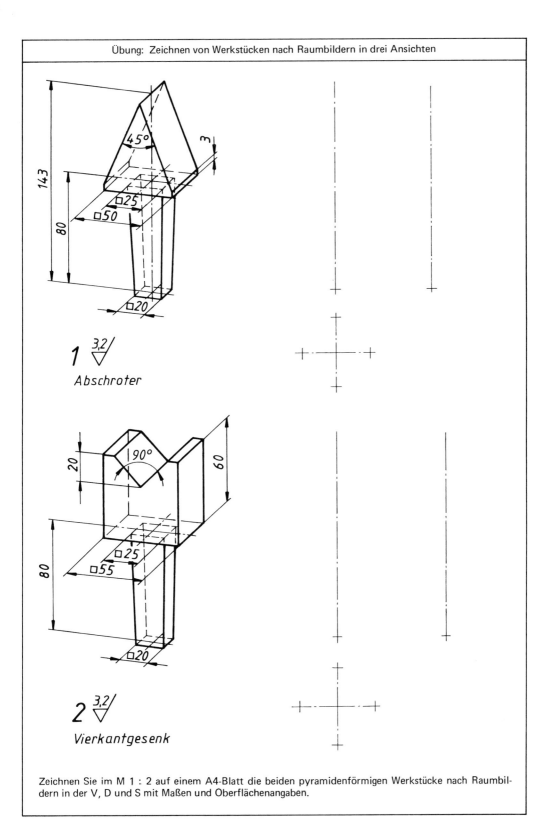

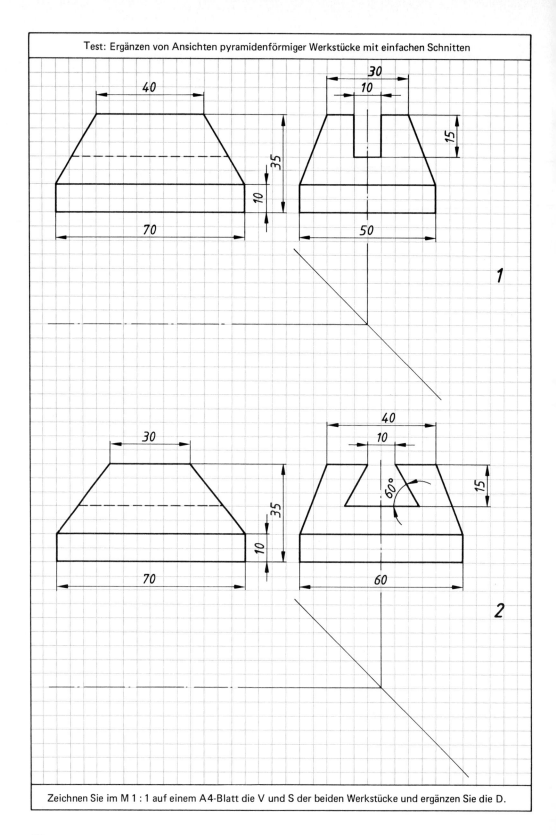

Darstellen und Bemaßen kegeliger Werkstücke

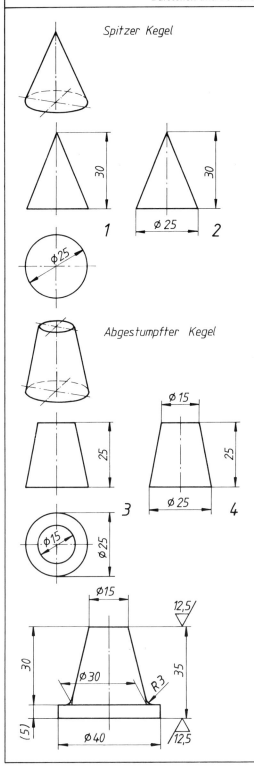

Spitzer Kegel

Der spitze gerade Kegel kann dargestellt werden in der Vorderansicht als Dreieck und in der Draufsicht als Kreis. Er besitzt zwei Maße, und zwar den Durchmesser der Grundfläche und die Kegelhöhe, 63.1.

Die vereinfachte Darstellung nur in der Vorderansicht zeigt 63.2.

Abgestumpfter Kegel

Der abgestumpfte gerade Kegel kann dargestellt werden in der Vorderansicht als Trapez und in der Draufsicht als zwei konzentrische Kreise. Dieser besitzt drei Maße, und zwar die Durchmesser der Grund- und Deckfläche sowie die Höhe des Kegelstumpfes, 63.3.

Die vereinfachte Darstellung nur in der Vorderansicht zeigt 63.4.

An spitzen kegeligen Werkstücken kann anstelle der Kegelhöhe auch der Kegelwinkel angegeben werden.

Nur bei genauen Kegeln, die eine Funktion zu erfüllen haben, z. B. Werkzeugkegel, ist zusätzlich die Kegelverjüngung mit vorangestelltem Kegelsymbol anzugeben, s. S. 91 u. 152.

Die Abwicklung von Kegeln zeigt S. 129.

Textaufgabe

Ein Werkstück besteht aus einem abgestumpften Kegel mit der oberen Deckfläche φ 30, der Grundfläche φ 50, der Höhe 40. Das Werkstück hat mit der Mittelachse zusammenfallend einen Durchbruch □ 20.

Zeichnen Sie das Werkstück in der V, D und S mit den erforderlichen Maßen.

Darstellen und Bemaßen kugelförmiger Werkstücke

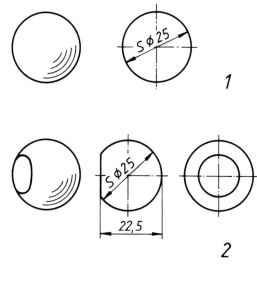

1

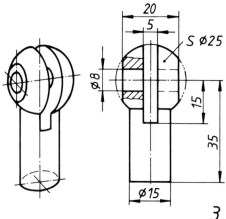

2

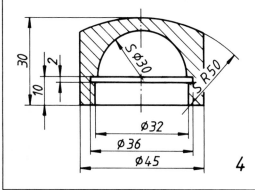

3

64.1 zeigt die Darstellung und Bemaßung einer Vollkugel und 64.2 die eines Kugelabschnittes.

Der Großbuchstabe S (sphärisch) kennzeichnet die Kugelform. Er steht vor dem ø-Symbol und der Maßzahl.

Ist der Kugelmittelpunkt angegeben, so wird vor dem Kugelmaß stets das ø-Symbol angegeben, 64.3.

Ist der Kugelmittelpunkt nicht angegeben, so wird anstelle des ø-Symbols der Großbuchstabe R für den Kugelradius angegeben, 64.4.

Die Abwicklung von Kugeln zeigt S. 131.

Wiederholungsfragen

1. Wie wird bei der Bemaßung von Blechen in einer Ansicht die Blechdicke angegeben?
2. Mit welcher Ansicht beginnt man im allgemeinen bei der Darstellung von Werkstücken in drei Ansichten?
3. Mit welcher Strichbreite zeichnet man verdeckte Kanten?
4. Wie werden Radien an Werkstücken bemaßt, und wann sind die Mittelpunkte der Radien anzugeben?
5. Wie wird bei der Maßeintragung die Kreisform gekennzeichnet?
6. Unter welchem Winkel wird beim ø-Zeichen der Querstrich bei der ISO-Normschrift, nach DIN 6776 Schriftform B kursiv und Schriftform B vertikal, geschrieben?
7. Wie kennzeichnet man bei der Maßeintragung quadratische Formelemente?
8. Was verstehen Sie unter der Angabe SW 20?
9. In welchem Fall ist bei der Bemaßung von kugelförmigen Werkstücken vor die Maßzahl ein ø-Symbol oder der Großbuchstabe R zu setzen?

Textaufgabe

Zeichnen Sie mit den erforderlichen Maßen in der Vorderansicht liegend ein Werkstück von links nach rechts bestehend aus:
Kugel S ø 30,
Zylinder ø 15, 6 lang mit beidseitigen Übergangsradien R 2,
Bund ø 30, 7 breit, 18 mm vom Kugelmittelpunkt beginnend,
Vierkant mit □ 20, 15 lang,
Zylinder ø 20, 40 lang.
Kegel ø 20, ø 15, 19 lang.
Die Gesamtlänge des Werkstückes beträgt 105.

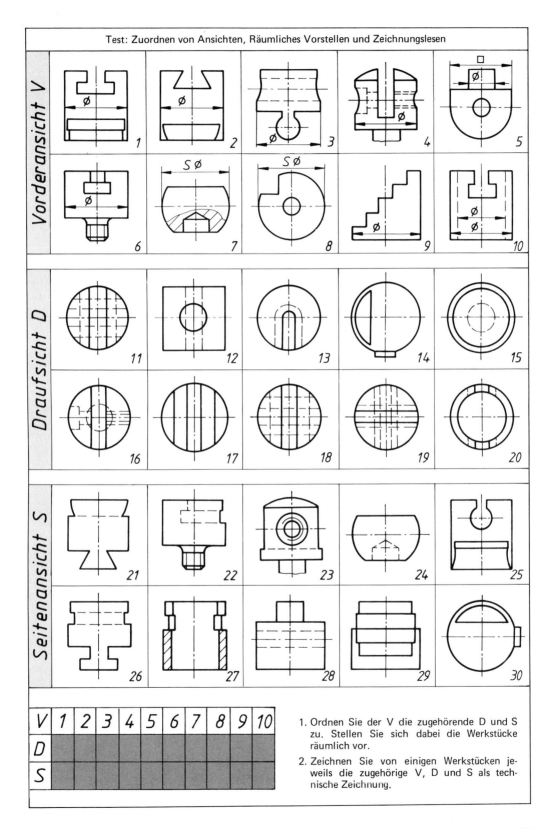

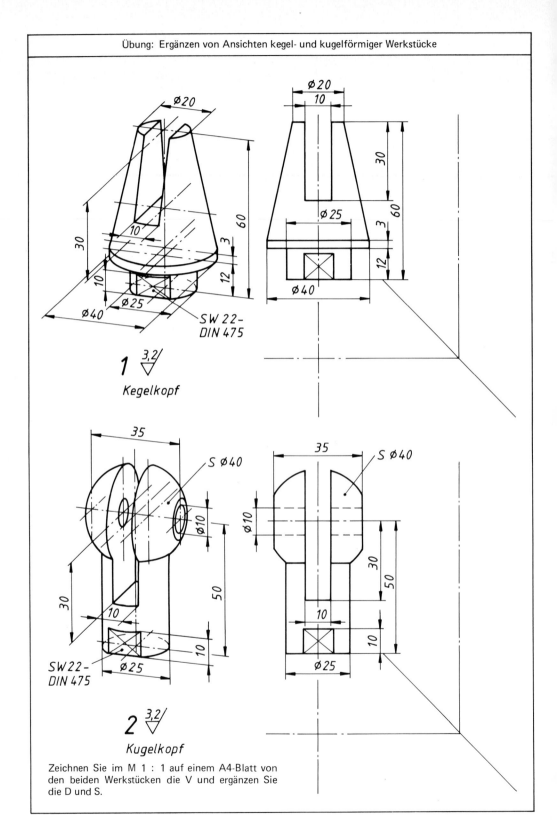

Test und Übungen: Zeichnen von Werkstücken nach Raumbildern

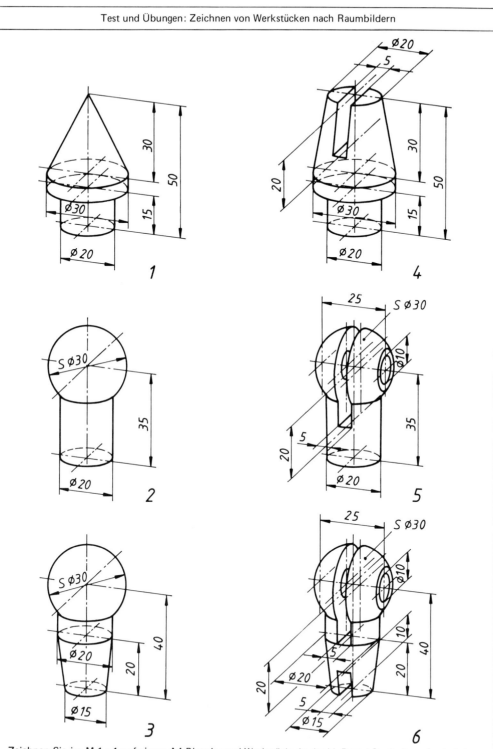

Zeichnen Sie im M 1 : 1 auf einem A4-Blatt je zwei Werkstücke in der V, D und S mit den erforderlichen Maßen in Zeichenschritten.

1.8 Anordnung der Ansichten und Schnittdarstellung nach DIN 6[1])
Projektionsmethoden und Anordnung der Ansichten

In technischen Zeichnungen werden Gegenstände nach der rechtwinkligen Parallelprojektion dargestellt. Hierbei sind die sechs möglichen Ansichten auf rechtwinklig zueinander angeordnete Ebenen projiziert.

Die *ISO-Projektionsmethode* 1 (E)[2]) wird im deutschsprachigen Raum bevorzugt angewendet.

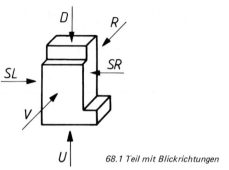

68.1 Teil mit Blickrichtungen

Bei dieser Projektionsmethode sind bezogen auf die Vorderansicht (V) als Hauptansicht die anderen Ansichten wie folgt angeordnet, 68.2:

> die Draufsicht (D) liegt unterhalb,
> die Seitenansicht von links (SL)[3]) liegt rechts,
> die Seitenansicht von rechts (SR) liegt links,
> die Untersicht (U) liegt oberhalb,
> die Rückansicht darf links oder rechts liegen.

Das Symbol zur Kennzeichnung der ISO-Projektionsmethode E kann in der Zeichnung in der Nähe des Schrittfeldes angegeben werden, 68.3.

Die ISO-Projektionsmethode 3 (A)[2]) auf die nicht näher eingegangen wird, findet in den Vereinigten Staaten von Amerika und Großbritannien und im Stahlbau als Pfeilmethode Anwendung.

Als Vorderansicht (Hauptansicht) eines Gegenstandes ist stets die aussagefähigste Ansicht zu wählen, welche z. B. die Körperform am deutlichsten erkennen läßt.

In Gesamt- und Gruppenzeichnungen wird bevorzugt die Vorderansicht des Gegenstandes in der Gebrauchs- oder Einbaulage dargestellt.

In Teilzeichnungen wird die Vorderansicht vorzugsweise in der Fertigungslage des Teils dargestellt. Die Anzahl der Ansichten und Schnitte ist auf das Notwendige zu beschränken, wobei die Körperform eindeutig bestimmt sein muß und die Maße eingetragen werden können.

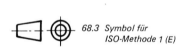

68.2 Anordnung aller möglichen Ansichten nach der ISO-Methode 1 (E)

Ist eine andere Ansichtsanordnung als bei den Projektionsmethoden 1 und 3 vorgeschrieben notwendig, z. B. um durch ungünstige Projektionen Verkürzungen zu vermeiden, dann ist die Pfeilmethode anzuwenden.

Bei der Pfeilmethode dürfen die Ansichten beliebig zur Vorderansicht angeordnet werden. Die Betrachtungsrichtungen für diese Ansichten, bezogen auf die Vorderansicht, sind durch einen Pfeil mit einem Großbuchstaben zu kennzeichnen, 68.4 u. 5.

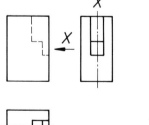

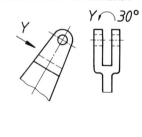

68.4 u. 5. Beliebige Anordnung der Ansichten gekennzeichnet nach der Pfeilmethode, 68.6 Gedrehte Ansichten[1])

---

[1]) DIN 6 T1 u. 2, ISO 128;   [2]) Projektionsmethoden s. DIN 5 T10;   [3]) auf den weiteren Seiten nur mit S bezeichnet.

Teilansichten und verkürzte Darstellungen

Teilansichten symmetrischer Gegenstände

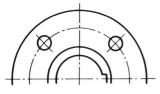 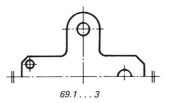 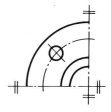

69.1 ... 3

Symmetrische Teile dürfen als Teilansichten abgebrochen 69.1 oder durch die Mittellinie unterbrochen als Halb- oder Viertelansicht 69.2 u. 3 gezeichnet werden. Bei diesen beiden Darstellungen werden die Enden der Mittellinien durch zwei kurze parallele schmale Vollinien gekennzeichnet.

Teile können verkürzt dargestellt werden durch Bruchkanten, die als Freihandlinie DIN 15-C oder als Zickzacklinie DIN 15-D gezeichnet werden s. 69.4...8. Letztere zeichnet man etwas über die Umrißlinie hinaus.

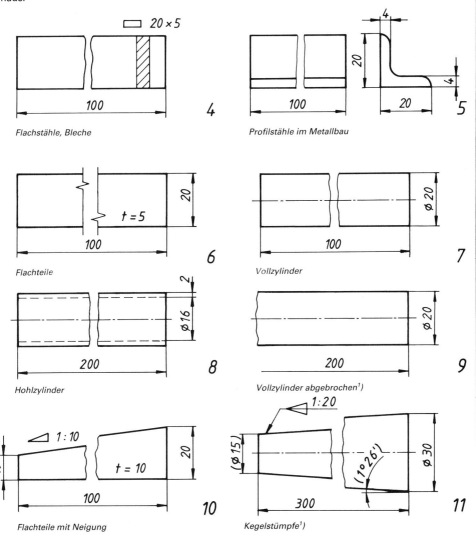

[1]) Schleifenformen als Bruchkanten bei Rundkörpern sollen in neuen Zeichnungen nicht mehr angewendet werden.

Vollschnitt, Halbschnitt, Teilschnitt, Profilschnitt

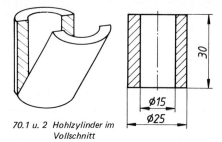

70.1 u. 2 Hohlzylinder im Vollschnitt

Im Schnitt gezeichnet werden Hohlkörper, um die innere Form klar erkennen zu können. Man denkt sich dabei einen Teil des Werkstückes weggeschnitten und zeichnet den übriggebliebenen Teil, 70.2.

Die durch den Schnitt sichtbar werdenden inneren Körperkanten sind als breite Vollinie zu zeichnen. Dort, wo der gedachte Schnitt durch den Werkstoff führt, sind die Flächen zu schraffieren. Die Schraffurlinien werden als parallellaufende schmale Vollinien unter 45° zu den Hauptumrissen oder zur Symmetrieachse in gleichmäßigem Abstand aber nicht zu eng gezeichnet, 70.2 . . . 5.

70.3 . . . 7 Schnittflächen

Bei ineinandergefügten Teilen wird das innere Teil entgegengesetzt unter 135° und enger, 70.8 u. 9 bzw. weiter auseinander gezeichnet.

Schmale Schnittflächen werden voll geschwärzt, 70.6 u. 7.

Mehrere zusammenstoßende schmale Schnittflächen sind ebenfalls voll geschwärzt, aber mit Zwischenfugen zu zeichnen, 70.7.

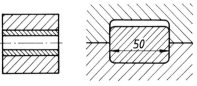

70.8 u. 9 Zusammenstoßende Schnittflächen

DIN 201 zeigt die Möglichkeit der Kennzeichnung verschiedenartiger Werkstoffe durch die Art der Schraffur. Nur in Sonderfällen dürfen Werkstoffe durch besondere Schraffuren in den Schnittflächen gekennzeichnet werden.

Der *Vollschnitt* zeigt die hintere Werkstückhälfte und verläuft bei symmetrischen hohlen Werkstücken durch die Längsmittelachse.

Beim *Halbschnitt* als vereinfachte Darstellung sind je die Hälfte der Innen- und Außenform erkennbar, 70.10 u. 11.

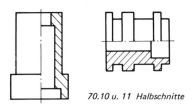

70.10 u. 11 Halbschnitte

Die Schnittflächen liegen beim Halbschnitt in waagerechter Werkstücklage unter, in senkrechter rechts von der Mittellinie, 70.10 u. 11.

Verdeckte äußere Körperkanten sollen in Schnittdarstellungen nicht gekennzeichnet werden, 70.10 u. 11.

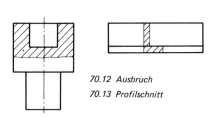

70.12 Ausbruch
70.13 Profilschnitt

Zum *Teilschnitt*, bei dem nur ein Teil des Werkstückes geschnitten gezeichnet wird, zählen der Ausbruch und der Teilausschnitt.

Der *Ausbruch* dient zur Verdeutlichung eines Werkstückteiles, der durch eine schmale Freihandlinie begrenzt wird, die jedoch nicht mit einer Karte zusammenfallen darf, 70.12.

Beim *Teilausschnitt* wird die Schnittfläche nicht durch Bruchlinien begrenzt, 70.9.

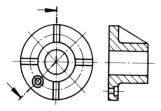

70.14 Schnittkennzeichnung

Der *Profilschnitt* zeigt nur das Profil eines Werkstückes, das sich in der Schnittebene befindet, oder den in die Ansicht gedrehten Querschnitt, dessen Umrisse in schmaler Vollinie gezeichnet werden, 70.13.

Eine *Schnittkennzeichnung* ist nicht erforderlich, wenn die Lage der Schnittebene eindeutig ist, 70.10 u. 11.

Schnittkennzeichnung, Einzelheiten, Positionsnummern

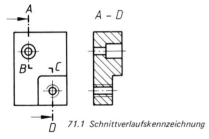

71.1 Schnittverlaufskennzeichnung

Ist der Verlauf der Schnittebene durch den Körper nicht ohne weiteres ersichtlich, so wird er durch breite strichpunktierte Linien nach DIN 15-J am Anfang, Ende und an den Knickstellen sowie die Blickrichtung durch Pfeile gekennzeichnet, 70.14.

Sind mehrere Schnittebenen durch einen Körper gelegt, so sind Anfang und Ende sowie die Knicke der Schnittlinien mit den ersten Großbuchstaben des Alphabetes zu kennzeichnen, z. B. A – D oder A 1 – A 4, 71.1.

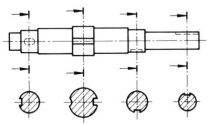

Bei mehreren einzelnen Schnittebenen durch längliche Teile, z. B. Wellen dürfen Profilschnitte abweichend von der üblichen Anordnung unterhalb ihrer zugehörigen Schnittebene angeordnet werden. Bei symmetrischen Profilschnitten wird die Zuordnung durch Verbinden der Schnittlinien mit den entsprechenden Mittellinien deutlich gemacht. Eine Kennzeichnung durch Großbuchstaben ist dann nicht mehr erforderlich, 71.2.

71.2 Profilschnitte an Wellen

Teile, die im Längsschnitt nicht schraffiert gezeichnet werden:

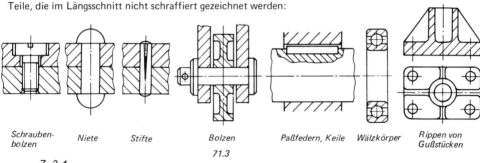

Schrauben- Niete   Stifte   Bolzen   Paßfedern, Keile   Wälzkörper   Rippen von
bolzen   Gußstücken
                                71.3

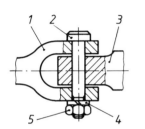

71.4 Darstellen von Einzelheiten

Einzelheiten werden zur Verdeutlichung in einem vergrößerten Maßstab herausgezeichnet. Um die herauszuzeichnende Stelle wird ein Kreis in der Breite schmaler Vollinien gezogen und mit einem der letzten Großbuchstaben des Alphabetes und der Angabe des Maßstabes gekennzeichnet, 71.4.

Positions- bzw. Teilnummern werden nach DIN ISO 6433 mindestens eine Schriftgröße größer als die Maßzahlen geschrieben. Sie sind möglichst außerhalb der Umrißlinie der betreffenden Teile anzuordnen und mit dem zugeordneten Teil durch eine schräge Hinweislinie zu verbinden, 71.5. Bei umkreisten Positionsnummern soll die Hinweislinie auf den Kreismittelpunkt gerichtet sein. Für die Klarheit und Lesbarkeit der Zeichnungen sollen die Positionsnummern möglichst senkrecht untereinander oder in horizontalen Reihen angeordnet werden.

71.5 Anordnen der Positionsnummern

Wortangaben wie „Ansicht", „Schnitt" und „Einzelheit" sollen in Zeichnungen entfallen.

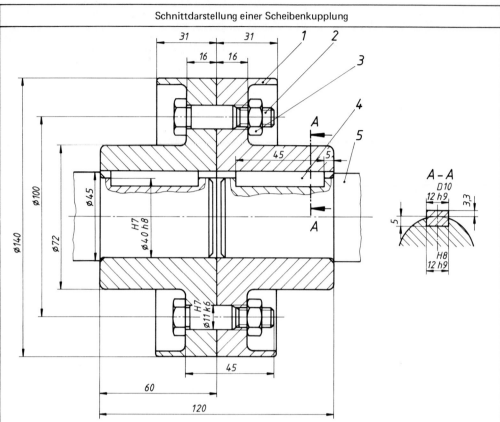

Schnittdarstellung einer Scheibenkupplung

Die Scheibenkupplung ist als Gruppenzeichnung im Vollschnitt dargestellt.
Im Vollschnitt sind die Teile 1 und 2 gezeichnet,
im Teilschnitt Teil 3 und Teil 6 im Schnitt A–A.
Nicht geschnitten dargestellt sind die Teile 3, 4, 5 und 6 und die Wellenenden.
Ferner sind die beiden Wellenenden durch Schleifenlinien abgebrochen gezeichnet.

Funktion der Scheibenkupplung

Durch die Scheibenkupplung wird eine Drehbewegung (Drehmoment) von der Welle einer Antriebsmaschine auf die Welle einer Arbeitsmaschine übertragen.
Die Übertragung der Drehbewegung erfolgt vom Wellenende auf die Kupplungsscheibe formschlüssig über eine Paßfeder. Hierbei wird die Paßfeder auf Flächenpressung und Abscheren beansprucht.
Die Übertragung der Drehbewegung zwischen den Kupplungshälften erfolgt reibschlüssig, wenn die Paßschrauben entsprechend angezogen sind und die Kupplungshälften gegen die Zwischenscheibe pressen. Diese Preßverbindung überträgt dann die Drehbewegung, ohne das die Paßschrauben auf Abscheren beansprucht werden.
Die Paßschrauben zentrieren die beiden Kupplungshälften miteinander.
Bestimmen Sie die Abmaße der verschiedenen Paßmaße mit Hilfe der Tabelle auf S. 101.

5	2	Stck	Wellen		St 50-2
4	2	Stck	Paßfeder	DIN 6885 – A 12 × 8 × 45	St 60-2
3	3	Stck	Sechskantmutter	ISO 4032 – M10	8
2	3	Stck	Sechskantpaßschr.	DIN 609 – M 10 × 45	8.8
1	2	Stck	Kupplungshälfte		GG 25
Pos.	Men.	Einh.	Benennung	Sachnr./Norm Kurzbez.	Werkst.
Benennung:			Scheibenkupplung		Maßstab: 1:1
Name:			Klasse:	Datum:	Nr.

Genormte Scheibenkupplungen nach DIN 116, s. S. 175

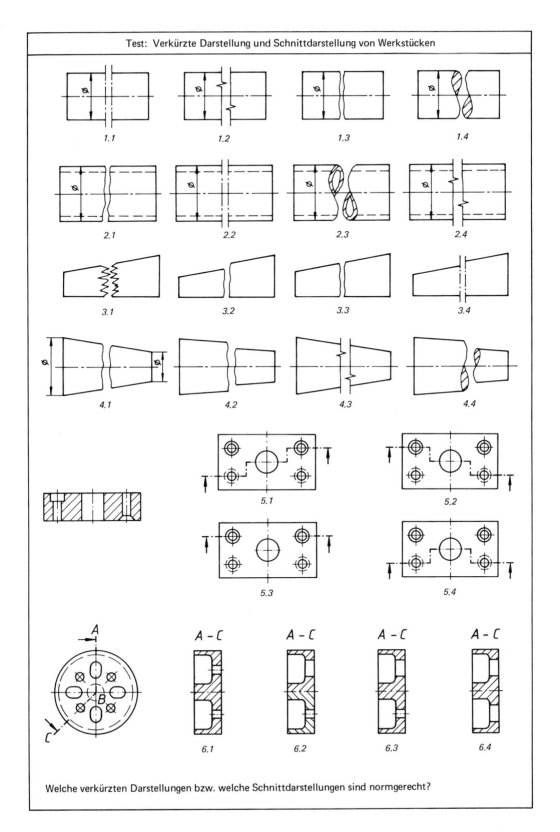

Übung: Ergänzen von Ansichten als Schnittdarstellungen

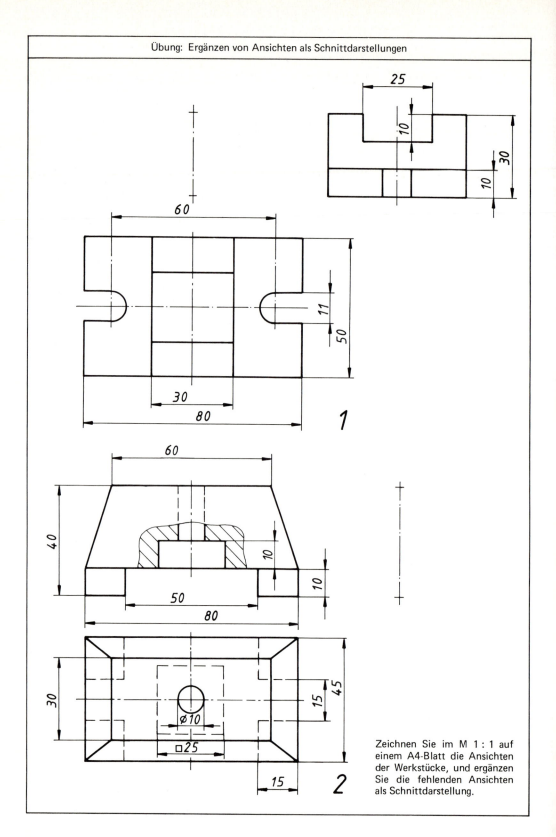

Zeichnen Sie im M 1 : 1 auf einem A4-Blatt die Ansichten der Werkstücke, und ergänzen Sie die fehlenden Ansichten als Schnittdarstellung.

1.9 Darstellen und Bemaßen von Gewinden nach DIN ISO 6410

Außengewinde

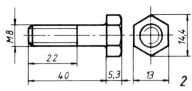

Kegelkuppe 45°
Gewindekernlinie als schmale Vollinie
3/4 Kreis
Außendurchmesser und Gewindebegrenzung als breite Vollinie
1

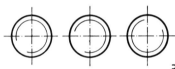

Sechskantschraube ISO 4014-M8×40-8.8
2

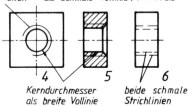

3/4-Kreis als Symbol für den Gewindekerndurchmesser, wobei das mittlere Bild zu bevorzugen ist
3

Innengewinde

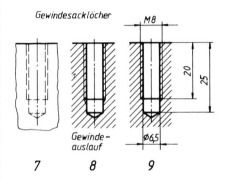

Außen-⌀ als schmale Vollinie, 3/4 Kreis
Kerndurchmesser als breite Vollinie
beide schmale Strichlinien
4 5 6

Gewindesacklöcher
Gewindeauslauf
7 8 9

Sämtliche Gewindearten werden nach DIN ISO 6410 vereinfacht dargestellt, und zwar zumeist als breite oder schmale Vollinie.

Bei Außengewinden sind der Außen-ϕ, die Kegelkuppe und die Gewindebegrenzung in breiter und die Gewindekernlinie in schmaler Vollinie zu zeichnen.

Das Ende eines Gewindebolzens ist unter 45° bis auf den Kern-ϕ abgefast. Die Gewindekernlinie wird in der Seitenansicht als $3/4$-Kreis in schmaler Vollinie dargestellt, 75.1.

Der $3/4$-Kreis als Symbol für den Gewindekerndurchmesser darf in beliebiger Lage gezeichnet werden, 75.3.

Fasen am Ende von Gewinden sind nicht zu bemaßen.

Beim geschnitten dargestellten Innengewinde 75.5 u. 8 sind der Gewindekerndurchmesser und die Gewindebegrenzung als breite Vollinien und der Außendurchmesser als schmale Vollinie zu zeichnen.

In nicht geschnittenen Vorder- und Seitenansichten von Muttern wird auch bei verschraubten Muttern kein Gewinde gezeichnet, 76.1 u. 2.

Beim Innengewinde sind der Kern-ϕ als breite Vollinie und der Gewinde-Nenn-ϕ als $3/4$-Kreis mit schmaler Vollinie darzustellen, 75.4 u. 5.

Eine im Schnitt gezeichnete Gewindelochsenkung bis auf den Kern-ϕ wird in der Ansicht, in der das kreisförmige Gewindeloch sichtbar ist, nicht gezeichnet, 75.4.

Da bei Innengewinde der Gewindeauslauf außerhalb der nutzbaren Gewindelänge liegt, wird dieser — abgesehen von Sacklöchern für Stiftschrauben — nicht gezeichnet.

Die Gewindekernlochbohrung ist stets länger als die Gewindebohrung zu zeichnen, 75.7 ... 9.

Die Maße für Gewindeausläufe sind nach DIN 76 genormt, s. S. 156.

Die Konstruktion einer Sechskantmutter zeigt 75.10. Hierbei ist zuerst mit dem Zeichnen der Umrisse in den Ansichten beginnend mit dem Sechskant um den Kreis von ϕ S (= Schlüsselweite) in der Draufsicht anzufangen, s. S. 78.

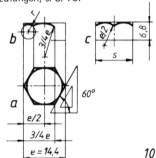

10

Darstellen von Schraubenverbindungen, Gewindebezeichnungen

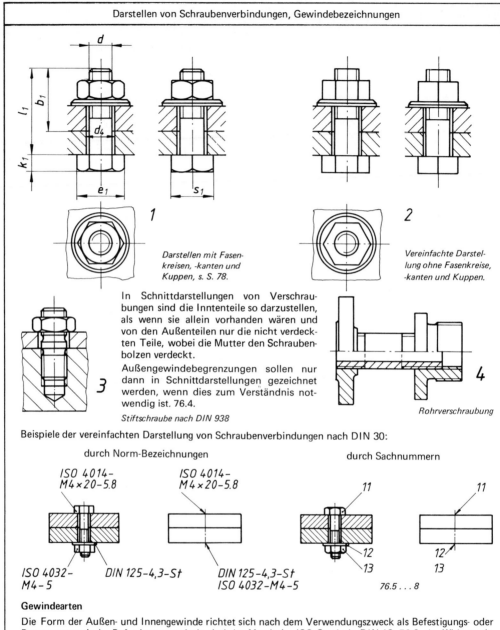

Darstellen mit Fasenkreisen, -kanten und Kuppen, s. S. 78.

Vereinfachte Darstellung ohne Fasenkreise, -kanten und Kuppen.

In Schnittdarstellungen von Verschraubungen sind die Inntenteile so darzustellen, als wenn sie allein vorhanden wären und von den Außenteilen nur die nicht verdeckten Teile, wobei die Mutter den Schraubenbolzen verdeckt.

Außengewindebegrenzungen sollen nur dann in Schnittdarstellungen gezeichnet werden, wenn dies zum Verständnis notwendig ist. 76.4.

Stiftschraube nach DIN 938

Rohrverschraubung

Beispiele der vereinfachten Darstellung von Schraubenverbindungen nach DIN 30:

durch Norm-Bezeichnungen   durch Sachnummern

Gewindearten

Die Form der Außen- und Innengewinde richtet sich nach dem Verwendungszweck als Befestigungs- oder Bewegungsgewinde. Befestigungsgewinde sind das Metrische ISO-Gewinde DIN 13, 76.9, das Whitworth-Rohrgewinde DIN 259, 76.10 und das Rundgewinde DIN 405, 76.13. Bewegungsgewinde sind das Metrische ISO-Trapezgewinde DIN 103, 76.11 und das Metrische Sägengewinde DIN 405, 76.12.

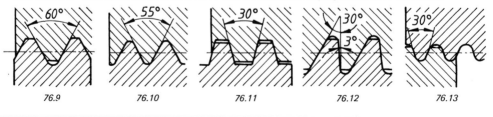

76.9   76.10   76.11   76.12   76.13

Metrisches ISO-Gewinde nach DIN 13, Gewindebezeichnungen nach DIN 202

Metrisches ISO-Gewinde nach DIN 13 Teil 1

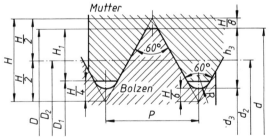

77.1 Theoretisches Gewindeprofil

Für das Gewindeprofil nach DIN 13T1 sind folgende Maße festgelegt:
- $d = D$ = Gewinde-Nenn-ϕ
- P = Steigung
- H = Höhe des Profildreiecks = 0,86603 P
- H_1 = Flankenüberdeckung = 0,54127 P
- $d_2 = D_2$ = Flanken-ϕ = $d - 0{,}64953\,P$
- D_1 = Kern-ϕ der Mutter = $d - 2H_1$
- d_3 = Kern-ϕ des Bolzens = $d - 1{,}22687\,P$
- h_3 = Gewindetiefe am Bolzen = 0,61343 P
- $R = \dfrac{H}{6} = 0{,}14434\,P$

Der Steigungswinkel β des Gewindes ergibt sich aus der Steigung P und dem Umfang des Flankendurchmessers d_2.

Der Kernquerschnitt A_{d3} und der etwas größere Spannungsquerschnitt A_s sind für die Schraubenberechnung wichtige Größen.

Steigungswinkel: $\tan \beta = \dfrac{P}{d_2 \cdot \pi}$

Kernquerschnitt: $A_{d3} = \dfrac{d_3^2 \pi}{4}$

Spannungsquerschnitt $A_s = \dfrac{\pi}{4}\left(\dfrac{d_2 + d_3}{2}\right)^2$

Regelgewinde nach DIN 13 Teil 1 (Auswahl)

Gewinde Nenn-ϕ $d = D$ Reihe 1	Steigung P	Flanken-ϕ $d_2 = D_2$	Kern-ϕ d_3	Kern-ϕ D_1	Gewindetiefe h_3	Gewindetiefe H_1	Rundung R	Spannungsquerschnitt A_s mm²
3	0,5	2,675	2,387	2,459	0,307	0,271	0,072	5,03
4	0,7	3,545	3,141	3,242	0,429	0,379	0,101	8,78
5	0,8	4,48	4,019	4,134	0,491	0,433	0,115	14,2
6	1	5,35	4,773	4,917	0,613	0,541	0,144	20,1
8	1,25	7,188	6,466	6,647	0,767	0,677	0,18	36,6
10	1,5	9,026	8,16	8,376	0,92	0,812	0,217	58,0
12	1,75	10,863	9,853	10,106	1,074	0,947	0,253	84,3
16	2	14,701	13,546	13,835	1,227	1,083	0,289	157
20	2,5	18,376	16,933	17,294	1,534	1,353	0,361	245
24	3	22,051	20,319	20,752	1,84	1,624	0,433	353
30	3,5	27,727	25,706	26,211	2,147	1,894	0,505	561
36	4	33,402	31,093	31,670	2,454	2,165	0,577	817

Beispiele abgekürzter Gewindebezeichnungen nach DIN 202

Kurzzeichen	Erklärung	Gewinde nach DIN
M20	Metrisches ISO-Gewinde mit 20 mm Außen-Ø	DIN 13 Teil 1
M24 x 1,5	Metrisches ISO-Feingewinde mit 24 mm Außen-Ø und 1,5 mm Gewindesteigung	DIN 13 Teil 2...12
M30-LH	Metrisches ISO-Linksgewinde mit 30 mm Außen-Ø	DIN 13 Teil 1
G³/₄	Whitworth-Rohrgewinde, zylindrisch mit ³/₄ "Rohrinnen-Ø	DIN ISO 228
Tr32 x 6	Metrisches ISO-Trapezgewinde mit 40 mm Außen-Ø und 6 mm Steigung	DIN 103 Teil 2
Tr48 x 6 (P3)	Zweigängiges Metrisches ISO-Trapezgewinde mit 48 mm Außen-Ø und 6 mm Steigung[1]	DIN 103 Teil 2
S48 x 8	Metrisches Sägengewinde mit 48 mm Außen-Ø und 8 mm Steigung	DIN 513 Teil 2
Rd40 x ⅙	Rundgewinde mit 40 mm Außen-Ø und 6 Gang auf 1 inch	DIN 405 Teil 1

Wiederholungsfragen

1. Wie stellt man die Gewindekernlinie eines Schraubenbolzens in der V und S dar?
2. In welcher Linienbreite wird die Gewindebegrenzung gezeichnet?
3. Wie wird ein verdecktes Innengewinde gezeichnet?
4. Welches Teil wird bei einer Verschraubung von Sechskantschraube und Sechskantmutter nicht verdeckt gezeichnet?
5. Welche wichtigen Gewindearten und Anwendungen kennen Sie?
6. Erklären Sie folgende Gewindekurzzeichen: M16, M16 x 1,5, M16-LH, R1½ und TR40x6.
7. Erklären Sie die Norm-Bezeichnung: Sechskantschraube ISO 4014 – M10x40 – 8.8

---

[1] Gangzahl = Steigung P_h : Teilung P = 6 : 3 = 2

Konstruieren der Fasenkreise an Sechskantschraube und Mutter

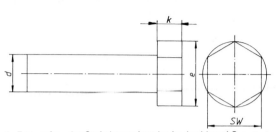
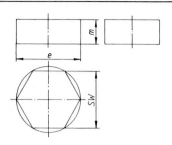

1. Entwerfen der Sechskantschraube in der V und S
   mit den Maßen d, k, e und SW
   der Sechskantmutter in der V, D
   und S mit den Maßen e, m und SW.
   Entnehmen Sie die Maße der Tabelle auf S. 156.

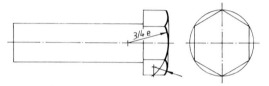
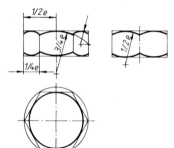

2. Zeichnen der Fasenkreise bei der Sechskantschraube
   in der V mit R = 3/4 e
   der Fasenkreise bei der Sechskantmutter
   in der V mit R = 3/4 e in der D mit R = SW/2
   und in der S mit R = 1/2 e

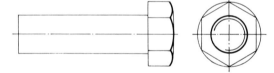

3. Zeichnen des Außengewindes bei der Sechskantschraube in der V und in der S mit
   Vollkreis und 3/4-Kreis
   des Innengewindes bei der Sechskantmutter
   mit 3/4-Kreis und Vollkreis

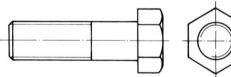

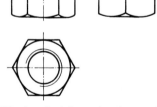

4. Ausziehen aller Kanten und des Sechskants
   bei der Sechskantschraube
   und der Sechskantmutter

Mit Hilfe einer Sechskantschrauben- und Mutterschablone lassen sich die Fasenkreise schnell zeichnen.

Aufgabe

Zeichnen Sie im M 1 : 1 auf einem A4-Blatt in Zeichenschritten, wie auf dieser Seite gezeigt, eine Sechskantschraube ISO 4014 – M16 x 50 und eine Sechskantmutter ISO 4032 – M16, und konstruieren Sie die Fasenkreise. Die erforderlichen Maße können S. 156 entnommen werden.

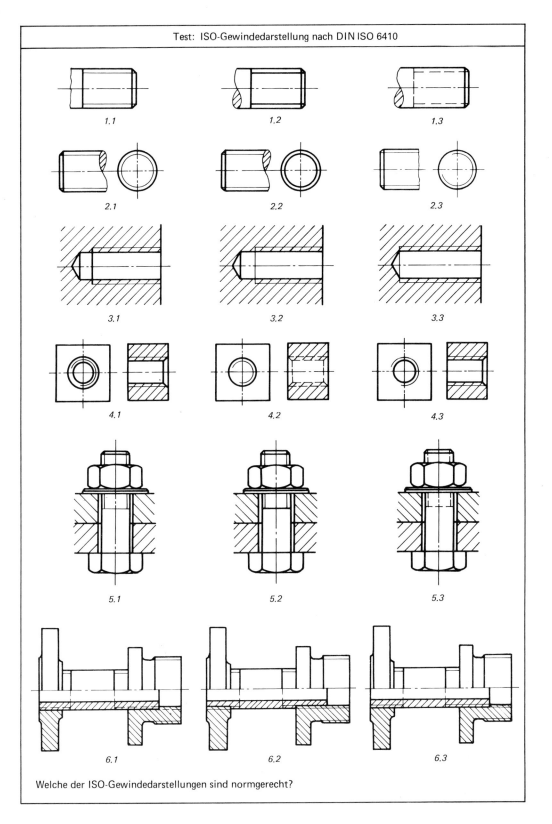

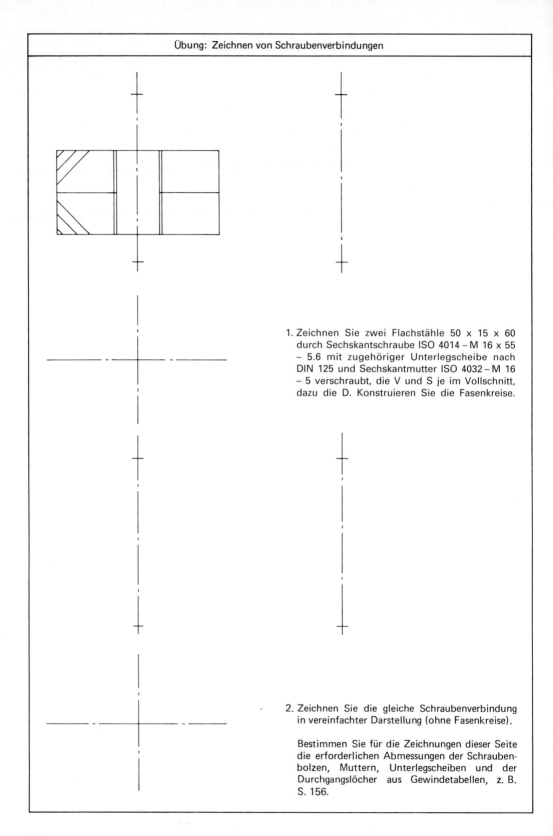

Übung: Zeichnen von Schraubenverbindungen

1. Zeichnen Sie zwei Flachstähle 50 x 15 x 60 durch Sechskantschraube ISO 4014 – M 16 x 55 – 5.6 mit zugehöriger Unterlegscheibe nach DIN 125 und Sechskantmutter ISO 4032 – M 16 – 5 verschraubt, die V und S je im Vollschnitt, dazu die D. Konstruieren Sie die Fasenkreise.

2. Zeichnen Sie die gleiche Schraubenverbindung in vereinfachter Darstellung (ohne Fasenkreise).

Bestimmen Sie für die Zeichnungen dieser Seite die erforderlichen Abmessungen der Schraubenbolzen, Muttern, Unterlegscheiben und der Durchgangslöcher aus Gewindetabellen, z. B. S. 156.

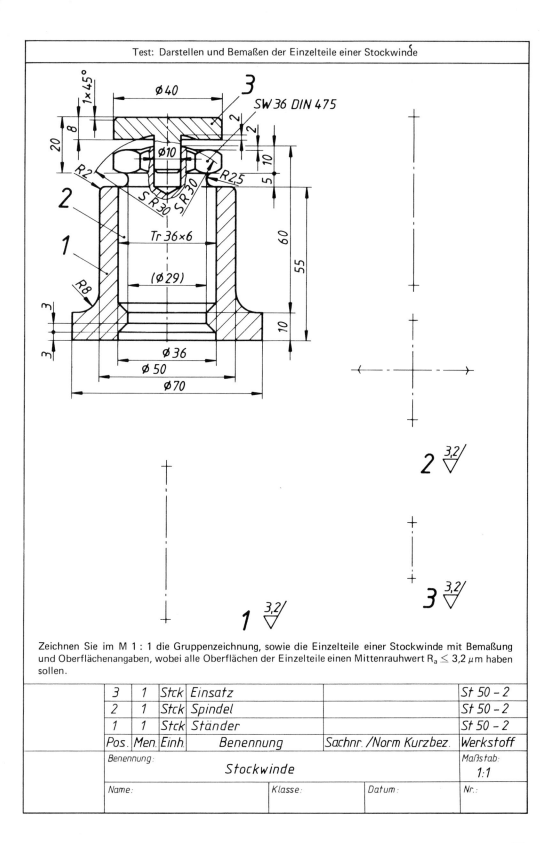

1.10 Oberflächen-, Rändel- und Härteangaben an Werkstücken
Rauheitsmaße, Prüfen der Rauheit, Oberflächenangaben nach DIN ISO 1302

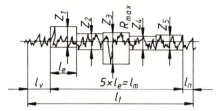

82.1 Bilden der gemittelten Rauhtiefe R_z

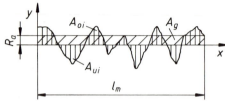

82.2 Arithmetischer Mittenrauhwert R_a

Rauheitsmaße

An einem gefertigten Werkstück kann mit Hilfe von elektrischen Tastschnittgeräten die Oberfläche mit einer feinen Nadel abgetastet, das Istprofil vergrößert aufgezeichnet und die Rauheitsmaße zahlenmäßig bestimmt werden.

Die wichtigsten Rauheitsmaße sind nach DIN 4768:

Gemittelte Rauhtiefe R_z als Mittelwert aus 5 Einzelmessungen $Z_1 \ldots Z_5$, 82.1.

$$R_z = \frac{1}{5}(Z_1 + Z_2 + Z_3 + Z_4 + Z_5)$$

Arithmetischer Mittenrauhwert R_a, gleichbedeutend mit der Höhe eines Rechtecks, dessen Länge gleich der Gesamtmeßstrecke l_m und das flächengleich mit der Summe der zwischen Rauheitsprofil und mittlerer Linie eingeschlossenen Fläche ist, 82.2.

Der R_z-Wert ist meßtechnisch einfacher zu bestimmen als der R_a-Wert und wird daher in der Praxis und in DIN-Normen vorwiegend angewendet.

Prüfen der Rauheit an Werkstückoberflächen in der Fertigung

Aus wirtschaftlichen Gründen soll nach DIN 4775 folgende Reihenfolge eingehalten werden:

1. Sichtprüfung
   Sie ermöglicht eine Grobausscheidung von Werkstücken mit Fehlern wie Rissen, Rillen, Poren usw. bei denen eine Rauheitsmessung unnötig ist.
2. Sicht- und/oder Tastvergleich
   Ein Vergleich der Werkstückoberflächen mit Oberflächenvergleichsmustern nach DIN 4769 T 1 ... 4 läßt in den meisten Fällen eine schnelle und genügend genaue scharfe Auslese fehlerhafter Werkstücke zu.
3. Rauheitsmessung mit elektrischen Tastschnittgeräten nach DIN 4772
   Diese ist anzuwenden, wenn die Prüfverfahren 1 und 2 keine Entscheidung über die Einhaltung der Rauheit zulassen.

Oberflächenangaben

Nach DIN ISO 1302 wird die Oberflächenrauheit zahlenmäßig angegeben. Die Grundlagen der Oberflächenangaben nach DIN ISO 1302 sind Symbole. Das Grundsymbol besteht aus zwei Linien von ungleicher Länge, die um 60° geneigt sind. Ihre Längen verhalten sich wie 1 : 2.

1. Symbole ohne Angaben

	Symbol	Bedeutung
1.1	√	Grundsymbol. Es soll nur allein benutzt werden, wenn seine Bedeutung durch eine zusätzliche Bemerkung erläutert wird. Das Herstellverfahren ist freigestellt, z. B. spanend oder spanlos.
1.2	∇	Kennzeichnung für eine materialabtrennend, d. h. spanend bearbeitete Oberfläche ohne nähere Angaben.
1.3	⌀√	Kennzeichnung für eine Oberfläche, für die keine materialabtrennende Bearbeitung zugelassen ist. Dieses Symbol ist in Zeichnungen anzuwenden, um festzulegen, daß die Oberfläche in dem Zustand eines vorhergehenden Arbeitsganges zu belassen ist, unabhängig davon, ob dieser Zustand durch materialabtrennende Bearbeitung erreicht wurde oder auf andere Weise.

Größenverhältnisse der Oberflächensymbole s. S. 195

Oberflächenangaben nach DIN ISO 1302

2. Lage der Oberflächenangaben am Symbol

Die einzelnen Angaben der Oberflächenbeschaffenheit sind dem Symbol wie folgt zuzuordnen:

83.1

a = Mittenrauhwert R_a in μm oder μin oder Rauheitsgrad Nr. N1 ... N12
b = Fertigungsverfahren, Behandlung oder Überzug
c = Bezugsstrecke
d = Rillenrichtung
e = Bearbeitungszugabe
f = andere Rauheitsmeßgrößen in Klammern, z. B. R_z[1])

Symbole für die Rillenrichtung

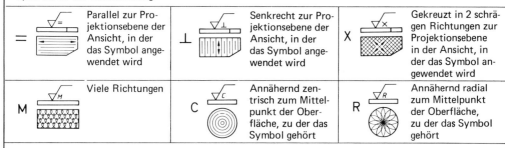

=	Parallel zur Projektionsebene der Ansicht, in der das Symbol angewendet wird	⊥ Senkrecht zur Projektionsebene der Ansicht, in der das Symbol angewendet wird	X Gekreuzt in 2 schrägen Richtungen zur Projektionsebene in der Ansicht, in der das Symbol angewendet wird
M	Viele Richtungen	C Annähernd zentrisch zum Mittelpunkt der Oberfläche, zu der das Symbol gehört	R Annähernd radial zum Mittelpunkt der Oberfläche, zu der das Symbol gehört

3. Symbole mit zusätzlichen Angaben

Die Symbole dürfen einzeln oder mit einem Symbol von Abs. 2 zusammen verwendet werden.

	Symbol	Bedeutung
3.1	∇ gefräst	Herstellungs-Verfahren: gefräst
3.2	∇ 2,5	Bezugsstrecke: 2,5 mm
3.3	∇⊥	Rillenrichtung: Senkrecht zur Projektionsebene der Ansicht
3.4	2∇	Bearbeitungszugabe: 2 mm
3.5	∇ R_z 4	Angabe einer anderen Rauheitsmeßgröße als R_a, in Klammern z. B. R_z = 4 µm; die Klammern können zur Vereinfachung entfallen.

4. Symbole für vereinfachte Zeichnungseintragungen[2])

4.1	∇	Eine zusätzliche Erklärung gibt die Bedeutung des Symbols an
4.2	∇y ∇z	Eine zusätzliche Erklärung gibt die Bedeutung des Symbols an

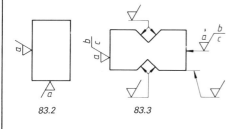

83.2   83.3

Das Oberflächensymbol $\overset{a}{\vee}$ für die Angabe des arithmetischen Mittenrauhwertes R_a und z. B. $\overset{x}{\vee}$ für die vereinfachte Angabe der gemittelten Rauhtiefe R_z können in jeder Lage an der Werkstückoberfläche eingetragen werden, 83.2.

Oberflächensymbole mit Zusatzangaben z. B. mit R_z-Angaben und Beschriftungen sind so anzuordnen, daß sie von unten oder nach rechts zu lesen sind, 83.3. Ausgenommen sind Symbole mit Zusatzangaben an Rundungen, 84.1.

---

[1]) Die Klammern können in der Bundesrepublik Deutschland entfallen, ohne von DIN ISO 1302 abzuweichen.
[2]) Die vereinfachte Zeichnungseintragung erleichtert die Angabe von R_z-Werten, siehe S. 151, 165, 175 und 188.

Oberflächenangaben in Zeichnungen

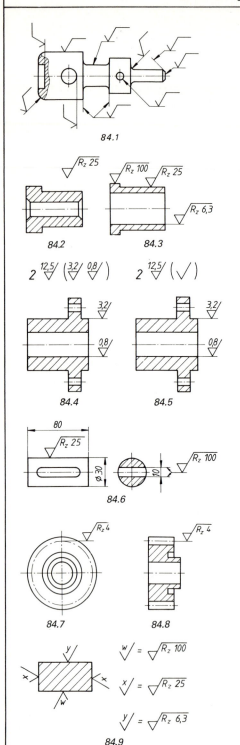

Wenn notwendig, darf das Symbol auf einer Bezugslinie stehen, die zur entsprechenden Oberfläche führt und am Ende einen Maßpfeil besitzt, 84.1.

Das Symbol oder der Maßpfeil sollen von außen auf das Werkstück zeigen oder auf eine Maßhilfslinie als Verlängerung der Körperkante.

Nach den Grundregeln der Bemaßung wird das Symbol für eine bestimmte Oberfläche nur einmal eingetragen und möglichst in der Ansicht, die auch die Bemaßung oder die Lage der Oberfläche enthält, 84.2.

Bei einheitlicher Oberflächenbeschaffenheit eines Teiles genügt eine Oberflächenangabe in der Nähe des Teiles oder über dem Zeichnungsschriftfeld, wobei der Zusatz „allseitig" erlaubt ist.

Bei Drehkörpern sind die Oberflächenangaben nur an einer der beiden symmetrischen Mantellinien einzutragen, 84.5.

Hat die Mehrzahl der Oberflächen am Werkstück die gleiche Oberflächenrauheit, so steht das entsprechende Symbol außerhalb der Darstellung des Werkstückes mit einem zusätzlichen in Klammern gesetzten Grundsymbol 84.5. oder mit den Symbolen der anderen Oberflächen in Klammern, 84.4.

Sind Werkstücke in mehreren Ansichten oder Schnitten dargestellt, dann werden die Oberflächenangaben nur in der Darstellung eingetragen, wo auch die betreffende Fläche bemaßt ist 84.6.

Bei der Angabe der Oberflächenbeschaffenheit von Zahnflanken, die in der Zeichnung nicht dargestellt sind, werden die Oberflächenangaben an die Teilkreise gesetzt, 84.7 oder 84.8.

Die Größe der Oberflächensymbole außerhalb des Werkstückes entspricht denen am Werkstück oder kann auch eine Schriftgröße größer gewählt werden, 84.9.

Komplizierte Oberflächenangaben und auch Angaben von R_z-Werten können vereinfacht eingetragen werden. Hierbei werden die verschiedenen Oberflächenangaben durch das Grundsymbol mit einem der letzten Kleinbuchstaben des Alphabetes gekennzeichnet. Die Bedeutung dieser Oberflächenangaben ist in der Nähe des Schriftfeldes oder im Feld für allgemeine Angaben näher zu erläutern.

Oberflächenangaben nach DIN ISO 1302

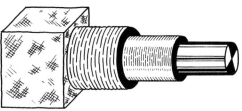

Oberflächenbeurteilung durch Sichtprüfung und Tastvergleiche mit Oberflächenvergleichsmustern

unbearbeitet z.B. geputzt	geschruppt	geschlichtet	fein-geschlichtet	feinst bearbeitet
	Riefen noch fühlbar und sichtbar	Riefen nur noch sichtbar	Riefen weder fühlbar noch sichtbar	

Eintragung der Oberflächenangaben als Mittenrauhwert R_a nach DIN ISO 1302[1])

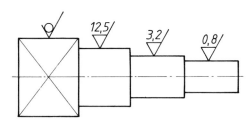

Eintragung der Oberflächenangaben als gemittelte Rauhtiefe R_z nach DIN ISO 1302[1])

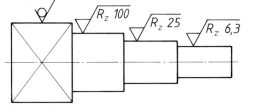

Vereinfachte Eintragung der Oberflächenangaben als gemittelte Rauhtiefe R_z nach DIN ISO 1302[1]) mit Erklärung der Symbole auf jeder Zeichnung z. B.

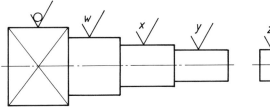

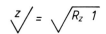

Vergleich der Oberflächenangaben nach DIN 3141 und DIN ISO 1302

Oberflächenzeichen nach DIN 3141[2])	Gemittelte Rauhtiefe R_z in µm				Mittenrauhwert R_a in µm				Rauheitsklasse			
	Reihe 1	Reihe 2	Reihe 3	Reihe 4	Reihe 1	Reihe 2	Reihe 3	Reihe 4	Reihe 1	Reihe 2	Reihe 3	Reihe 4
∇	160	100	63	25	25	12,5	6,3	3,2	N 11	N 10	N 9	N 8
∇∇	40	25	16	10	6,3	3,2	1,6	0,8	N 9	N 8	N 7	N 6
∇∇∇	16	6,3	4	2,5	1,6	0,8	0,4	0,2	N 7	N 6	N 5	N 4
∇∇∇∇	–	1	1	0,4	–	0,1	0,1	0,02	–	N 3	N 2	N 1

Die Umrechnung von R_a in R_z und umgekehrt erfolgt für spanend bearbeitete Flächen nach DIN 4768 Teil 1 Bbl 1.

[1]) Diese Oberflächenangaben entsprechen DIN 3141 – Reihe 2
[2]) DIN 3141 ist zurückgezogen und daher in neuen Zeichnungen nicht mehr anzuwenden.

Rändelangaben nach DIN 82

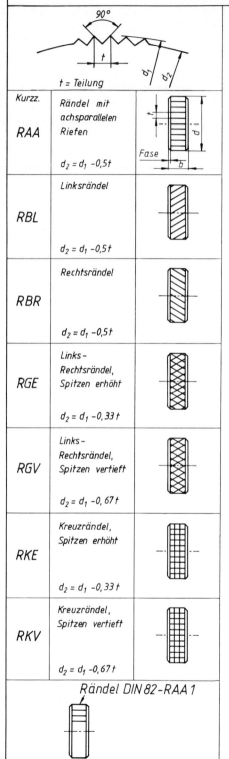

Zylindrische Werkstücke werden durch Rändeln griffiger. Beim Rändeln werden spitzgezahnte und gehärtete Rändelräder nach DIN 403 in die Mantelflächen der sich drehenden Werkstücke eingedrückt. Hierbei vergrößert sich der Nenndurchmesser d_1 gegenüber dem Ausgangsdurchmesser d_2.

Formen und Abmessungen der sieben Rändelarten zeigt die nebenstehende Tabelle.

Genormt sind die folgenden Rändelteilungen:
0,5, 0,6, 0,8, 1, 1,2 und 1,6 mm

Die Größe der Teilung ist in Abhängigkeit vom Ausgangsdurchmesser d_1 und der Breite der Rändelung zu wählen.

Bei der Normbezeichnung folgt dem Wort Rändel und der DIN-Nummer als erster Buchstabe ein R, als zweiter zur Kennzeichnung der Grundform ein A, B, G oder K und als dritter Buchstabe für Richtung und Form der Riefen: A = achsparallel, L = links, R = rechts, E = erhöht, V = vertieft. Danach ist die genormte Rändelteilung t einzutragen.

Rändel DIN 82 — R
```
              A   A   0,5
              B   L   0,6
              G   R   0,8
              K   E   1
Grundform ────┘   V   1,2
Richtung + Form ──┘   1,6
Rändelteilung ────────┘
```

Beim Rändeln wird der Ausgangsdurchmesser d_2 durch den Auswurf des Werkstoffes größer.

Rändel werden in schmalen Vollinien gezeichnet und dabei möglichst nur teilweise angedeutet. Sie weisen keine seitlichen Begrenzungslinien auf, wenn sie nur auf einem Teil des Zylindermantels liegen oder auf einer Wölbung auslaufen.

Wiederholungsfragen

1. Was verstehen Sie unter der Rauhtiefe R_t, der gemittelten Rauhtiefe R_z und dem arithmetischen Mittenrauhwert R_a?
2. Welchen Vorteil hat die Angabe der Rauhtiefe in R_z gegenüber R_t und R_a?
3. Wie ist das Grundsymbol für Oberflächenangaben nach DIN ISO 1302 festgelegt, welche Größe hat es und in welcher Linienbreite ist es zu zeichnen?
4. Wie können kompliziertere Oberflächenangaben in Zeichnungen vereinfacht angegeben werden?
5. Weshalb werden Werkstücke gerändelt?
6. Erklären Sie die Rändelangabe:
   Rändel DIN 82 — RGV 1!
7. Warum werden Werkstücke gehärtet?
8. Welche Wärmebehandlungsverfahren kennen Sie beim Härten?
9. Was versteht man unter der Härte eines Werkstückes?
10. Welche wichtigen Härteprüfverfahren kennen Sie und wie werden diese in Zeichnungen angegeben?

Härteangaben nach DIN 6773 und Härteprüfverfahren

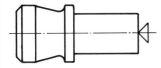

1 gehärtet 58 + 4 HRC

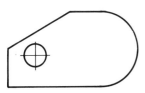

2 vergütet 350 + 50 HB 2,5/187,5

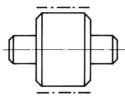

3 —·—randschichtgehärtet 620 + 160 HV 50 Rht 500 = 0,8 + 0,8

4 einsatzgehärtet und angelassen 60 + 4 HRC Eht = 0,8 + 0,4

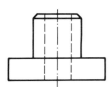

5 nitriert Nht = 0,3 + 0,1

Das Härten ist eine Wärmebehandlung, wodurch die Härte und Festigkeit des Stahls im Hinblick auf seine Verwendung und Beanspruchung erhöht wird.

Die mit Prüfgeräten gemessene Härte ist der Widerstand, den das Werkstück dem Eindringen des Prüfkörpers entgegensetzt.

Die Härte der Werkstücke wird gemessen als:
Brinellhärte HB (DIN 50351) mit einer Stahlkugel als Prüfkörper insbesondere bei weichen Werkstoffen,
Vickershärte HV (DIN 50133) mit einer vierseitigen Diamantpyramide mit 136° Spitzenwinkel als Prüfkörper insbesondere für härtere Werkstoffe,
Rockwellhärte HRC und HRB (DIN 50103) mit einem Diamantkegel (120°) beim Verfahren C und einer gehärteten Stahlkugel beim Verfahren B als Prüfkörper.

DIN 6773 unterscheidet folgende Wärmebehandlungsverfahren:
Härten, Härten und Anlassen sowie Vergüten
Hierbei werden die gewünschten Zustände nach der Wärmebehandlung durch die Wortangaben „gehärtet" 87.1, „gehärtet und angelassen" oder „vergütet" 87.2 festgelegt;
Randschichthärten
Das Randschichthärten bleibt auf die Randschicht des Werkstückes beschränkt und erfolgt als Flamm- oder Induktionshärten. Hierbei ist die Wortangabe „randschichtgehärtet" zu verwenden. Die Randschichttiefe Rht wird in mm zusammen mit einem entsprechenden Härtegrenzwert angegeben, 87.3.
Einsatzhärten
Beim Einsatzhärten findet ein Aufkohlen der Randschicht des Werkstückes mit anschließendem Härten statt. Der gewünschte Endzustand wird nach dem Einsatzhärten mit der Wortangabe „einsatzgehärtet" oder „einsatzgehärtet und angelassen" festgelegt. Die Einsatzhärtetiefe Eht in mm ist mit einer Plustoleranz zu versehen, 87.4.
Nitrieren
Das Nitrieren ist ein Anreichern der Randschicht eines Werkstückes mit Stickstoff durch eine thermotechnische Behandlung. Die entsprechende Wortangabe ist „nitriert". Die Nitrierhärtetiefe Nht ist in mm mit einer funktionsgerechten Plustoleranz anzugeben, 87.5.

Eine örtlich begrenzte Wärmebehandlung, z. B. durch Randschichthärten, wird durch eine breite Strichpunktlinie außerhalb der Körperkanten des Werkstückes angegeben, 87.3.

Die Härtemessung am Werkstück kann durch ein Symbol festgelegt werden, 87.1.

Test: Auswahl normgerechter Oberflächen- und Rändelangaben

1. Welchen Stellen am Symbol sind folgende Oberflächenangaben zuzuordnen?

Mittenrauhwert R_a
Fertigungsverfahren
Bezugsstrecke bzw. andere Rauheitsmeßgrößen
Bearbeitungszugaben
Rillenrichtung

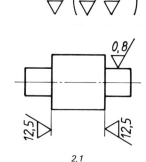

2.1

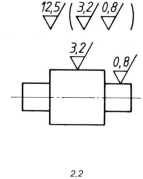

2.2

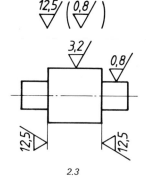

2.3

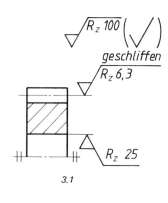

3.1

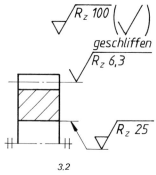

3.2

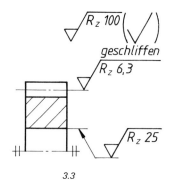

3.3

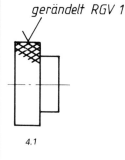

4.1

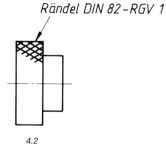

4.2

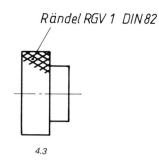

4.3

Welche Oberflächenangabe bzw. Rändelangabe ist normgerecht?

1.11 Regeln der Maßeintragung und Zeichnungslesen
Maßeintragung nach DIN 406 T11 (Auswahl)

89.1 ... 2 ausgefüllte und nicht ausgefüllte Maßpfeile

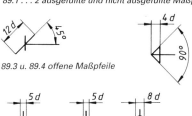

89.3 u. 89.4 offene Maßpfeile

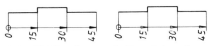

89.5 ... 7 Schrägstrich und Punkte

Besondere Maße

Es gibt Maße, die aus bestimmten Gründen besonders gekennzeichnet werden.

Hilfsmaße sind für die geometrische Bestimmung eines Werkstückes nicht erforderlich, erleichtern aber die Fertigung, z. B. die Angabe des halben Kegelwinkels als Einstellwinkel für das Drehen und Schleifen von Kegeln. Sie werden durch runde Klammern gekennzeichnet, s. S. 91.

Rohmaße können in Fertigungszeichnungen von Werkstücken, für die keine Rohteilzeichnung erstellt ist, durch eckige Klammern gekennzeichnet werden, z. B. Rohgußmaße. Gegebenenfalls ist in der Nähe des Schriftfeldes auf die Bedeutung hinzuweisen.

Prüfmaße, die beonders zu beachten sind, um z. B. die Funktion eines Teiles zu gewährleisten, sollen durch einen Rahmen ⌒ in der Linienbreite schmaler Vollinien gekennzeichnet werden. Gegebenenfalls ist in der Nähe des Schriftfeldes auf die Bedeutung hinzuweisen.

Theoretische Maße nach DIN ISO 1101 sind Maße, die zur Angabe der idealen (theoretisch genauen Form) Lage einer Toleranzzone erforderlich sind, s. S. 104.

Maßlinienbegrenzung

Die Enden der Maßlinien können begrenzt werden durch

Maßpfeile,	ausgefüllte, 89.1 oder offene, 89.2 u. 4
Schrägstriche,	die stets von links unten nach rechts oben verlaufen, 89.3
Punkte,	ausgefüllte, 89.5 oder nicht ausgefüllte, 89.6

Für jede Zeichnung ist grundsätzlich nur eine Art der Maßlinienbegrenzung anzuwenden. Kombinationen von 89.1 und 89.5 sowie 89.2 und 89.6 sind möglich, siehe 89.9 und 89.10 als Koordinaten- oder Zuwachsbemaßung. 89.7 kennzeichnet den Koordinatenursprung.

Anordnung der Maße

Jedes Maß ist in der Zeichnung eines Werkstückes nur einmal einzutragen, und zwar in der Ansicht, die die Zuordnung von Darstellung und Maß am deutlichsten erkennen läßt. Zusammengehörende Maße sind möglichst zusammen einzutragen, z. B. Ø 4 und 12 tief, 89.10.

Maße, die sich bei der Fertigung von selbst ergeben, z. B. bei Durchdringungen, werden nicht eingetragen.

Innen- bzw. außenliegende Maße sind voneinander getrennt anzuordnen, 89.11.

In Sonderfällen dürfen Maßhilfslinien unter einem Winkel von 60° zur Maßlinic stchen, 89.12.

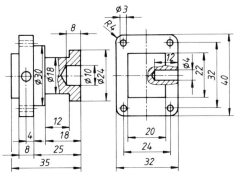

89.8 u. 89.9 Koordinaten- oder Zuwachsbemaßung

89.10 Anordnung der Maße

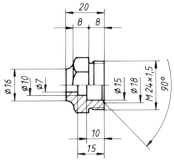

89.11 Innen- und Außenmaße

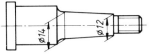

89.12 Maßhilfslinien unter 60°

Die Maßlinienbegrenzungen 82.2, 4, 6 u. 9 werden vorwiegend in Plotterzeichnungen angewendet.

Maßeintragung nach DIN 406 (Auswahl)

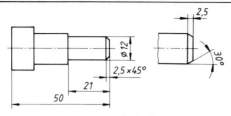

90.1 u. 2 Fasenbemaßung an Drehteilen

Fasen an Drehteilen

Bei Drehteilen sind Fasen stets in das Längenmaß einzubeziehen, 90.1. Eine vereinfachte Bemaßung einer Fase ist nur für Fasen von 45° oder Senkungen von 90° zulässig. Hierbei ist die Maßangabe ein Produkt aus Fasenbreite und Winkel, 90.2.

An Gewindeenden entfällt die Bemaßung der Fase.

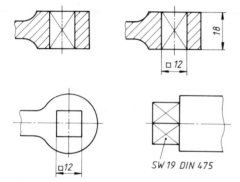

90.3 ... 5 Quadratische Formen und Schlüsselweiten

Quadratische Formen

Bei der Bemaßung quadratischer Formelemente wird das □-Symbol stets vor die Maßzahl gesetzt, 90.3 u. 4.

Quadratische Formen sollen vorzugsweise in der Ansicht bemaßt werden, in der die Quadratform zu erkennen ist.

Schlüsselweite

Die Schlüsselweite kennzeichnet den Abstand zweier gegenüberliegender Flächen. Beim Schlüsselweitemaß werden die Großbuchstaben SW vor die Maßzahl gesetzt. Schlüsselweiten sind z. B. nach DIN 475 zu wählen, 90.5.

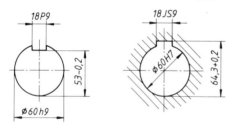

90.6 u. 7 Nuten in Wellen und Bohrungen

Nuten in Wellen und Bohrungen

Durchgehende Nuten für Paßfedern und Keile werden in Wellen nach 90.6 und in Bohrungen nach 90.7 bemaßt.

Bei nicht durchgehenden Nuten in Wellen ist die Nuttiefe anzugeben. Die Breite und Länge der Nut sind bei Paßfederverbindungen DIN 6885 zu entnehmen, s. S. 159.

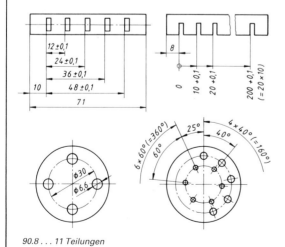

90.8 ... 11 Teilungen

Teilungen

Unter einer Teilung versteht man die Aufeinanderfolge mehrerer Abstände.

Bei Teilungen wird die Summierung der Toleranzen von Einzelmaßen vermieden, wenn die Bemaßung von einem gemeinsamen Bezugselement vorgenommen wird, 90.8 u. 9.

90.10 zeigt die Bemaßung von gleichmäßig verteilten Bohrungen gleicher Größe.

90.11 zeigt die Bemaßung von Kreisteilungen auf zwei verschiedenen Lochkreisen. Hierbei wird jeweils das Teilungsmaß und das Produkt aus Anzahl der Teilungen und Teilungsmaß angegeben.

Bemaßen genauer Kegel nach DIN ISO 3040

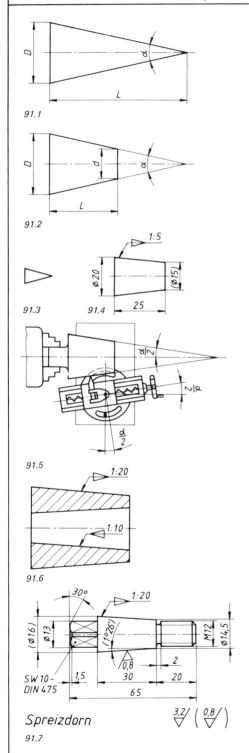

Genaue Kegel werden nach DIN ISO 3040 bemaßt.
Kegelige Übergänge an Werkstücken, die durch Gießen und Schmieden hergestellt werden, sind wie in 63.5 gezeigt zu bemaßen.

Nur genaue Kegel, die eine Funktion zu erfüllen haben, werden nach DIN ISO 3040 bemaßt.

Kegelverjüngung

Die Kegelverjüngung C ist bei spitzen Kegeln 91.1 das Verhältnis von Kegeldurchmesser D zur Kegellänge L.

$$C = \frac{D}{L}$$
z. B. $C = \frac{20}{100} = \frac{1}{5}$
$C = 1 : 5$

Beim abgestumpften Kegel 91.2 ist die Kegelverjüngung das Verhältnis der Durchmesserdifferenz (D − d) zur Länge des Kegelstumpfes l.

$$C = \frac{D-d}{l}$$
z. B. $C = \frac{20-10}{100} = \frac{10}{100}$
$C = 1 : 10$

Zur normgerechten Bemaßung eines genauen Kegels gehören:
  ein Kegeldurchmesser,
  die Kegellänge und
  die Kegelverjüngung C.

Weitere Maße können als eingeklammerte Hilfsmaße angegeben werden
  der Einstellwinkel $\alpha/2$ und
  der zweite Kegeldurchmesser beim Kegelstumpf

Die Kegelverjüngung ist mit dem Kegelsymbol und einer abgewinkelten Hinweislinie über der Kegelmantellinie aber parallel zur *Kegelmittellinie* einzutragen, 91.4. Das Symbol weist dabei in Richtung der Kegelverjüngung. Wortangaben z. B. Kegel 1 : 5 sind zu vermeiden.

Die Angabe der Kegelverjüngung bei einem Werkstück mit Außen- und Innenkegel zeigt 91.6.

Die Kegelverjüngung z. B. C = 1 : 10 gibt an
  beim spitzen Kegel die Länge z. B. 10 mm, bei welcher der Kegeldurchmesser sich um 1 mm verringert,
  beim abgestumpften Kegel, bei welcher Länge die Durchmesserdifferenz D − d um 1 mm abnimmt.

Beim Drehen und Schleifen von Kegeln erleichtert die Angabe des Einstellwinkels $\alpha/2$ als Hilfsmaß das Einstellen der Werkzeugmaschinen, 91.7.

Die Angabe von Morsekegeln nach DIN 228, die z. B. an Werkzeugschäften zu finden sind, zeigen die Seiten 93, 152 u. 184.

Neigungs und Verjüngungsangaben nach DIN 406

Wichtige Kegel nach DIN 254 sind zu bevorzugen

Kegelverjüngung C 1 : x	Einstell ∡ $\frac{\alpha}{2}$	Kegel ∡ α	Anwendungsbeispiele
1 : 0,289	60°	120°	Schutzsenkungen für Zentrierbohrungen
1 : 0,5	45°	90°	Ventilkegel, Bunde an Kolbenstangen, blanke Senkschrauben bis 20 mm
1 : 5	5°42'30"	11°25'	Reibungskupplungen, Spurzapfen, leicht abnehmbare Maschinenteile (Beanspruchung quer zur Achse und auf Drehung)
1 : 0,866	30°	60°	Körnerspitzen, Zentrierbohrungen, Dichtungskegel für leichte Rohrverschraubungen, Senkschrauben von 22 bis 27 mm
1 : 10	2°52'	5°44'	Kupplungsbolzen, nachstellbare Lagerbuchsen, Maschinenteile bei Beanspruchung quer zur Achse, auf Drehung und längs der Achse
1 : 12	2°23'	4°46'	Wälzlager, Kegelbuchsen für Wälzlager
1 : 20	1°26'	2°52'	Schäfte von Werkzeugen und Aufnahmekegel der Werkzeugmaschinenspindeln, Reibahlen (DIN 204, DIN 205)
1 : 30	57'17"	1°54'34"	Bohrungen der Aufsteckreibahlen und -senker
1 : 50	34'22"	1°8'44"	Kegelstifte, Reibahlen DIN 9

Als Werkzeugkegel nach DIN 228 für Schäfte und Hülsen werden die Morsekegel 0, 1, 2, 3, 4, 5 und 6 angewendet. Ihre Angabe in Zeichnungen erfolgt an der Kegelmantellinie z. B. ▷ DIN 228-MK3.

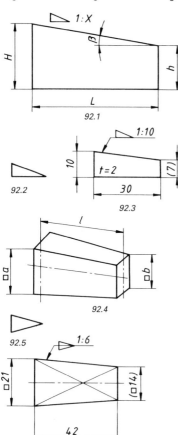

92.1
92.2
92.3
92.4
92.5
92.6

Neigung

Unter Neigung einer Werkstückfläche versteht man ihr Gefälle zur Waagerechten.

Die Neigung ist das Verhältnis aus der Differenz der rechtwinklig zur Grundlinie stehenden Höhen (H − h) und deren Abstand l.

$$\text{Neigung} = \frac{H-h}{l}$$
$$= \frac{10-7}{30} = \frac{3}{30} = \frac{1}{10}$$
$$= 1 : 10$$

Die Neigungsangabe an einer Werkstückfläche besteht aus dem vorangestellten Symbol 92.2 für die Neigung und der Verhältniszahl. Diese werden über der geneigten Werkstückkante aber parallel zur Grundlinie geschrieben und weisen in Richtung der Neigung.

Die Form des Neigungssymbols ist ein rechtwinkliges Dreieck, wobei für die Kathetenlänge ein Verhältnis 1 : 2 empfohlen wird.

Für die Fertigung kann auch zusätzlich der Neigungswinkel als eingeklammertes Hilfsmaß angegeben werden.

Verjüngung

Die Verjüngung ist an pyramidenförmigen Teilen das Verhältnis der Differenz der Seitenlängen (a − b) zur Pyramidenlänge (l)

$$\text{Verjüngung} = \frac{a-b}{l}$$
$$= \frac{21-14}{42} = \frac{7}{42} = \frac{1}{6}$$
$$= 1 : 6$$

Bei pyramidenförmigen Teilen ist das Verjüngungsverhältnis und die Verjüngungsrichtung durch ein Symbol, 92.5, anzugeben, das über der Mantellinie parallel zur Mittellinie verläuft und eine abgewinkelte Hinweislinie aufweist. Dieses Symbol entspricht dem Kegelsymbol.

Lesen der Teilzeichnung Kugelgelenkbolzen

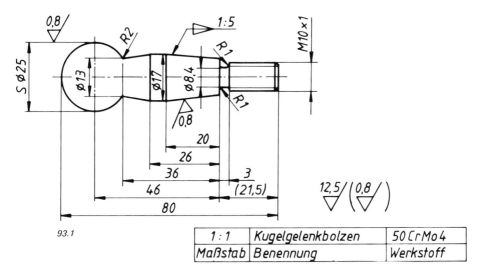

93.1

1:1	Kugelgelenkbolzen	50CrMo4
Maßstab	Benennung	Werkstoff

1. Information aus Schriftfeld:
Der Kugelgelenkbolzen ist in der Vorderansicht im M 1 : 1 dargestellt.

2. Aufgabe und Funktion:
Der Kugelgelenkbolzen ist Teil der Lenkung eines Vorderrades und stellt die bewegliche Verbindung zwischen Traghebel und Achsschenkel her.

3. Formerfassen:
Die Hüllform des Kugelgelenkbolzens ist ein Zylinder und entspricht dem Rohling, aus dem der Kugelgelenkbolzen durch Drehen hergestellt wird.

Die in der technischen Zeichnung flächenhaft dargestellten Formen, z. B. Kreis, Trapez, Rechteck, Trapez und Rechteck, stellt man sich in Verbindung mit den zugehörigen Maßen und Angaben, z. B. S ø 25, den Symbolen, z. B. ø 17, und den Kurzzeichen, z. B. M10 x 1, räumlich als entsprechende Körper vor, wie 93.2 zeigt. Die Radien bilden Übergänge zwischen den Formelementen.

Betrachten Sie in 93.2 jedes einzelne Formelement mit seiner Bezeichnung, und vergleichen Sie es mit den entsprechenden Maßen, Symbolen und Kurzzeichen in 93.1.

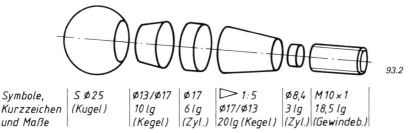

93.2

Symbole, Kurzzeichen und Maße	S ø 25 (Kugel)	ø13/ø17 10 lg (Kegel)	ø 17 6 lg (Zyl.)	▷ 1:5 ø17/ø13 20lg (Kegel)	ø8,4 3 lg (Zyl.)	M10 x 1 18,5 lg (Gewindeb.)

4. Werkstoff:
50CrMo4 ist ein niedriglegierter Stahl mit 0,5 % Kohlenstoff und bis zu 4% Legierungsbestandteilen aus Chrom und Molybdän.

5. Oberflächen:
Oberflächenangaben 12,5/ (0,8/) bedeuten: alle Flächen sind zu schruppen, ausgenommen jene, an denen das Feinschlichtzeichen 0,8/ steht. Die Flächen dürfen die angegebenen Mittenrauhwerte nicht überschreiten.

Die Oberflächenangaben nach DIN ISO 1302 entsprechen der früheren DIN 3141-Reihe 2, siehe S. 85.

Zeichnen nach Fertigungsstufen für Einzelfertigung

1 $\sqrt{3,2}$ ($\sqrt{12,5}$)
Abdrückmutter

Beachten Sie beim Lesen der Zeichnungen 1 ... 11 die Änderung der Form, Maße und Oberflächengüte!

Die fertigungsbezogene Bemaßung eines Stufenbolzens zeigt S. 53.

Fertigungsstufen

1. Rohteil ⌀ 45 eine Stirnfläche planen.
2. Auf ⌀ 40, 16 lang drehen.
3. Vorsprung auf ⌀ 36, 2,5 lang drehen.
4. Auf 11 Länge abstechen.
5. Mit Spiralbohrer ⌀ 18 vorbohren.
6. Bohrung auf ⌀ 28 aufbohren.
7. Aussparung auf ⌀ 28, 2 tief ausdrehen.
8. Gewinde M24 schneiden.
9. Umspannen und 10 lang planen.
10. Gewinde mit 45°, 1,5 tief senken.
11. Beide Seiten auf SW 32 fräsen.

Aufgabe

1. Geben Sie die benötigten Werkzeuge an!
2. Verfolgen Sie den Arbeitsablauf!
3. Welche Messungen sind durchzuführen?
4. Bestimmen Sie v, n und s für die Dreharbeiten mit Hilfe eines Tabellenbuches.

2 $\sqrt{12,5}$ ($\sqrt{3,2}$)
Welle

3 $\sqrt{12,5}$ ($\sqrt{3,2}$)
Gewindebolzen

Übung

Stellen Sie von den Teilen 2 und 3 Fertigungsstufen auf, und fertigen Sie von jeder Fertigungsstufe eine Zeichnung an mit den notwendigen Maßen und Oberflächenangaben wie bei Teil 1.

Massenfertigung von Stopfbuchsen auf einem Mehrspindeldrehautomaten

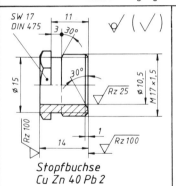

Stopfbuchse
Cu Zn 40 Pb 2

Durch Aufteilen der einzelnen Fertigungsstufen auf mehrere Drehspindeln, an denen jeweils gleichzeitig mit Werkzeugen auf Längs- und Querschlitten gearbeitet wird, ergeben sich minimale Fertigungszeiten, wie das Beispiel der Stopfbuchse eines Ventils zeigt.

Werkzeugmaschine: Mehrspindeldrehautomat SE 25

Werkstoff: Sechskantstange SW 17 aus CuZn 40 Pb 2 (Ms 58)

bestimmende Schnittgeschwindigkeit (d = 19,5) = 184 m. min^{-1}
gewählte Drehzahl n = 3000 min^{-1}
Hauptzeit t_h =   1,95 s
Nebenzeit t_n =   1,05 s
Grundzeit t_g =   3,0 s

Spindel-lage	Fertigungsfolge	Fertigungsbeschreibung	Fertigungsdaten				
			d' mm	v m.min^{-1}	a mm	s_l mm/U	s_q mm/U
1		1.1 Längsschlitten: Zentrieren und überdrehen	19,5	184	1,25	0,1	
		1.2 Querschlitten: Begrenzen	17	160	0,5		0,04
		1.3 Sondereinrichtung					
2		2.1 Bohren und Kanten brechen	17	160		0,1	
		2.2 Freistich für Gewinde einstechen	19,5	184	3		0,04
		2.3					
3		3.1 Bohren	10	94		0,08	
		3.2 Abstichseitig vorstechen und Kanten brechen	19,5	184	4		0,04
		3.3					
4		4.1					
		4.2					
		4.3 Gewindestrehlen 6 Gänge, 12 Durchgänge	17	160		0,08	
5		5.1 Bohrung aufbohren	10,5	100		0,15	
		5.2 Abstechseite vorstechen	17	160	2		0,03
		5.3					
6		6.1					
		6.2 Abstechen	14	132	2		0,03
		6.3					

Oberflächenangaben nach DIN ISO 1302 entsprechen der früheren DIN 3141 – Reihe 2, s. S. 85.

Darstellen und Bemaßen der Zuschnitte von Biegeteilen

Das Biegen ist ein Umformvorgang, bei dem der Werkstoff in der äußeren Zone gedehnt und in der inneren gestaucht wird. Die mittlere Faser ist spannungsfrei. Die Berechnung der gestreckten Länge bzw. der Zuschnittslänge von Biegeteilen erfolgt im allgemeinen über die mittlere Faser, genauer über die neutrale Faser.

Die Lage der neutralen Faser wird in der Biegezone im wesentlichen vom Biegeradius und der Blechdicke beeinflußt, so daß eine genaue Berechnung der gestreckten Länge nach DIN 6935 (Kaltbiegen und Kaltabkanten) über die theoretischen Schenkellängen und den Ausgleichswert v erfolgt. Bei dünneren Biegeteilen kann die gestreckte Länge hinreichend genau über die mittlere Faser berechnet werden, s. Beispiel.

Biegeteile sollen stets quer zur Walzrichtung gebogen werden. Das elastische Rückfedern kann durch Überbiegen ausgeglichen werden. Mit Rücksicht auf das Fertigungsverfahren sind an Biegeteilen die Innenradien zu bemaßen. Hierbei sollen die Rundungen nach DIN 250 bevorzugt werden, um einheitliche Radien an den Biegewerkzeugen zu erhalten. Mindestgrößen der Rundungshalbmesser und Schenkellängen sollen nicht unterschritten werden, s. DIN 6935.

Bei der Bemaßung des Zuschnitts können die Biegelinien durch schmale Vollinien dargestellt werden. Sie geben die Mitte der Biegeradien an. Die Lage der Biegelinien ergibt sich aus den anliegenden Schenkeln und der Hälfte des anschließenden Bogens.

Bei Bogenmaßen wird das Bogensymbol als Halbkreis vor die Maßzahl gesetzt. Nur beim manuellen Zeichnen darf das Bogensymbol als Kreissegment über die Maßzahl gesetzt werden, wie 96.1 zeigt.

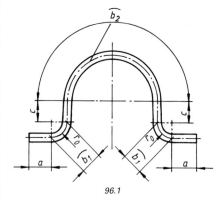

Bei der vereinfachten Berechnung ergibt sich die gestreckte Länge als Summe aller geraden und gebogenen Strecken der mittleren Faser (Mittellinie) z. B.

$$L = 2a + 2c + 2b_1 + b_2$$

Die Bogenmaße b lassen sich nach folgender Beziehung ermitteln

$$b = \frac{2r_o \times \pi}{360°} \times \alpha°$$

96.1

Beispiel:

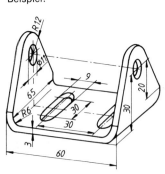

Lagerbock 96.2 u 3

Zuschnittslänge $L = 60 - 2 \cdot 9 + 7{,}5 \cdot \pi + 2 \cdot 20 + 2 \cdot 12$
$= 42 + 24 + 40 + 24$
$= 130$ mm

Darstellen und Bemaßen der Zuschnitte von Biegeteilen

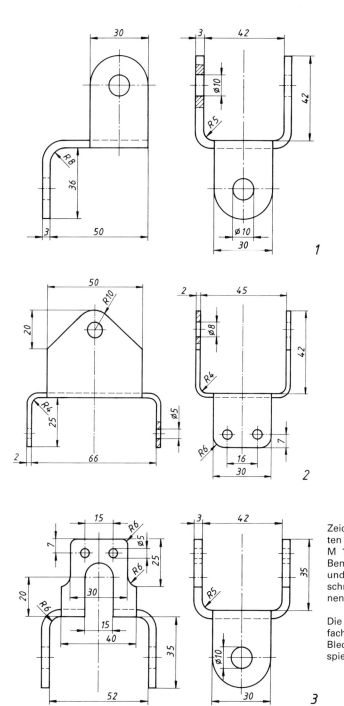

Zeichnen Sie von den dargestellten Biegeteilen je den Zuschnitt im M 1 : 1 mit fertigungsgerechter Bemaßung. Hierbei sind Beginn und Ende der Biegung durch schmale Vollinien zu kennzeichnen und zu bemaßen.

Die Zuschnittslängen sind vereinfacht über die mittlere Faser des Bleches zu ermitteln, siehe Beispiel S. 96.

1.12 Maßtoleranzen, Grenzmaße, Passungen, Form- und Lagetoleranzen

Das ISO-System für Grenzmaße und Passungen nach DIN ISO 286 T1 u. T2 gilt für Nennmaße von 1...500 mm mit 20 Grundtoleranzgraden (IT 01...18) und für Nennmaße von 500...3150 mm mit 18 Grundtoleranzgraden (IT 1...18). Die Nennmaße sind festgelegten Bereichen zugeordnet, S. 102.

Nach diesem System besteht ein toleriertes Maß aus dem Nennmaß und einem Kurzzeichen für die entsprechende Toleranzklasse, z. B. 40 H7 (Innenpaßfläche, Bohrung) oder 40 f7 (Außenpaßfläche, Welle). Ein toleriertes Maß kann auch durch Nennmaß und Abmaße angegeben werden, S. 29.

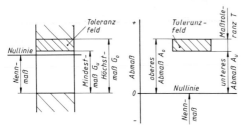

98.1 u. 2 Darstellen von Toleranzfeldern

Die Toleranzklasse besteht aus einem Buchstaben für das Grundabmaß (Toleranzfeldlage) und einer Zahl des Grundtoleranzgrades, z. B. 7 (IT 7) für die Grundtoleranz (Größe der Maßtoleranz).

Ein Toleranzfeld ist die Darstellung einer Toleranzklasse für ein Nennmaß. Das Toleranzfeld liegt zwischen den Grenzmaßen, dem Höchstmaß und dem Mindestmaß bzw. zwischen den Grenzabmaßen, dem oberen und dem unteren zugelassenen Abmaß, 98.1 u. 2. Bild 98.2 zeigt die übliche Darstellung von Toleranzfeldern.
In Tabellen, z. B. DIN 7157 S. 102, sind für ausgewählte Toleranzklassen das obere und untere Abmaß für die verschiedenen Nennmaßbereiche festgelegt.

Beispiel 40 f7 Tabellenangabe $40 \begin{smallmatrix} -0,025 \\ -0,050 \end{smallmatrix}$

Toleranzgrade (früher Qualitäten) 01...18 geben in Abhängigkeit vom Nennmaßbereich die zugeordnete Grundtoleranz als Maßtoleranz an, 98.3.

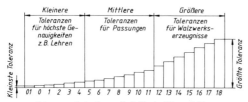

98.3 Größe der Toleranzfelder (Grundtoleranz)

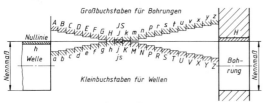

98.4 Lage der Toleranzfelder (Grundabmaße)

Grundabmaße bestimmen in Abhängigkeit vom Nennmaßbereich die Lage der Toleranzfelder zur Nullinie durch das obere oder untere Abmaß, 98.4.

Toleranzfelder von Bohrungen werden durch Großbuchstaben A...Z und Toleranzfelder von Wellen durch Kleinbuchstaben a...z gekennzeichnet. Die Großbuchstaben I, L, O, Q, W und die entsprechenden Kleinbuchstaben i, l, o, q, w entfallen, um Verwechselungen zu vermeiden. Wie 98.4 zeigt, liegen die Toleranzfelder mit den Großbuchstaben A...H über der Nullinie und die mit den Großbuchstaben M...ZC unter der Nullinie.
Wie 98.4 weiter zeigt, liegen die Toleranzfelder mit den Kleinbuchstaben a...h unter der Nullinie und die mit den Kleinbuchstaben k...zc über der Nullinie.
Das Vorzeichen für die Abmaße der Toleranzfelder richtet sich nach der Lage zur Nulllinie. Die Nullinie entspricht dem Nennmaß.

Eine *Passung* bilden die für eine Paarung bestimmten Paßteile, z. B. Welle und Lager, Paßfeder und Nut. Es gibt Rund- und Flachpassungen.

Unter einer Passung versteht man die Beziehung, die sich aus der Differenz zwischen den Maßen der Bohrung und Welle vor dem Fügen ergibt, 98.5.

Beim Fügen von Paßteilen weisen die Maße von Bohrung und Welle zugelassene Toleranzen auf 98.6, so daß folgende Arten von Passungen entstehen können:

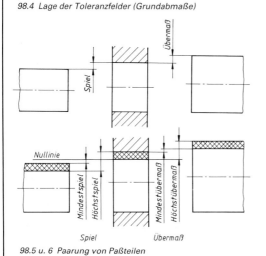

98.5 u. 6 Paarung von Paßteilen

DIN ISO 286 T1 u. T2 ersetzt DIN 7150, 7151, 7152 u. 7172.

Paßsysteme der Einheitsbohrung und Einheitswelle

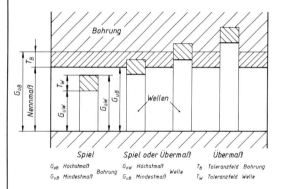

99.1 Zuordnen von Toleranzklassen für Bohrung und Wellen

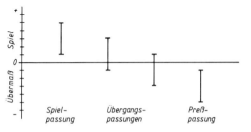

99.2 Darstellen von Paßtoleranzfeldern

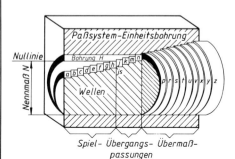

99.3 Paßsystem der Einheitsbohrung

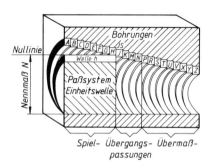

99.4 Paßsystem der Einheitswelle

Spielpassungen liegen vor, wenn beim Fügen von Bohrung und Welle immer Spiel entsteht.
Das Mindestmaß der Bohrung ist größer oder gleich dem Höchstmaß der Welle, 99.1.
Übermaßpassungen liegen vor, wenn beim Fügen von Bohrung und Welle immer Übermaß entsteht. Das Höchstmaß der Bohrung ist kleiner oder gleich dem Mindestmaß der Welle.
Übergangspassungen liegen vor, wenn beim Fügen von Bohrung und Welle entweder ein Spiel oder ein Übermaß entsteht. Die Toleranzfelder überdecken sich ganz oder teilweise.

Beim Fügen von Paßteilen wählt man die Toleranzklassen für Bohrung und Welle im Hinblick auf die geforderte Funktion, ob nach dem Fügen Spiel oder Übermaß vorhanden sein soll.
Eine Spielpassung erfordert folgende Angaben:
Nennmaß, z. B. 40
Kurzzeichen für die Toleranzklasse der Bohrung, z. B. H7
Kurzzeichen für die Toleranzklasse der Welle, z. B. f7

Die *Paßtoleranz* zweier zu fügender Paßteile ist die Summe der beiden Maßtoleranzen. Sie besitzt kein Vorzeichen. $P_t = T_B + T_W$

Die Lage des Paßtoleranzfeldes einer Paarung zur Nullinie (Spiel 0) läßt die Art der Passung erkennen, 99.2. Diese ergibt sich bei
Spielpassungen aus Höchst- und Mindestspiel,
Übermaßpassungen aus Höchst- und Mindestübermaß,
Übergangspassungen aus Höchstspiel und Höchstübermaß.
Die Lage der Paßtoleranzfelder kann daher aus den Grenzwerten von Spiel und Übermaß berechnet werden.

Paßsysteme der Einheitsbohrung und Einheitswelle
Da alle Toleranzklassen für Bohrungen mit allen Toleranzklassen für Wellen kombiniert werden können, ergibt sich eine Vielzahl von Kombinationsmöglichkeiten.
Meßzeuge, insbesondere Grenzlehren, sind infolge ihrer Genauigkeit sehr teuer. Um die Anzahl der Arbeits- und Prüflehren gering zu halten, werden Kombinationen von Toleranzklassen nach dem Paßsystem der Einheitsbohrung oder der Einheitswelle ausgewählt.
Im Paßsystem der Einheitsbohrung werden Spiele und Übermaße dadurch erreicht, daß den Wellen mit verschiedenen Toleranzklassen Bohrungen mit einer Toleranzklasse zugeordnet werden, 99.3.
Im Paßsystem der Einheitswelle werden Spiele und Übermaße dadurch erreicht, daß den Bohrungen mit verschiedenen Toleranzklassen Wellen mit einer Toleranzklasse zugeordnet werden, 99.4.
Die Passungsauswahl nach DIN 7157 hat sich in der Praxis als ausreichend erwiesen, S. 102.
Richtlinien für die Anwendung wichtiger Passungen enthält S. 101.

Bestimmen einer Passung, Eintragen von Kurzzeichen der Toleranzklasse

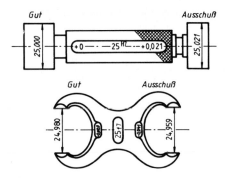

100.1 u. 2 Grenzlehren

Die Fertigmaße an Werkstücken prüft man meist mit festen Grenzlehren. Die Innenmaße z. B. bei Bohrungen mit Grenzlehrdornen 100.1 und die Außenmaße bei Wellen mit Grenzrachenlehren 100.2. Dabei wird festgestellt, ob das Istmaß zwischen dem vorgeschriebenen Höchst- und Mindestmaß liegt.

Dem Prüfen mit Grenzlehren liegt der Tolerierungsgrundsatz „alt" zugrunde, wobei alle Formabweichungen innerhalb der Maßtoleranz liegen.

Eine Bohrung ist lehrenhaltig, wenn die Gutseite des Grenzlehrdorns durch ihr Eigengewicht durch die Bohrung gleitet, die Ausschußseite dagegen nicht.

Eine Welle ist lehrenhaltig, wenn die Gutseite der Rachenlehre durch ihr Eigengewicht über die Welle gleitet, die Ausschußseite dagegen nicht.

Übung zum Erkennen einer Passung z. B. für Paßmaß 25 H7/f7

		Innenpaßfläche (Bohrung)	Außenpaßfläche (Welle)	Paarung
Paßmaß		25 H7	25 f7	25 H7/f7
Paßsystem				Einheitsb.
Tabellenwert		$25^{+0,021}_{-0,000}$	$25^{-0,020}_{-0,041}$	–
Nennmaß	N	25	25	25
oberes Abmaß	A_o	+0,021	–0,020	–
unteres Abmaß	A_u	0,000	–0,041	–
Höchstmaß	G_o	25,021	24,980	–
Mindestmaß	G_u	25,000	24,959	–
Maßtoleranz	T	0,021	0,021	–
Istmaß, z. B.	I	25,010	24,970	–
Höchstspiel		–	–	+0,062
Mindestspiel		–	–	+0,020
Istspiel, z. B.		–	–	+0,040
Art der Passung		–	–	Spielpassung
Paßtoleranz		–	–	0,042

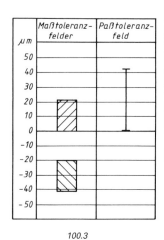

100.3

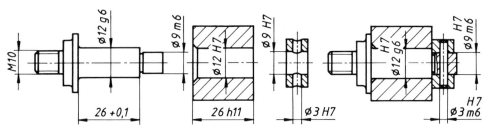

100.4 ... 7 Eintragen von Kurzzeichen der Toleranzklasse

In technischen Zeichnungen trägt man die Kurzzeichen der Toleranzklasse, bestehend aus Buchstabe und Toleranzgrad, im allgemeinen in gleicher Schriftgröße wie das Nennmaß ein. Bei Platzmangel dürfen die Kurzzeichen der Toleranzklasse auch eine Schriftgröße kleiner geschrieben werden.

Wiederholungsfragen

1. Woraus besteht ein Kurzzeichen der Toleranzklasse und welche Bedeutung haben diese Angaben?
2. Was verstehen Sie unter einer Passung und einer Paßtoleranz?
3. Welche Arten von Passungen kennen Sie und wodurch unterscheiden sich diese?
4. Wie ist das Paßsystem der Einheitsbohrung und das der Einheitswelle aufgebaut?
5. Bestimmen Sie für die Paßmaße 40 H7/f7, 40 H7/j6 und 40 H7/k6 die einzelnen Werte, wie sie in der Tabelle oben ermittelt sind.

Kennzeichen und Richtlinien für die Anwendung wichtiger Passungen

DIN 7154 E. Bohrg.	DIN 7155 E. Welle	DIN 7157 Auswahl	Kennzeichen[1]	Anwendungsbeispiele
				**Übermaßpassungen**
H7/s6 H7/r6	R7/h6 S7/h6	H8/x8 bis u8 H7/r6	Preßsitzteile können nur unter hohem Druck oder durch Schrumpfen zusammengefügt werden. Zusätzliche Sicherung gegen Verdrehung ist nicht erforderlich.	Kupplungen auf Wellenenden, Buchsen in Radnaben, festsitzende Zapfen und Bunde, Bronzekränze auf Schneckenradkörpern, Ankerkörper auf Wellen.
				**Übergangspassungen**
H7/n6	N7/h6	H7/n6	Festsitzteile lassen sich nur unter hohem Druck zusammenfügen. Hierbei ist eine zusätzliche Sicherung gegen Verdrehen erforderlich.	Zahn- und Schneckenräder, Lagerbuchsen, Winkelhebel, Radkränze auf Radkörpern, Antriebsräder.
H7/m6	M7/h6		Treibsitzteile lassen sich unter erheblichem Kraftaufwand, z. B. mit Handhammer, zusammenfügen und wieder auseinandertreiben. Sichern gegen Verdrehen ist erforderlich.	Teile an Werkzeugmaschinen, die ohne Beschädigung ausgewechselt werden müssen, z. B. Zahnräder, Riemenscheiben, Kupplungen, Zylinderstifte, Paßschrauben, Kugellagerinnenringe.
H7/k6	K7/h6	H7/k6	Haftsitzteile lassen sich unter geringem Kraftaufwand zusammenfügen. Ein Sichern gegen Verdrehen und Verschieben ist erforderlich.	Riemenscheiben, Zahnräder und Kupplungen sowie Wälzlagerinnenringe auf Wellen für mittlere Belastungen, Bremsscheiben.
H7/j6	J7/h6	H7/j6	Schiebesitzteile lassen sich bei guter Schmierung von Hand zusammenfügen und verschieben. Ein Sichern gegen Verschieben und Verdrehen ist notwendig	Häufig auszubauende aber durch Keile gesicherte Scheiben, Räder und Handräder; Buchsen, Lagerschalen, Kolben auf der Kolbenstange und Wechselräder.
				**Spielpassungen**
H7/h6	H7/h6	H7/h6	Gleitsitzteile können bei guter Schmierung durch Handdruck verschoben werden.	Pinole im Reitstock, Fräser auf Fräsdornen, Wechselräder, Säulenführungen, Dichtungsringe.
H8/h9	H8/h9	H8/h9	Schlichtgleitsitzteile lassen sich leicht zusammenbauen und über längere Wellenteile verschieben.	Scheiben, Räder, Kupplungen, Stellringe, Handräder, Hebel, Keilsitz für Transmissionswellen.
H7/g6	G7/h6	H7/g6	Enge Laufsitzteile gestatten gegenseitige Bewegung ohne merkliches Spiel.	Schieberäder in Wechselgetrieben, verschiebbare Kupplungen, Spindellagerungen an Schleifmaschinen u. Teilapparaten.
H7/f7	F8/h6	H7/f7	Laufsitze gewähren ein leichtes Verschieben der Paßteile und weisen ein reichliches Spiel auf, das eine einwandfreie Schmierung erleichtert.	Meist angewandte Lagerpassung im Maschinenbau, bei Lagerung der Welle in zwei Lagern, z. B. Spindellagerung an Werkzeugmaschinen, Kurbel- und Nockenwellenlagerung, Gleitführungen.
H8/f7	F8/h9	F8/h9	Schlichtlaufsitzteile haben merkliches bis reichliches Spiel, so daß sie gut ineinander beweglich sind.	Für mehrfach gelagerte Wellen; Kolben in Zylindern, Ventilspindeln in Führungsbuchsen, Lager für Zahnrad- und Kreiselpumpen, Kreuzkopfführungen.
H8/e8	E8/h8		Leichte Laufsitzteile haben reichliches Spiel.	Mehrfach gelagerte Wellen, bei denen ein einwandfreies Ausrichten und Fluchten nicht voll gewährleistet ist.

[1] Unter „Kennzeichen" sind die entsprechenden Sitzbezeichnungen der früheren DIN-Passungen verwendet.

Auswahl von Passungen nach DIN 7157

Maßtoleranzfelder

Maßtoleranzfelder dargestellt für Nennmaß 100 mm

Paßtoleranzfelder

Paßtoleranzfelder dargestellt für Nennmaß 100 mm

ISO-Kurzzeichen	Reihe		x8/u8[1]	s6	r6	n6	k6	j6	h6	h9	g6	f7	e8	d9	H7	H8	G7	F8	E9	H8[1]	H8[1]	H7	H7	H7	H7	H7	H7	H7	H8	H8	G7	H7	F8	H6	F8	H9	F8	H8	E9	H9	H8
	1																			x8	u8	s6	r6	n6	k6	j6	h6	h9	h8	h9	g6	f7	f7	f8	h6	f7	h9	f8	e8	h9	d9
von 1 bis 3	2		+34 +20	+20 +14	+16 +10	+10 +4	+6 0	+4 −2	0 −6	0 −25	−2 −8	−6 −16	−14 −28	−20 −45	+10 0	+14 0	+12 +2	+20 +6	+39 +14	−6 −34	+6 −20	−4 −16	0 −10	+4 −6	+10 −6	+12 −4	+16 0	+39 0	+18 +2	+26 +6	+30 +6	+26 +6	+42 +14	+45 +6	+56 +10	+59 +20
über 3 bis 6			+46 +28	+27 +19	+23 +15	+16 +8	+9 +1	+6 −2	0 −8	0 −30	−4 −12	−10 −22	−20 −38	−30 −60	+12 0	+18 0	+16 +4	+28 +10	+50 +20	−10 −46	+7 −27	−3 −23	+4 −9	+11 −9	+14 −6	+20 −6	+24 +4	+48 0	+24 +4	+36 +10	+40 +10	+36 +10	+56 +20	+58 +10	+69 +13	+78 +30
über 6 bis 10			+56 +34	+32 +23	+28 +19	+19 +10	+10 +1	+7 −2	0 −9	0 −36	−5 −14	−13 −28	−25 −47	−40 −76	+15 0	+22 0	+20 +5	+35 +13	+61 +25	−12 −56	+8 −32	−5 −19	+5 −10	+14 −10	+17 −7	+22 −7	+29 +5	+58 0	+29 +5	+43 +13	+50 +13	+44 +13	+69 +25	+71 +16	+86 +16	+98 +40
über 10 bis 14 / über 14 bis 18			+67 +40 / +72 +45	+39 +28	+34 +23	+23 +12	+12 +1	+8 −3	0 −11	0 −43	−6 −17	−16 −34	−32 −59	−50 −93	+18 0	+27 0	+24 +6	+43 +16	+75 +32	−18 −72	+10 −39	−6 −23	+6 −12	+17 −12	+21 −8	+27 +8	+35 +6	+70 0	+35 +6	+52 +16	+61 +16	+54 +16	+86 +32	+86 +16	+118 +32	+120 +50
über 18 bis 24 / über 24 bis 30			+87 +54 / +81 +48	+48 +35	+41 +28	+28 +15	+15 +2	+9 −4	0 −13	0 −52	−7 −20	−20 −41	−40 −73	−65 −117	+21 0	+33 0	+28 +7	+53 +20	+92 +40	−21 −87 / −15 −81	+14 −48	−7 −28	+6 −19	+19 −15	+25 −9	+33 0	+41 +7	+85 0	+41 +7	+62 +20	+74 +20	+66 +20	+106 +40	+105 +20	+144 +40	+150 +65
über 30 bis 40 / über 40 bis 50			+99 +60 +109 +70	+59 +43	+50 +34	+33 +17	+18 +2	+11 −5	0 −16	0 −62	−9 −25	−25 −50	−50 −89	−80 −142	+25 0	+39 0	+34 +9	+64 +25	+112 +50	−31 −109	+18 −59	−9 −33	+8 −23	+23 −18	+30 −11	+41 0	+50 +9	+101 0	+50 +9	+75 +25	+89 +25	+80 +25	+128 +50	+126 +25	+174 +50	+181 +80
über 50 bis 65 / über 65 bis 80			+133 +87 +148 +102	+72 +53 / +78 +59	+60 +41 / +62 +43	+39 +20	+21 +2	+12 −7	0 −19	0 −74	−10 −29	−30 −60	−60 −106	−100 −174	+30 0	+46 0	+40 +10	+76 +30	+134 +60	−41 −133 / −56 −148	+23 −72 / −29 −78	−11 −60 / −13 −62	+10 −39	+28 −21	+37 −12	+49 0	+59 +10	+120 0	+59 +10	+90 +30	+106 +30	+95 +30	+152 +60	+150 +30	+208 +60	+220 +100
über 80 bis 100 / über 100 bis 120			+178 +124 +198 +144	+93 +71 / +101 +79	+73 +51 / +76 +54	+45 +23	+25 +3	+13 −9	0 −22	0 −87	−12 −34	−36 −71	−72 −126	−120 −207	+35 0	+54 0	+47 +12	+90 +36	+159 +72	−70 −178 / −90 −198	+36 −93 / −44 −101	−16 −73 / −19 −76	+12 −45	+32 −25	+44 −13	+57 0	+69 +12	+141 0	+69 +12	+106 +36	+125 +36	+112 +36	+180 +72	+177 +36	+246 +72	+261 +120
über 120 bis 140 / über 140 bis 160			+233 +170 +253 +190	+117 +92 / +125 +100	+88 +63 / +90 +65	+52 +27	+28 +3	+14 −11	0 −25	0 −100	−14 −39	−43 −83	−85 −148	−145 −245	+40 0	+63 0	+54 +14	+106 +43	+185 +85	−107 −233 / −127 −253	+52 −117 / −60 −125	−23 −88 / −25 −90	+13 −52	+37 −28	+51 −14	+65 0	+79 +14	+163 0	+79 +14	+123 +43	+146 +43	+131 +43	+211 +85	+206 +43	+285 +85	+308 +145
über 160 bis 180			+273 +210	+133 +108	+93 +68															−147 −273	−68 −133	−28 −93													

μm +300, +200, +100, 0, −100, −200, −300

Nennmaßbereich mm[2]

[1] Bis Nennmaßbereich 24 mm gilt Toleranzfeld x 8, erst über 24 mm u 8.
[2] Nennmaßbereich ist von 1 ... 500 mm genormt.

Eintragen von Form- und Lagetoleranzen nach DIN ISO 1101 (Auswahl)

	Symbol und tolerierte Eigenschaft		Toleranzzone	Anwendungs-Beispiele Zeichnungsangabe	Erklärung
Form	—	Geradheit		⌀0,04	Die Achse des zylindrischen Teiles des Bolzens muß innerhalb eines Zylinders vom Durchmesser t = 0,04 mm liegen.
	▱	Ebenheit		0,08	Die tolerierte Fläche muß zwischen zwei parallelen Ebenen vom Abstand t = 0,08 mm liegen.
	○	Rundheit		0,04	Die Umfangslinie jedes Querschnittes muß in einem Kreisring von der Breite t = 0,04 mm enthalten sein.
	⌭	Zylinderform		0,06	Die tolerierte Fläche muß zwischen zwei koaxialen Zylindern liegen, die einen radialen Abstand von t = 0,06 mm haben.
	⌒	Linienform		0,1	Das tolerierte Profil muß zwischen zwei Hüll-Linien liegen, deren Abstand durch Kreise vom Durchmesser t = 0,1 mm begrenzt wird. Die Mittelpunkte dieser Kreise liegen auf der geometrisch idealen Linie.
	⌓	Flächenform		0,04	Die tolerierte Fläche muß zwischen zwei Hüll-Flächen liegen, deren Abstand durch Kugeln vom Durchmesser t = 0,04 mm begrenzt wird. Die Mittelpunkte dieser Kugeln liegen auf der geometrisch idealen Fläche.
Lage	Richtung	∥	Parallelität		∥ ⌀0,2 A	Die tolerierte Achse muß innerhalb eines zur Bezugsachse parallelliegenden Zylinders vom Durchmesser t = 0,2 mm liegen.
		⊥	Rechtwinkligkeit		⊥ 0,06	Die tolerierte Achse muß zwischen zwei parallelen zur Bezugsfläche und zur Pfeilrichtung senkrechten Ebenen vom Abstand t = 0,06 mm liegen.
		∠	(Neigung) Winkligkeit		∠ 0,1	Die Achse der Bohrung muß zwischen zwei zur Bezugsfläche im Winkel von 60° geneigten und zueinander parallelen Ebenen vom Abstand t = 0,1 mm liegen.
	Ort	⌖	Position		⌖ ⌀0,04	Die Achse der Bohrung muß innerhalb eines Zylinders vom Durchmesser t = 0,04 mm liegen, dessen Achse sich am geometrisch idealen Ort (mit eingerahmten Maßen) befindet.
		⌯	Symmetrie		⌯ 0,05 A	Die Mittelebene der Nut muß zwischen zwei parallelen Ebenen liegen, die einen Abstand von t = 0,05 mm haben und symmetrisch zur Mittelebene des Bezugselementes liegen.
		◎	Koaxialität Konzentrizität		◎ ⌀0,05 A	Die Achse des tolerierten Teiles der Welle muß innerhalb eines Zylinders vom Durchmesser t = 0,05 mm liegen, dessen Achse mit der Achse des Bezugselementes fluchtet.
	Lauf	↗	Rundlauf		↗ 0,1 A-B	Bei einer Drehung um die Bezugsachse A–B darf die Rundlaufabweichung in jeder Meßebene senkrecht zur Achse 0,1 mm nicht überschreiten.
			Planlauf		↗ 0,1 D	Bei einer Drehung um die Bezugsachse D darf die Planabweichung an jeder beliebigen Meßstelle 0,1 mm nicht überschreiten.

↗↗ Symbol für Gesamtlauftoleranzen bei mehrmaliger Drehung um die Bezugsachse.

Übung: Eintragen von Form- und Lagetoleranzen nach ISO 1101

Form- und Lagetoleranzen können zusätzlich zu den Maßtoleranzen angegeben werden, um die Funktion und Austauschbarkeit der Werkstücke sicherzustellen.
Im allgemeinen sind die Form- und Lagetoleranzen durch die festgelegte Maßtoleranz mit begrenzt, wobei Symmetrie-, Koaxialitäts- und Laufabweichungen ausgenommen sind. Sind jedoch geringere Form- und Lagetoleranzen erforderlich, so werden diese nach DIN ISO 1101 in der Zeichnung eingetragen.

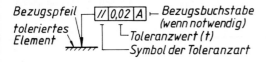

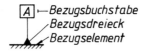

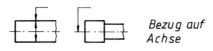

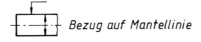

[10] theoretisch genaues Maß (eckig eingerahmt)

Ⓜ Symbol für Maximum-Material-Bedingung

104.1 ... 6

Erklären Sie in den Zeichnungsbeispielen 7 ... 10 die Angaben in den Toleranzrahmen über Form- und Lagetoleranzen mit Hilfe der S. 103.

Die geometrischen Toleranzen werden in einem rechteckigen Rahmen angegeben, der in zwei oder mehrere Kästchen unterteilt ist. Diese enthalten von links nach rechts das Symbol für die Toleranzart, den Toleranzwert und falls erforderlich den Bezugsbuchstaben für das Bezugselement. Der Toleranzrahmen wird mit dem tolerierten Element durch eine Bezugslinie mit Bezugspfeil verbunden, 1.

Bezieht sich ein toleriertes Element auf einen Bezug, so wird dieser durch einen Bezugsbuchstaben in einem Bezugsrahmen gekennzeichnet, der mit einem Bezugsdreieck verbunden ist, 2.

Bezieht sich die geometrische Toleranz auf die Achse oder Mittelebene, so werden Bezugspfeil und Bezugslinie als Verlängerung der Maßlinie gezeichnet, 3. Bei einer gemeinsamen Achse steht der Bezugspfeil auf der Mittellinie.

Bezieht sich die geometrische Toleranz auf die Mantellinie oder Fläche, dann wird der Bezugspfeil und die Bezugslinie versetzt von der Maßlinie angebracht, 4.

Eckig eingerahmte theoretisch genaue Maße dürfen nicht toleriert werden. Die entsprechenden Istmaße unterliegen nur den im Toleranzrahmen angegebenen Toleranzwerten, 5.

Das Symbol für die Maximum-Materialbedingung besagt, daß das Maximum-Materialmaß zugrunde gelegt wird, d. h. das Höchstmaß der Welle bzw. das Mindestmaß der Bohrung, 6.

Die Angabe in Zeichnungen „Tolerierung ISO 8015" besagt, daß die Maßtoleranz nur die örtlichen Istmaße eines Formelementes, nicht aber seine Formabweichungen erfaßt.

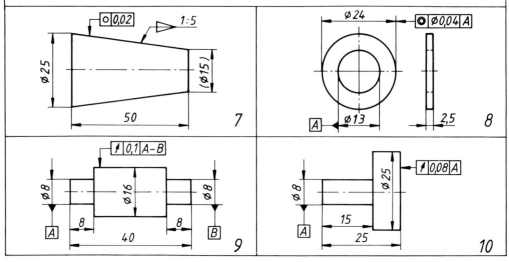

Test und Übungen: Zeichnen und Bemaßen von Werkstücken nach Raumbildern

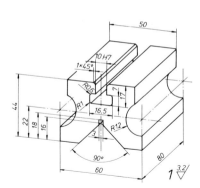

1 Meßständerfuß

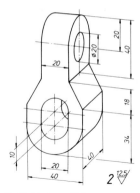

2 Verbindungsstück

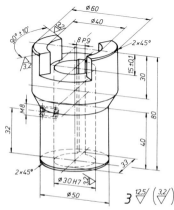

3 Kupplungshälfte

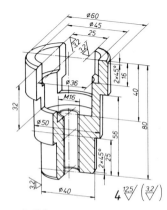

4 Halterung

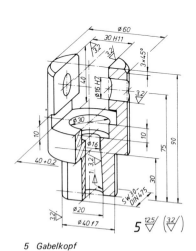

5 Gabelkopf

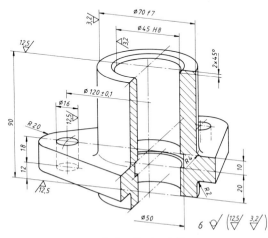

6 Stopfbuchsenbrille

Zeichnen Sie wahlweise mit Bemaßung und Oberflächenangaben die Teile
1, 2 und 3 in der V, D und S
4, 5 und 6 in der V im Halbschnitt und D.

1.13 Darstellen und Bemaßen geschweißter Bauteile[1])
Darstellen und Bemaßen von Schweißnähten, Grundsymbole

Um die Darstellung von Schweißnähten übersichtlich zu gestalten, sind Symbole und Kurzzeichen anzuwenden. Ist hiermit eine eindeutige Darstellung nicht möglich, dann sind die Nähte gesondert bildlich zu zeichnen und vollständig zu bemaßen.

Die bisher an die Projektionsmethoden 1 (E) und 3 (A) gebundenen Darstellungsarten wurden vereinheitlicht. Die Lage einseitiger Nähte am Schweißstoß ist in Abhängigkeit von der Stellung des Nahtsymbols zur Bezugs-Vollinie durch Ergänzen einer Bezugs-Strichlinie jetzt eindeutig geregelt.

DIN 1912 T5 enthält die Regeln, die bei der symbolischen Darstellung von Schweiß- und Lötnähten anzuwenden sind.

Grundsymbole der Nahtarten nach DIN 1912 Teil 5 (Auswahl)

Benennung	Symbol	Illustration	Benennung	Symbol	Illustration
Bördelnaht 1	⋏		HY-Naht 6	⌐	
I-Naht 2	‖		U-Naht 7	⋎	
V-Naht 3	V		HU-Naht (Jot-Naht) 8	⌐	
HV-Naht 4	⌐		Gegenlage 9	⌣	
Y-Naht 5	Y		Kehlnaht 10	△	

Anwendungsbeispiele zusammengesetzter Symbole

Benennung	D(oppel-) V-Naht (X-Naht)	D(oppel-) HY-Naht (K-Stegnaht)	D(oppel-) Y-Naht	Doppel-Kehlnaht
Symbol	X	K	X	⊳
Illustration				

Anwendungsbeispiele für Zusatzsymbole

Benennung	Flache V-Naht	Gewölbte V-Naht	Hohle Kehlnaht	Flache Y-Naht mit Gegennaht	Flache V-Naht eingeebnet	Kehlnaht mit kerbfreiem Nahtübergang
Symbol	∇̄	∇̂	↙	⊻	⊻̄	↙
Illustration						

[1]) Schweißverbindungen sind unlösbar.

Darstellen und Bemaßen von Schweißnähten

107.1 Baustellennaht

107.2 Rundumnaht

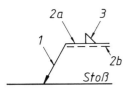

1 Pfeillinie
2a Bezugslinie (Vollinie)
2b Bezugslinie (Strichlinie)
3 Symbol
107.3 Darstellungsart für Nähte

107.4 Bezugslinien

107.5 u. 6 Symmetrische Nähte

107.7 ... 10 Lage des Symbols zur Bezugslinie bei einseitigen Nähten

Ergänzungssymbole

Ergänzungssymbole geben Hinweise auf den Verlauf der Nähte, z. B. ringsum verlaufende Nähte 107.2 und auf Baustellennähte 107.1.

Lage der Symbole in Zeichnungen

Die symbolische Darstellungsart für Nähte enthält neben dem Symbol noch

eine Pfeillinie, die mit einer Pfeilspitze auf den Stoß weist (unter 60°),

eine Bezugslinie, bestehend aus zwei parallelen Linien, einer Vollinie und einer Strichlinie, 107.3. Letztere kann über oder unter der Vollinie stehen, entfällt aber bei symmetrischen Nähten, 107.5 u. 6,

eine bestimmte Anzahl von Maßen und Angaben, s. S. 108.

Pfeillinie und Bezugslinie bilden das Bezugszeichen, 107.3. Die Bezugslinie wird an ihrem Ende durch eine Gabel ergänzt, auch für Angaben, s. S. 108.

Lage der Bezugslinie

Die Bezugslinie ist möglichst parallel zur Unterkante der Zeichenunterlage, d. h. in Leserichtung der Zeichnung zu zeichnen, andernfalls ist sie senkrecht anzuordnen.

Lage des Symbols zur Bezugslinie

Das Symbol steht stets senkrecht zur Bezugslinie. Es darf entweder über oder unter der Bezugslinie gesetzt werden, wobei folgende Regeln gelten:

Wird das Symbol auf der Seite der Bezugs-Vollinie gesetzt, dann befindet sich die Naht auf der Pfeilseite des Stoßes.

Wird das Symbol auf der Seite der Bezugs-Strichlinie gesetzt, dann befindet sich die Naht auf der Gegenseite des Stoßes.

Da es mehrere Möglichkeiten für die symbolische Darstellung von Nähten gibt, soll innerhalb einer Zeichnung stets die gleiche Darstellungsart gewählt werden. Dabei ist das Symbol so anzuordnen, das es mit dem Nahtquerschnitt übereinstimmt, z. B. 107.12.

107.11 ... 13 T-Stoß mit einer Kehlnaht

Darstellen und Bemaßen von Schweißnähten

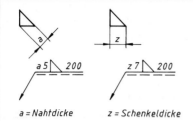

Bei Kehlnähten ist es üblich in deutschsprachigen Ländern die Kehlnahtdicke a und in den USA und anderen Ländern die Schenkeldicke z anzugeben. Der Buchstabe a oder z ist stets vor das entsprechende Maß zu setzen, 108.1.

Die Kehlnahtdicke a ist gleich der Höhe des im Nahtquerschnitt einbeschriebenen größten gleichschenkligen Dreiecks.

a = Nahtdicke   z = Schenkeldicke
108.1 $z = a\sqrt{2}$

Bezugszeichen mit Angaben

108.2 Bezugszeichen

Dem Symbol am Bezugszeichen können Maße zugeordnet werden, wobei die Nahtdicke vor dem Symbol und die Längenmaße hinter dem Symbol anzugeben sind. Ist kein Längenmaß vorhanden, dann liegt eine durchgehende Naht über die gesamte Werkstücklänge vor.

Die Linienbreite der Pfeillinie, Bezugslinie, des Symbols und der Beschriftung sollen der Linienbreite für die Maßeintragung entsprechen, d. h. gleich sein.

Angaben bei ①:
Nahtdicke a
Symbol der Schweißnaht nach DIN 1912 T5
Länge der Naht bzw. der unterbrochenen Naht n x l (e)

Angaben bei ②
falls erforderlich:
Kennzahl des Schweißverfahrens nach DIN ISO 4063, z. B. 111
Bewertungsgruppe nach DIN 8563, z. B. CS
Schweißposition nach DIN 1912 T2, z. B. w
Schweißzusatzwerkstoff nach DIN 1732, 1913 u. 8556, z. B. E 5122 RR6

Beispiele für Schweißnahtangaben

Illustration	Symbolische Darstellung	Erklärung
Durchgehende V-Naht	Vorderansicht: 111/DIN 8563-CS/w/ DIN 1913-E 5122 RR6 Draufsicht oder 111/DIN 8563-CS/w/ DIN 1913-E 5122 RR6	Durchgehende V-Naht, hergestellt durch Lichtbogenhandschweißen Kennzahl 111 nach DIN ISO 4063, geforderte Bewertungsgruppe CS nach DIN 8563 Teil 3, Wannenposition w nach DIN 1912 Teil 2, verwendete Stabelektroden DIN 1913-E 5122 RR6
Unterbrochene Kehlnaht mit Vormaß	Vorderansicht: a n×l(e) 111/DIN 8563-BK/h Draufsicht (nicht möglich)	Unterbrochene Kehlnaht mit Vormaß, hergestellt durch Lichtbogenhandschweißen Kennzahl 111 nach DIN ISO 4063, geforderte Bewertungsgruppe BK nach DIN 8563 Teil 3, Horizontalposition nach DIN 1912 Teil 2

Kurzzeichen und Kennzahlen für Schweißverfahren nach DIN ISO 4063

Schweißverfahren	Kurzzeichen	Kennzahl
Lichtbogenschmelzschweißen	—	1
Metallichtbogenschweißen	—	11
Lichtbogenhandschweißen	E	111
Widerstandspreßschweißen	—	2
Gasschmelzschweißen	G	3
Preßschweißen	—	4
Unterpulverschweißen	UP	12
Schutzgasschweißen	SG	13
Elektronenstrahlschweißen	EB	76
Laserstrahlschweißen	LA	751

Bewertungsgruppen, Schweißpositionen, schweißgerechtes Gestalten

Bewertungsgruppen nach DIN 8563 Teil 3 dienen zur Sicherung der Güte von Schweißnähten

Anforderung	Bewertungsgruppe Stumpfnähte	Kehlnähte
höchste	AS	AK*)
hohe	BS	AK
mittlere	CS	BK
geringe	DS	CK

*) in Einzelfällen

Die Güteanforderungen für die Ausführung von Schweißnähten sind nach Merkmalen für den äußeren Befund (Nahtüberhöhung usw.) und inneren Befund (Gaseinschlüsse usw.) sowie für die Eigenschaften des Schweißnahtwerkstoffes (Zugfestigkeit, Streckgrenze, Bruchdehnung und Brucheinschnürung) festgelegt.

Wie nebenstehende Tabelle zeigt, gibt es für Kehlnähte vier Bewertungsgruppen (A ... D) und für Stumpfnähte drei Bewertungsgruppen (A ... C). Die zusätzlichen Buchstaben S und K sind Abkürzungen für Stumpf- und Kehlnähte.

Benennung	Hauptpositionen Beschreibung	Kurzzeichen	Benennung	Hauptpositionen Beschreibung	Kurzzeichen
Wannenposition	waagerechtes Schweißen, Nahtmittellinien senkrecht, Decklage oben	w	Steigposition	Schweißen von unten nach oben	s
			Fallposition	Schweißen von oben nach unten	f
Horizontalposition	horizontales Schweißen — Decklage nach oben	hw	Querposition	waagerechtes Schweißen, Nahtmittellinie horizontal	q
	horizontales Schweißen — Decklage nach unten	hü	Überkopfposition	waagerechtes Schweißen, Nahtmittellinie senkrecht, Decklage unten	ü

Schweißpositionen nach DIN 1912 Teil 2

Die Schweißposition wird durch die Lage der Schweißnaht im Raum und durch die Schweißrichtung bestimmt. Hauptpositionen können durch Angabe von Kurzzeichen beschrieben werden, siehe nebenstehende Tabelle. Zwischenpositionen sind genau nur durch Angabe des Nahtneigungs- und Nahtdrehwinkels festzulegen.

Hinweise für das schweißgerechte Gestalten

	Günstige Ausführung	Erklärung		Günstige Ausführung	Erklärung
1		Stumpfnähte ermöglichen einen ungestörten Kraftfluß durch die Schweißnaht.	6		Um ein Abbrennen der Kanten zu vermeiden, sind Abflachungen und Überstände (mindestens 2 x Nahtdicke) vorzusehen.
2		Kehlnähte sind möglichst doppelseitig auszuführen. Bei dynamischer Beanspruchung sind Hohlkehlnähte am günstigsten wegen geringerer Kerbwirkung.	7		Es ist unzweckmäßig, Rundstäbe an gerade Flächen anzuschweißen, da der Öffnungswinkel zu klein ist.
3		Nahtwurzeln sollen nicht in Zonen mit Zugspannungen liegen. Schlechter Wurzeleinbrand verursacht Kerbwirkung.	8		In Querschnittsübergängen sind Schweißnähte zu vermeiden.
4		Die Nähte müssen beim Schweißen gut zugänglich sein.	9		Nahtanhäufungen werden durch Aussparen der Rippen vermieden.
5		Die Funktionsfläche soll bei hoher Oberflächengüte oder geringer Maßtoleranz nicht durch eine Schweißnaht gestört werden.	10		Das T-Profil der Konsole verringert die Spannungen in der Zugzone und damit die Einrißgefahr.

Beispiel für die Werkstückaufnahme durch Freihandskizzieren

Die Zeichenfolge beim Freihandskizzieren des Haltebockes ist in den Bildern 1 ... 5 schrittweise dargestellt. Sie erfolgt aber in Wirklichkeit nacheinander in einer Darstellung, Bild 5. Das Raumbild des geschweißten Haltebockes ist als Modell zu betrachten.

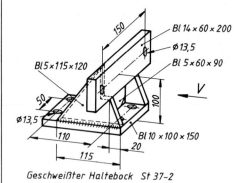

Geschweißter Haltebock St 37-2

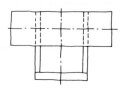

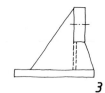

3. Skizzieren der beiden Seitenbleche und des Stützbleches mit schmaler Vollinie.

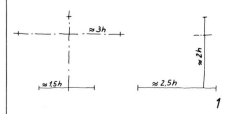

1. Wahl der aussagefähigsten Ansicht als Vorderansicht. Festlegen der notwendigen Ansichten V und S, um die Werkstückform eindeutig bestimmen zu können.
Festlegen von Hilfsmaßen für das Aufzeichnen, wobei die Werkstückhöhe mit 2 h angenommen wird und die anderen Maße dazu im Verhältnis aufgezeichnet werden.

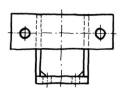

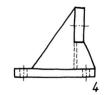

4. Skizzieren der Bohrungen, Ausziehen der Körperkanten mit breiter Vollinie.

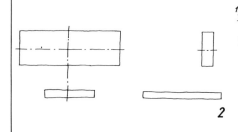

2. Skizzieren der Grundplatte und der Lochplatte mit schmaler Vollinie.

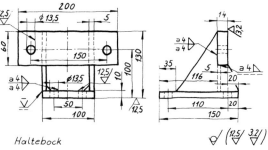

Haltebock

Bewertungsgruppe: CK bzw. DS nach DIN 8563 T3
Werkstoff: St 37-2

5. Einzeichnen der Maß- und Maßhilfslinien.
Eintragen der Maße, Oberflächenangaben, Schweißsymbole und Bewertungsgruppen für Kehl- und Stumpfnähte nach DIN 8563 T3.
Endkontrolle.

Darstellen und Bemaßen von geschweißten Bauteilen

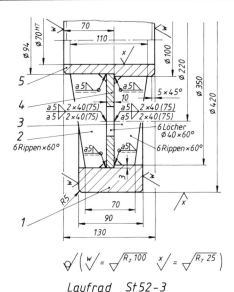

Laufrad St 52-3
Kehlnähte Bewertungsgruppe BK DIN 8563 T3

Die Schweißbarkeit von Bauteilen aus metallischen Werkstoffen ist im allgemeinen gegeben, wenn mit einem Schweißverfahren in der Schweißzone ein Werkstofffluß erreicht werden kann.

Die Schweißbarkeit hängt weiter von folgenden Eigenschaften ab

    Schweißeignung des Werkstoffes,
    Schweißsicherheit der Konstruktion,
    Schweißmöglichkeit in der Fertigung.

Die Schweißeignung der Stähle ist im wesentlichen abhängig von der Erschmelzungs- und Vergießungsart sowie vom Kohlenstoffgehalt $\leq 0{,}25\%$ und bei legierten Stählen von der Menge der Legierungsbestandteile $\leq 5\%$.

Die Schweißsicherheit wird beeinflußt durch Konstruktion, auftretende Beanspruchung, Werkstoff und Schweißverfahren.

Die Schweißmöglichkeit ist eine Fertigungseigenschaft und ist abhängig von der Konstruktionsart.

Zeichnen Sie mit allen Maßen und Schweißsymbolen von

Teil 1 die V im Vollschnitt im M 1 : 2
Teil 2 die V, D und S im M 1 : 2,
Teil 3 die V und D im M 1 : 2,
Teil 4 die V, D und S im M 1 : 10.

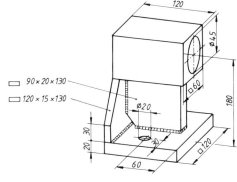

2 Lagerbock
Schweißnähte a 4

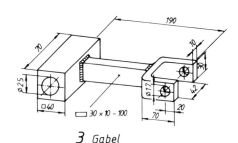

3 Gabel
Schweißnähte a 4

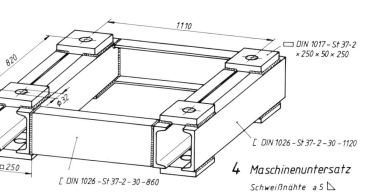

4 Maschinenuntersatz
Schweißnähte a 5

2 Darstellende Geometrie, Einführung
2.1 Geometrische Konstruktionen

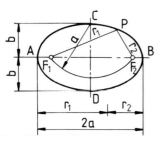

112.1 Ellipsenkonstruktion mittels beider Achsen

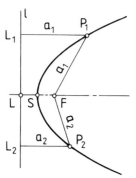

112.2 Parabelkonstruktion mit Leitlinie und Brennpunkt

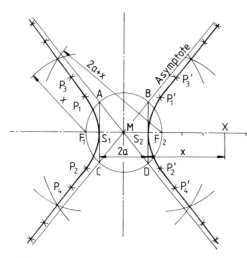

112.3 Hyperbelkonstruktion

Ellipse
Bei allen Kurvenpunkten der Ellipse ist die Summe ihrer Entfernungen von den beiden Brennpunkten F_1 und F_2 gleich der großen Achse 2a.

Für alle Ellipsenpunkte, auch für die Scheitelpunkte A, B, C und D gilt:
$$F_1 P + F_2 P = 2a$$

Ellipsenkonstruktion mit Hilfe beider Achsen
Zeichne die große (2a) und kleine (2b) Ellipsenachse. Um einen Endpunkt der kleinen Achse schlage einen Kreis mit dem Halbmesser a, der die große Achse in den Brennpunkten F_1 und F_2 schneidet. Teile die Hauptachse in zwei Strecken r_1 und r_2 auf und beschreibe um den Brennpunkt F_1 Kreise mit dem Halbmesser r_2 und um F_2 mit r_1 und umgekehrt. Diese Kreise schneiden sich in Ellipsenpunkten.

Parabel
Für jeden Punkt der Parabel ist die Entfernung von einer Geraden, der Leitlinie l, und einem festen Punkt, dem Brennpunkt F, stets gleich.
$$P_1 F = P_1 L_1$$
$$P_2 F = P_2 L_2$$

Der Scheitelpunkt S der Parabel ist der Mittelpunkt der Strecke LF.

Konstruktion der Parabel, wenn Leitlinie und Brennpunkt gegeben sind
Fälle vom Brennpunkt F das Lot auf die Leitlinie L und halbiere die Strecke LF. Der Mittelpunkt ist der Scheitelpunkt S. Ziehe in verschiedenen Abständen Parallelen zur Leitlinie L. Beschreibe mit dem jeweiligen Abstand a der Parallelen von der Leitlinie Kreise um F. Die Schnittpunkte der Kreise mit den zugehörigen Parallelen sind Parabelpunkte.

Hyperbel
Für jeden Punkt der Hyperbel ist die Differenz der Entfernungen von den beiden Brennpunkten F_1 und F_2 gleich 2a.
$$F_2 P_1 - F_1 P_1 = 2a$$
$$F_1 P_2 - F_2 P_2 = 2a$$

Die Hyperbel besteht aus zwei getrennten Ästen. Die Asymptoten sind Tangenten, die die Hyperbel im Unendlichen berühren.

Durch die Angabe der Entfernungen der beiden Brennpunkte und Scheitelpunkte ist eine Hyperbel bestimmt und kann gezeichnet werden.

Bei der Punktkonstruktion nimmt man z. B. auf der Hyperbelachse einen Punkt X beliebig an und erhält so die Strecke x. Dann schlägt man mit dem Radius x nacheinander um F_1 und F_2 Kreisbogen, ferner mit dem Radius 2a + x ebenfalls Kreisbogen um F_1 und F_2. Dadurch ergeben sich 4 Punkte auf beiden Hyperbelästen. Um eine Anzahl von Hyperbelpunkten zeichnen zu können, ist die Lage des Punktes X und damit die Strecke x zu verändern.

Geometrische Konstruktionen

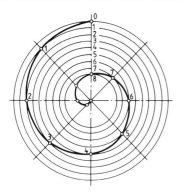

113.1 Archimedische Spirale

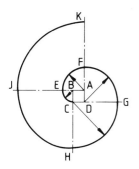

113.2 Spiralenkonstruktion mit gegebenem Quadrat

Archimedische Spirale

Die Spirale ist eine ebene Kurve, die Windungen mit einer bestimmten Öffnung um einen Punkt zieht.

Zeichne zunächst das Achsenkreuz und dann mit dem gegebenen Radius den Umkreis für eine bestimmte Anzahl von Spiralgängen, z. B. $1^1/_2$ Gänge. Entsprechend dieser Gangzahl teile den senkrechten Halbmesser in ebenso viele Teile, z. B. $1^1/_2$ Teile. Den ersten Teil von 0...8 und von 8 bis zum Mittelpunkt unterteile dann in eine Anzahl unter sich gleicher Teile, in diesem Beispiel 8 gleiche Teile. Durch Eintragen des Diagonalkreuzes ist die Kreisfläche in 8 gleiche Teile zerlegt. Wenn man durch die vorhin gefundenen acht Teilungspunkte Hilfskreise um den Mittelpunkt zieht, erhält man in den Schnittpunkten der Kreise mit den 8 Halbmessern 8 Punkte der gesuchten Spirale, die zu einem Spiralengang miteinander zu verbinden sind. Für das Festlegen der übrigen inneren Spiralenpunkte ziehe die kleineren Hilfskreise mit einem gleichen Kreisabstand wie beim 1. Teil der Spiralengänge. Dann verbinde die Schnittpunkte der Hilfskreise mit den entsprechenden Radien.

Eine angenäherte Spirale, die in den meisten Fällen für die Praxis genügt, zeichnet man mit Hilfe eines gegebenen Quadrats, z. B. ABCD, dessen Seiten über A, B, C und D hinaus zu verlängern sind. Schlage nun nacheinander Viertelkreisbogen, und zwar mit AB als Radius um B vom Punkt C aus beginnend.

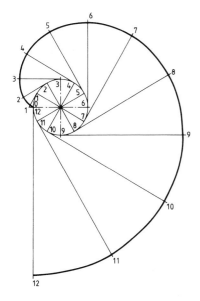

113.3 Evolvente

Evolvente (Abwicklungslinie)

Ein Punkt auf einer Geraden, die auf einem Kreis abrollt, beschreibt eine Evolvente.

Entsprechend beschreibt auch das freie Ende eines strammgezogenen Fadens, der von einem feststehendem Zylinder abgewickelt wird, eine Evolvente.

Zeichne mit dem gegebenen Radius z.B. 20 mm, einen Kreis und teile diesen in 12 gleiche Teile ein. Dann ziehe durch die Teilungspunkte Tangenten an den Kreis. Auf jeder Tangente trage die Strecke ab, die jeweils vom Anfangspunkt 0 (das ist der Schnittpunkt der waagerechten Mittellinie mit dem Kreis) bis zum zugehörigen Tangentenberührungspunkt mit dem Kreis reicht, z. B. von 0 bis 2 auf der Tangente, die den Kreis in 2 berührt. Durch die Verbindung der so gefundenen Punkte erhält man die Evolvente.

Geometrische Konstruktionen

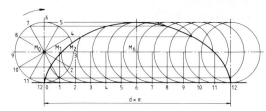

114.1 Zyklode

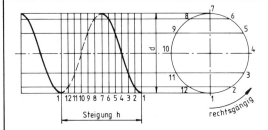

114.2 Rechtsgängige Schraubenlinie

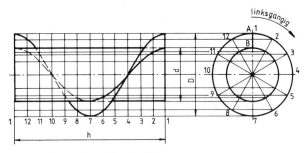

114.3 Linksgewundene Schraubenfläche

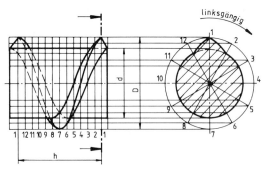

114.4 Scharfer links gewundener Schraubengang

Zykloide

Eine Zykloide wird von einem Punkt eines Kreises beschrieben, der auf einer Geraden abrollt.

Zeichne zunächst eine Gerade und bestimme auf ihr einen beliebigen Punkt 0. Dann zeichne einen beliebigen Kreis, der die Gerade im Punkt 0 berührt. Den Kreis teile in z. B. 12 gleiche Teile und trage diese Teile von 0 aus auf der Geraden ab. In den Teilungspunkten der Geraden errichte Senkrechte. Darauf ziehe Parallelen durch die Teilpunkte des Kreises zur Geraden. Um die Schnittpunkte der Senkrechten mit der Kreismittellinie schlage dann Hilfskreise mit dem gegebenen Radius. Dort, wo jeweils der entsprechende Hilfskreis, z. B. 3, die zugehörige Parallele, z. B. 9...3, in M_1 schneidet, findet man die Zykloidenpunkte, die dann zur Zykloidenkurve zu verbinden sind, 114.1.

Schraubenlinie

Eine Schraubenlinie, auch Wendel genannt, entsteht, wenn ein Punkt auf einem sich gleichmäßig drehenden Zylinder in Richtung der Drehachse mit konstanter Geschwindigkeit bewegt wird, z. B. die Drehstahlschneide beim Langdrehen.

Bei der Konstruktion teile den Kreisumfang und die Steigung einer Schraubenlinienwindung in die gleiche Anzahl Teile. Zeichne die Mantellinien und numeriere sie fortlaufend. Die Schnittpunkte gleichbenannter waagerechter und senkrechter Mantellinien ergeben Punkte der Schraubenlinie, 114.2.

Schraubenfläche

Eine Schraubenfläche entsteht, wenn eine Strecke, deren Verlängerung durch die Drehachse geht, längs eines sich gleichmäßig drehenden Zylinders verschoben wird.

Durch die Endpunkte der Strecke AB entstehen zwei Schraubenlinien, wie bei 114.3 beschrieben ist.

Schraubengang

Ein scharfer Schraubengang entsteht, wenn ein gleichschenkliges Dreieck längs eines sich gleichmäßig drehenden Zylinders bewegt wird, 114.4.

Übung

Zeichnen Sie auf A4-Blätter je eine der aufgeführten geometrischen Kurven in doppelter Größe.

2.2 Projektionszeichnen
Projektionsarten

115.1 Zentralprojektion   115.2 Allgemeine Parallelprojektion   115.3 Senkrechte Parallelprojektion

Mit Hilfe der Projektion (lateinisch projectio = Entwurf) lassen sich Punkte, Strecken, Flächen und Körper auf einer Ebene darstellen. Dabei bedient man sich der Zentralprojektion und der Parallelprojektion.

Bei der *Zentralprojektion* gehen Projektionsstrahlen durch einen festen Punkt A, berühren die Ecken und Kanten des Körpers, treffen dann auf die Projektionsebene und bilden dort den Gegenstand ab. Auch die Abbildungen in den Projektionsebenen werden Projektionen genannt. Der Punkt A kann mit dem Auge und die Projektionsstrahlen können mit den Sehstrahlen verglichen werden. Die Zentralprojektion liefert anschauliche, aber wenig maßgerechte Abbildungen, 115.1.

Bei der *allgemeinen Parallelprojektion* verlaufen die Projektionsstrahlen parallel zueinander und treffen schräg auf die Projektionsebene. Der Punkt A bzw. das Auge sind ins Unendliche gerückt. Diese Projektionsart wird auch schräge oder schiefe Parallelprojektion genannt und liefert sehr anschauliche Abbildungen, die aber nur eine gewisse Maßgenauigkeit aufweisen, 115.2. Sie wird auch bei der axonometrischen Projektion nach DIN 5 angewendet, mit der Maschinenteile und Rohrleitungsverläufe anschaulich dargestellt werden.

Bei der *senkrechten Parallelprojektion*, auch orthogonale oder rechtwinklige Parallelprojektion genannt, verlaufen die Projektionsstrahlen parallel zueinander und treffen senkrecht auf die Projektionsebene. Der Punkt A bzw. das Auge sind ins Unendliche gerückt. Diese Darstellung liefert weniger anschauliche, jedoch maßgerechte Abbildungen. Daher wird sie im technischen Zeichnen angewendet, 115.3.

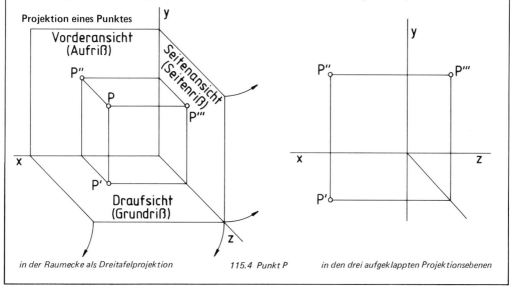

in der Raumecke als Dreitafelprojektion   115.4 Punkt P   in den drei aufgeklappten Projektionsebenen

Projektion von Strecken, Ermitteln der wahren Längen

Die Projektionen eines in der Raumecke liegenden Punktes P bezeichnet man im allgemeinen in der Ebene der
- Draufsicht (Grundriß, erste Projektionsebene) mit P' oder P_1
- Vorderansicht (Aufriß, zweite Projektionsebene) mit P'' oder P_2
- Seitenansicht (Seitenriß, dritte Projektionsebene) mit P''' oder P_3

Ein Punkt P im Raum wird eindeutig festgelegt durch zwei Projektionen, z. B. P' und P'' bzw. durch die entsprechenden senkrechten Entfernungen von zwei Projektionsebenen. Die dritte Projektion P''' bzw. die senkrechte Entfernung von der dritten Projektionsebene läßt sich konstruktiv bestimmen.

Projektion von Strecken

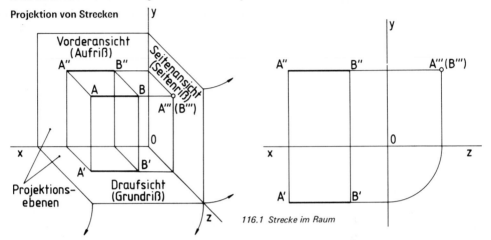

116.1 Strecke im Raum

Zwei Punkte A und B bestimmen im Raum eine Strecke.

Eine Kante bzw. Strecke erscheint nur in der Projektionsebene in wahrer Länge, zu der sie parallel verläuft. Eine zur Projektionsebene geneigte Strecke bildet sich stets verkürzt ab.

In 116.1 liegt die Strecke AB parallel zu den Projektionsebenen der Vorderansicht und Draufsicht und steht senkrecht auf der Ebene der Seitenansicht. Die Projektionen A'B' und A''B'' besitzen daher die wahre Länge der Strecke AB. In der Projektionsebene der Seitenansicht erscheint sie als Punkt A''', der eingeklammerte Punkt B''' ist verdeckt.

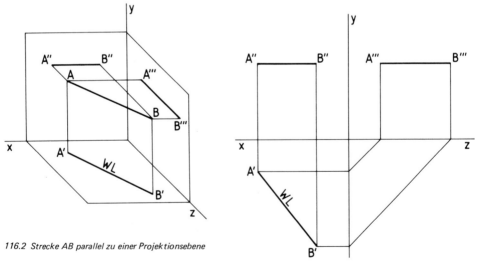

116.2 Strecke AB parallel zu einer Projektionsebene

In 116.2 liegt die Strecke AB nur zur Projektionsebene der Draufsicht parallel, daher erscheint sie hier als A'B' in wahrer Länge. Da AB zu der Projektionsebene der Vorderansicht als A''B'' und der Seitenansicht als A'''B''' schiefwinklig stehen, sind sie in diesen Ansichten beide verkürzt gezeichnet.

Projektion von Strecken, Ermitteln der wahren Längen

Bei der Projektion der Strecke AB in der Raumecke 116.2 bilden AB mit ihrer Projektion A″B″ und den Projektionsstrahlen AA″ und BB″ ein *Projektionstrapez*, das auf der Ebene der Vorderansicht senkrecht steht. Ein weiteres Trapez steht senkrecht auf der Ebene der Seitenansicht. Es wird entsprechend gebildet aus AB, A‴B‴, AA‴ und BB‴. Die Projektionstrapeze dienen bei Strecken, die zu keiner Projektionsebene parallel verlaufen, zum Ermitteln der wahren Länge, 117.1.

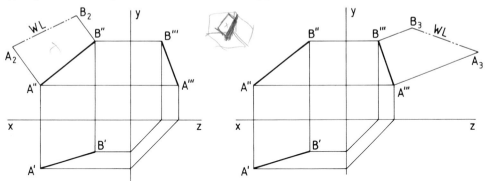

117.1 u. 2. Bestimmen der wahren Länge von Strecken

Bestimmen der wahren Längen von Strecken, die zu keiner Projektionsebene parallel liegen, durch Umklappen

Da in 117.1 die Strecke AB zu allen drei Projektionsebenen schräg liegt, erscheinen alle drei Projektionen verkürzt. In 117.1 ist ihre wahre Länge durch Umklappen des Projektionstrapezes A″B″ $B_2 A_2$ in die Ebene der Vorderansicht ermittelt. Dies geschieht durch Abgreifen der beiden parallelen Trapezseiten a und b aus der Draufsicht bzw. Seitenansicht, die an die Projektion A″B″ rechtwinklig angetragen werden. Die Verbindung ihrer Endpunkte A_2 und B_2 ergibt die wahre Länge der im Raum liegenden Strecke AB.

Die auf den Projektionsebenen der Draufsicht und Seitenansicht senkrecht stehenden Projektionstrapeze können auch entsprechend umgeklappt werden, 117.2.

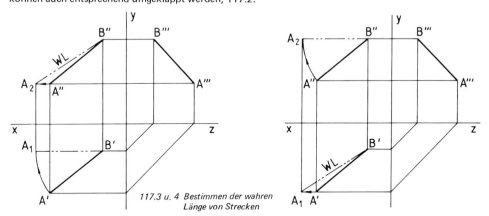

117.3 u. 4 Bestimmen der wahren Länge von Strecken

Bestimmen der wahren Länge von Strecken, die zu keiner Projektionsebene parallel liegen, durch Drehen

Die wahre Länge der Projektion, z. B. A″B″ in der Vorderansicht, entsteht, wenn man die Projektion A′B′ in der Draufsicht so weit um den festen Punkt B′ dreht, daß A′B′ parallel zur Projektionsachse x und damit auch parallel zur Projektionsebene der Vorderansicht zu liegen kommt. Der Endpunkt A_2 der wahren Länge in der Vorderansicht ergibt sich durch Projizieren der Senkrechten aus der Draufsicht von A_1 aus und durch Verlängern der Waagerechten A″A‴ über A″ hinaus. Die Verbindung $A_2 B″$ ist die gesuchte wahre Länge der im Raum liegenden Strecke AB. Die wahre Länge kann auch in der Draufsicht und Seitenansicht ermittelt werden, 117.4.

Bei der Konstruktion von Abwicklungen werden die wahren Längen der gesuchten Strecken durch Drehen oder Umklappen bestimmt, da die Abmessungen der Mantelflächen in den Ansichten in vielen Fällen verkürzt erscheinen.

Projektion von Flächen, wahre Größen

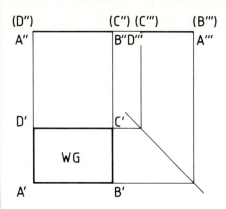

118.1 Fläche A B C D erscheint in der Draufsicht in wahrer Größe

Übungen im räumlichen Vorstellen

1. Fertigen Sie eine räumliche Ecke aus Karton an, wie in 116.1 dargestellt. Halten Sie entsprechend 116.2 einen Bleistift in die räumliche Ecke, und erkennen Sie die Projektionen in den drei Ansichten. Führen Sie die beim Bestimmen der wahren Lage erforderlichen Drehungen und Umklappungen aus, wie auf der Seite 117 beschrieben.

2. Ermitteln Sie zeichnerisch die wahre Länge der im Raum liegenden Strecke AB durch Klappen des Projektionstrapezes in eine Projektionsebene und auch durch Drehen parallel zu einer Projektionsebene.

Eine ebene Fläche bildet sich nur dort in wahrer Größe ab, wo sie parallel zur Projektionsebene liegt, z. B. 118.1.

Die Fläche A B C D liegt parallel zur Projektionsebene der Draufsicht und erscheint daher dort in wahrer Größe, 118.1.

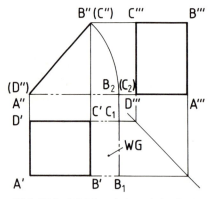

118.2 Fläche A B C D erscheint nach dem Drehen in der Draufsicht in wahrer Größe

Die Fläche A B C D steht senkrecht auf der Projektionsebene der Vorderansicht und liegt schräg zu den Projektionsebenen der Draufsicht und Seitenansicht. In diesen beiden Projektionsebenen erscheint sie verkürzt.

Die Fläche A B C D wird um die Seite A D parallel zur Projektionsebene der Draufsicht gedreht.

Dabei wandern die Punkte B'' und C'' auf einem Kreisbogen um AA'' bzw. DD'' nach BB_2 bzw. CC_2. $A B_1 C_1 D'$ ist die wahre Größe der Fläche A B C D.

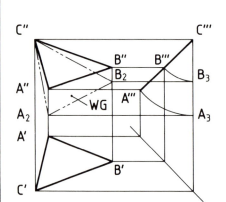

118.3 Fläche A B C erscheint nach dem Drehen in der Vorderansicht in wahrer Größe

Die Fläche A B C liegt zu keiner Projektionsebene parallel und erscheint daher in allen drei Ansichten verkürzt.

Die Fläche A B C, die auf der Projektionsebene der Seitenansicht senkrecht steht und dort als Strecke A B erscheint, wird z. B. um den Endpunkt C'' parallel zur Projektionsebene der Vorderansicht gedreht. Dabei wandern die Punkte A''' nach A_3 und B''' nach B_3 auf Kreisbögen sowie in der Vorderansicht die Endpunkte A'' nach A_2 und B'' nach B_2 auf Senkrechten.

Die strichpunktierte Dreieckfläche $A_2 B_2 C''$ ist die wahre Größe der Fläche A B C.

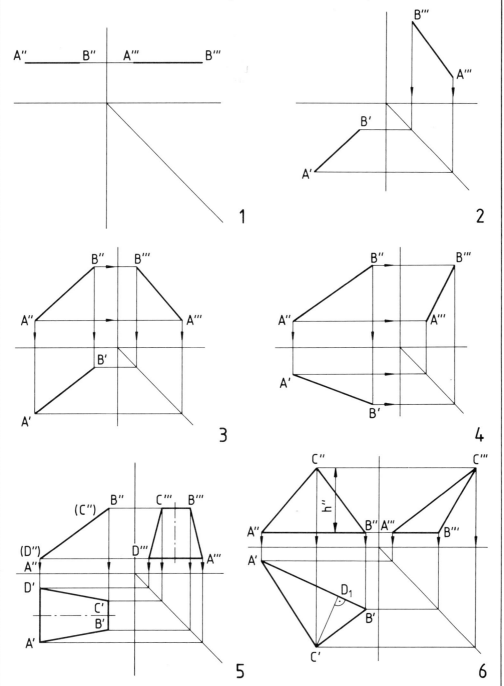

Konstruktion der Durchstoßpunkte von Geraden mit Flächen und Körpern

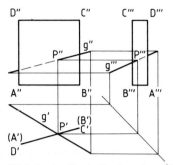

120.1 Durchstoßpunkt Gerade – ebene Fläche

Durchstoßpunkt einer Geraden mit einer ebenen Fläche

Die Fläche A B C D steht senkrecht auf der Projektionsebene der Draufsicht und liegt schräg zur Projektionsebene der Vorderansicht und Seitenansicht. Sie wird von einer schrägen Geraden g durchstoßen.

Der Durchstoßpunkt P′ in der Draufsicht wird in die Vorderansicht und Seitenansicht übertragen und ergibt dort die Durchstoßpunkte P″ bzw. P‴.

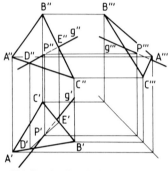

120.2 Durchstoßpunkt Gerade – ebene Fläche

Die Fläche ABC liegt zu allen drei Projektionsebenen schräg und wird von einer schrägen Geraden g durchstoßen.

In der Vorderansicht werden die scheinbaren Schnittpunkte D″ und E″ der Geraden g″ mit den Seiten A″C″ und B″C″ auf die entsprechenden Seiten des Dreiecks in der Draufsicht gelotet, wo sich die Punkte D′ und E′ ergeben. Die Verbindungslinie D″E″ schneidet die Gerade g′ im Durchstoßpunkt P′, der von hier in die Vorderansicht und Seitenansicht übertragen wird.

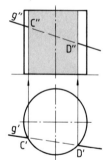

120.3 Durchstoßpunkte Gerade – Zylindermantelfläche

Durchstoßpunkte einer Geraden mit einer Zylindermantelfläche

Die Hilfsebene wird entlang der Geraden senkrecht zur Projektionsebene der Draufsicht gelegt. Aus der Draufsicht wird die Schnittgerade der Hilfsebene mit der Zylindermantelfläche in die Vorderansicht projiziert, wobei sich die gesuchten Durchstoßpunkte ergeben.

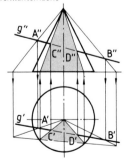

120.4 Durchstoßpunkte Gerade – Kegelmantelfläche

Durchstoßpunkte einer Geraden mit einer Kegelmantelfläche

Beim Kegel legt man die Hilfsebene zweckmäßigerweise durch die Kegelspitze (Scheitelebene) und durch die Gerade g. Dabei ergeben sich die Schnittgeraden der Hilfsebene mit der Kegelmantelfläche als Mantellinien. Die Schnittgerade der Hilfsebene mit der Projektionsebene der Draufsicht wird mit Hilfe zweier Punkte A und B auf der Geraden g konstruiert. Diese bestimmt die Mantellinien, welche die Schnittfläche der Hilfsebene begrenzen. Auf ihnen liegen die gesuchten Durchstoßpunkte.

Konstruktion der Durchdringung von ebenen Flächen

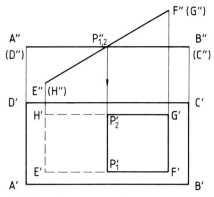

121.1 Durchdringung zweier Rechteckflächen

Ebene Flächen schneiden sich in Geraden bzw. Strecken.

Die Fläche A B C D liegt parallel zur Projektionsebene der Draufsicht und senkrecht zur Projektionsebene der Vorderansicht. Die Fläche E F G H steht senkrecht auf der Projektionsebene der Vorderansicht und schräg auf der Projektionsebene der Draufsicht, 121.1.

Die Schnittgerade $P_1 P_2$, die in der Vorderansicht als Punkt $P''_{1,2}$ erscheint, ergibt in die Draufsicht gelotet, die Schnittgerade $P'_1 P'_2$.

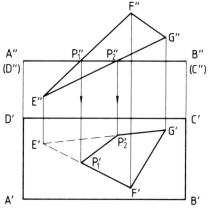

121.2 Durchdringung einer Rechteck- und einer Dreieckfläche

Die Fläche A B C D steht senkrecht zur Ebene der Vorderansicht und parallel zur Ebene der Draufsicht, 121.2. Die Dreieckfläche E F G liegt schräg zur Projektionsebene der Vorderansicht und Draufsicht.

Die Schnittpunkte P_1 und P_2 der beiden Dreiecksseiten mit der als Strecke erscheinenden Fläche A B C D werden aus der Vorderansicht auf die entsprechenden Dreiecksseiten in der Draufsicht gelotet. Die Verbindung der Punkte P'_1 und P'_2 ergibt in der Draufsicht die Durchdringungsgerade der Dreieckfläche mit der Viereckfläche.

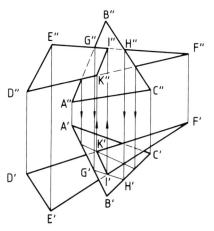

121.3 Durchdringung zweier Dreieckflächen

Die beiden Dreieckflächen A B C und E F G liegen schräg zu den Projektionsebenen der Vorderansicht und Draufsicht, 121.3.

Die Endpunkte der Durchdringungsgeraden beider Dreieckflächen werden als Durchstoßpunkte zweier Dreiecksseiten mit der Fläche des anderen Dreiecks bestimmt, siehe 121.2.

Der Durchstoßpunkt I' ergibt sich in der Draufsicht, indem man in der Vorderansicht die scheinbaren Schnittpunkte der Seite E''F'' mit den Dreiecksseiten A''B'' und B''C'' auf die entsprechenden Seiten der Draufsicht lotet. Die so erhaltene Verbindungslinie G' H' schneidet die Dreieckseite E' F' im Durchstoßpunkt I'. Der andere Durchstoßpunkt K' der Dreieckseite D' F' mit der anderen Dreieckfläche ergibt sich entsprechend.

Test und Übungen: Konstruktion der Durchstoßpunkte von Geraden mit Flächen und Körpern

Zeichnen Sie im M 2 : 1 die Durchstoßpunkte von Geraden durch Flächen 1 u. 2, von Flächen durch Flächen 3 u. 4 sowie von Geraden durch Körpermantelflächen 5 u. 6.

Projektion prismatischer Werkstücke durch Kippen und Drehen

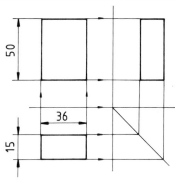

Darstellen eines zu allen drei Projektionsebenen geneigten Körpers durch Kippen und Drehen

Den Körper kippt man zunächst parallel zu einer Ebene, z. B. um 45° parallel zur Projektionsebene der Vorderansicht.

Die Drehung erfolgt anschließend um einen bestimmten Winkel gegenüber der parallelen Projektionsebene, z. B. um 45° zur Projektionsebene der Vorderansicht. Dabei wird die betreffende Projektion des gekippten Körpers, im Beispiel die Draufsicht, nur unter einem anderen Winkel zur Projektionsachse aufgezeichnet. Die beiden übrigen Projektionen in der Vorderansicht und Seitenansicht bestimmt man durch Projizieren aus der gekippten und gedrehten Projektion.

123.1 Körper steht senkrecht zu allen drei Projektionsebenen

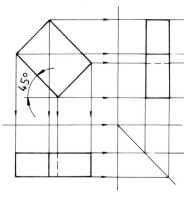
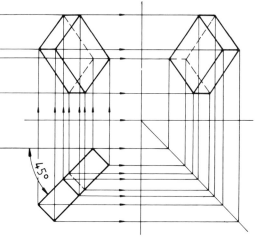

123.2 u. 4 Körper in der V gekippt

123.3 u. 5 Körper in der V gekippt und in der D gedreht

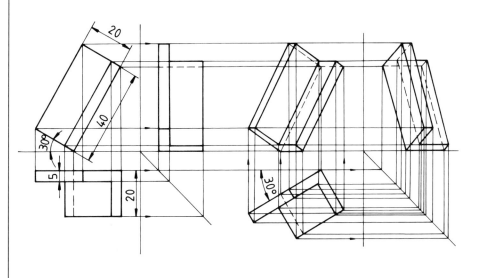

Projektion von Werkstücken durch Kippen und Drehen

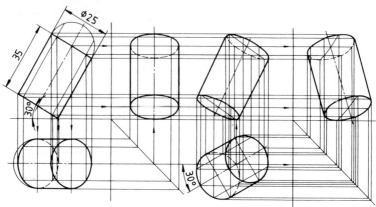

124.1 Zylinder aus der senkrechten Stellung parallel zur Projektionsebene der Vorderansicht um 30° gekippt

124.2 Gekippter Zylinder um 30° zur Projektionsebene der Vorderansicht gedreht

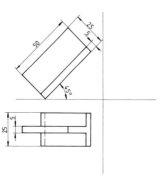

124.3 T-Stahl geneigt zu 2 Projektionsebenen

124.4 T-Stahl geneigt zu 3 Projektionsebenen

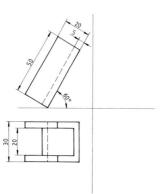

124.5 ⊏-Stahl geneigt zu 2 Projektionsebenen

124.6 ⊏-Stahl geneigt zu 3 Projektionsebenen

Übung Zeichnen Sie in den drei Ansichten im M 1 : 1 auf je ein A4-Blatt in Querlage den T-Stahl geneigt zu zwei Projektionsebenen und zu drei Projektionsebenen, den ⊏-Stahl geneigt zu zwei Projektionsebenen und zu drei Projektionsebenen, wahlweise einen zylindrischen, kegeligen oder pyramidenförmigen Körper geneigt zu zwei und drei Projektionsebenen.

2.3 Konstruktion von Schnitten an Grundkörpern mit Abwicklungen

Normalschnitte an Grundkörpern

Bei Normalschnitten an Grundkörpern verlaufen die Schnittebenen entweder senkrecht zu zwei Projektionsebenen, Bild 125.1 ... 4 oder senkrecht zu einer Projektionsebene und zu einer anderen geneigt, Bild 125.5 ... 8. Diese verändern die Körper je nach ihrer Grundform und der Lage der Schnittebenen.

Normalschnitte parallel oder geneigt zur Grundfläche verändern bei prismatischen und zylindrischen Körpern die Draufsicht nicht. Normalschnitte an Pyramiden, Kegeln und Kugeln, die parallel zur Grundfläche verlaufen, verändern die Draufsicht, während Schnittebenen, die geneigt zur Grundfläche liegen, die Draufsicht und Seitenansicht verändern.

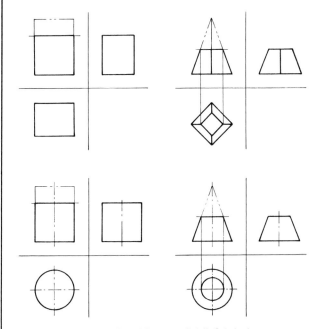

125.1 ... 4 Schnitte an Grundkörpern, wobei die Schnittebenen senkrecht zu zwei Projektionsebenen stehen

Schiefe Schnitte an Grundkörpern

Schief im Raum liegende Schnittebenen, die zu keiner Projektionsebene senkrecht stehen, verändern je nach Form des geschnittenen Grundkörpers zwei oder alle drei Ansichten. Diese Schnittebenen können durch ihre Spuren e_1 und e_2 oder durch Projektionen der Endpunkte der Schnittfläche gegeben sein. Die Konstruktion dieser Punkte erfolgt entweder mit Hilfe von Höhenlinien oder mit Hilfe von Frontlinien.

Siehe Technisches Zeichnen – Grundlagen, Normen, Beispiele, Darstellende Geometrie.

Projektionslinien werden als schmale Vollinien nach DIN 15–B gezeichnet.

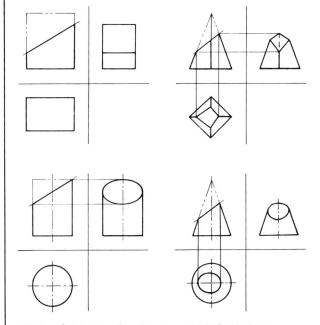

125.5 ... 8 Schnitte an Grundkörpern, wobei die Schnittebenen senkrecht zu einer Projektionsebene und geneigt zu einer anderen stehen

Schnitte an pyramidenförmigen Werkstücken mit Abwicklungen

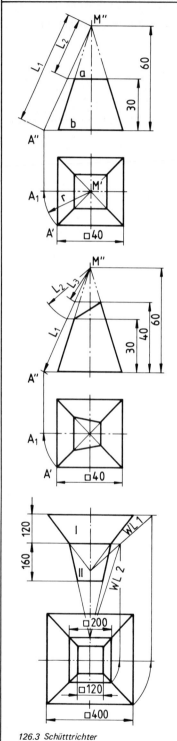

126.3 Schütttrichter

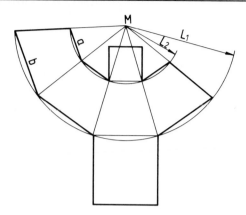

126.1 Geradgeschnittene Pyramide mit Abwicklung

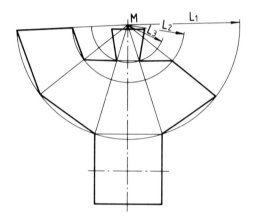

126.2 Schräggeschnittene Pyramide mit Abwicklung

Die Seitenkanten pyramidenförmiger Werkstücke erscheinen in keiner Ansicht in wahrer Länge, sondern verkürzt, z. B. 126.1.

Daher müssen für die Abwicklung die wahren Längen der Seitenkanten durch Drehen der Seitenkante A'M' in der Draufsicht in die waagerechte Lage A_1M' bestimmt werden. In der Vorderansicht ergeben die Verbindungen A''M'' die wahren Kantenlängen L_1 und L_2.

Bei der Konstruktion der Abwicklung in 126.1 sind auf den Kreisbögen mit L_1 und L_2 als Radien die entsprechenden Kantenlängen a und b jeweils viermal abzutragen und die Teilpunkte miteinander und mit dem Punkt M zu verbinden sowie Grund- und Deckfläche in die Abwicklung einzuzeichnen.

Übung

Zeichnen Sie den Schütttrichter 126.3 im M 1 : 10 in der V und D mit Bemaßung und die Abwicklung der Teile I und II, die durch Schweißen zu verbinden sind.

Hier und auf den folgenden Seiten ist bei einfachen Abwicklungen die Lage der Schweißnaht nicht angegeben.

Schnitte an zylindrischen Werkstücken mit Abwicklungen

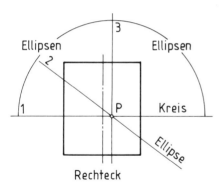

127.1 *Lage der Schnittebene am Zylinder*

Je nach Lage der Schnittebene am Zylinder ergeben sich:
  Kreise (1),
  Ellipsen (2) oder
  Rechtecke (3).

Konstruktion von Schnittkurven nach dem Hilfsschnittverfahren (Hilfsebenenverfahren)

Wird ein Grundkörper durch Hilfsschnitte bzw. Hilfsebenen geschnitten, so entstehen Hilfsschnittflächen. Ihre Umrißlinien heißen Schnittkurven, und zwar bei kantigen Körpern und ebenen Flächen geradlinige, bei Drehkörpern krummlinige. Die Punkte der Schnittkurve erhält man beim Legen von Hilfsschnitten durch den Körper. Die Kurvenpunkte der Schnittfläche liegen dort, wo sich die Umrißlinien der Körperschnittfläche mit der Hilfsschnittfläche schneiden.

Bei der Konstruktion der Körperschnittkurve legt man die Hilfsschnitte in die Ansicht, in der die Schnittfläche als Strecke erscheint. Die Punkte für die zu zeichnende Schnittkurve werden durch Projizieren in die beiden anderen Ansichten gefunden.

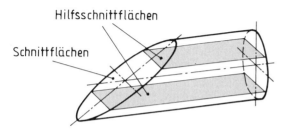

127.2 *Schräggeschnittener Zylinder mit Hilfsschnittflächen*

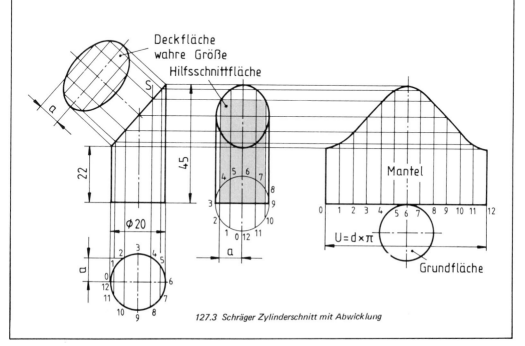

127.3 *Schräger Zylinderschnitt mit Abwicklung*

Test und Übungen: Zylinderschnitte und Abwicklungen

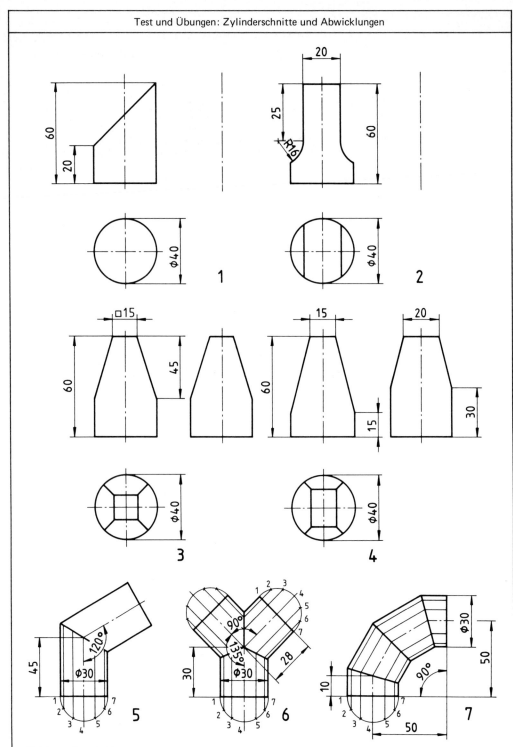

Zeichnen Sie die Werkstücke 1...4 im M 1 : 1 in drei Ansichten mit Bemaßung und die Teile 5...7 im M 1 : 1 in der V mit Bemaßung und der Abwicklung.

Schnitte an kegelförmigen Werkstücken und Abwicklungen

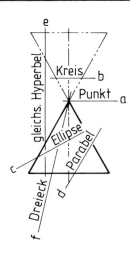

Je nach Lage der Schnittebene an einem Kegel entstehen die folgenden Kegelschnitte:

a) Schnitt rechtwinklig zur Achse durch die Kegelspitze: Punkt
b) senkrecht zur Achse in beliebiger Höhe: Kreis
c) schräg zur Achse: Ellipse
d) parallel zu einer Mantellinie: Parabel
e) parallel oder schiefwinklig zur Hauptachse durch beide Kegel: Hyperbel
f) durch die Kegelspitze: Dreieck

129.1 Lage der Schnittebene am Kegel

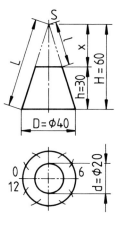
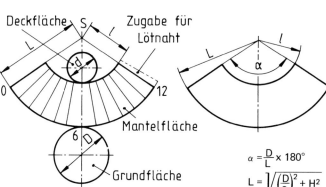
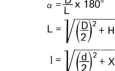

$$\alpha = \frac{D}{L} \times 180°$$

$$L = \sqrt{\left(\frac{D}{2}\right)^2 + H^2}$$

$$l = \sqrt{\left(\frac{d}{2}\right)^2 + X^2}$$

129.2 Abgestumpfter Kegel mit Abwicklung

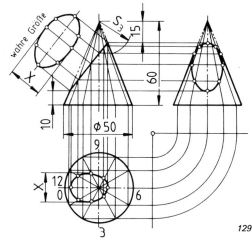
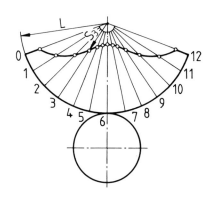

129.3 Kegel mit Ellipsenschnitt und Abwicklung

Schnitte an kegelförmigen und kugelförmigen Werkstücken

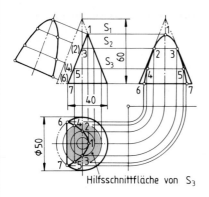

130.1 Kegel mit Parabelschnitt

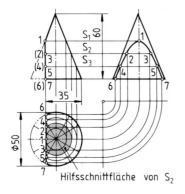

130.2 Kegel mit Hyperbelschnitt

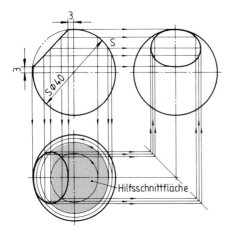

130.3 Kugelschnitt

Kegel mit Ellipsenschnitt und Abwicklung

Hilfsschnitte werden so durch die Kegelachse gelegt, daß sie den Kegel in der Vorderansicht in Mantellinien schneiden und in der Draufsicht als Durchmesser des Kegelgrundkreises erscheinen. Die Hilfsschnitte sind dabei so zu führen, daß der Kegelgrundkreis in eine Anzahl gleicher Teile geteilt wird, z. B. 12 Teile, 129.3 (Mantellinienverfahren).

Die Schnittpunkte der Mantellinien mit der Schnittgeraden in der Vorderansicht werden auf die entsprechenden Hilfsdurchmesser der Draufsicht gelotet und ergeben dort Schnittkurvenpunkte. Die Schnittkurve in der Seitenansicht ist die Verbindungslinie der Schnittpunkte von waagerechten Parallelen aus der Vorderansicht mit den zugehörigen Mantellinien der Seitenansicht.

Die Abwicklung des Kegels beginnt mit der Darstellung des Kreisausschnittes vom Radius L = Mantellänge und der Bogenlänge d · π des Kegelgrundkreises. Die Bogenlänge wird in eine Anzahl gleicher Teile geteilt. Durch die Teilungspunkte des Kreisbogens sind jetzt Mittelpunktstrahlen (Mantelteilungslinien) zu legen. Ihre zugehörigen Längen findet man in der Vorderansicht auf den äußeren Mantellinien, indem durch den Schnittpunkt der Schnittgeraden mit der entsprechenden Mantellinie eine Waagerechte gelegt wird. Der Abstand von der Kegelspitze bis zum Schnittpunkt der Waagerechten ist dann die gesuchte Länge. Die wahre Größe der Schnittfläche ergibt sich durch Umklappen in die Zeichenebene. In den Teilungspunkten werden Senkrechte zur Schnittgeraden errichtet und auf diesen beiderseits einer Mittellinie die zugehörigen, aus der Draufsicht entnommenen Mittenabstände abgetragen, z. B. x.

In 130.1 und 2 werden die Hilfsschnitte so gelegt, daß sie in der Vorderansicht als Durchmesser und in der Draufsicht als Kreisabschnitte erscheinen. Die Schnittpunkte der Haupt- und Schnittflächen sind Punkte der gesuchten Schnittkurve.

Übung

Konstruieren Sie im M 1 : 1 auf einem A4-Blatt je einen Ellipsen-, Parabel- und gleichseitigen Hyperbelschnitt an einem geraden Kegel mit D = ϕ 30 und H = 40 in V, D und S mit Abwicklung.

Bei der Konstruktion der Schnittkurve an der Kugel 130.3 werden in der Vorderansicht Hilfsschnitte gelegt, die in der Draufsicht kreisförmige Hilfsschnittflächen bei der Kugel und eine Schnittgerade mit der Hauptschnittfläche ergeben. Die Schnittpunkte dieser Schnittgeraden mit dem Umfang der Hilfsschnittfläche ergibt in der Draufsicht Punkte der gesuchten Schnittkurve, die von der Vorderansicht und der Draufsicht in die Seitenansicht projiziert werden.

Kugelabwicklungen und Schnitte an Drehkörpern

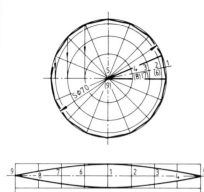

Da die Oberfläche einer Kugel allseitig gekrümmt ist, kann eine Abwicklung nur annähernd genau mit Hilfe von Radialschnitten oder parallelen Scheibenschnitten erfolgen. Je mehr Schnitte gelegt werden, desto genauer wird die Abwicklung.

Kugelabwicklung durch Radialschnitte

Bei der Kugelabwicklung 131.1 teilt man den Kreis in beliebig viele gleiche Teile, z. B. 16, verbindet die entsprechenden Teilungspunkte durch Geraden, welche durch den Mittelpunkt gehen. Von diesen Kreisteilungspunkten sind Lote auf die waagerechte Mittellinie zu fällen. Mit den Abständen dieser neuen Schnittpunkte vom Mittelpunkt als Radien werden um den Mittelpunkt Hilfskreise geschlagen. Die Senkrechten von den Schnittpunkten zu den gegenüberliegenden Schnittpunkten dieser Hilfskreise mit den Kreisdurchmessern trägt man in acht gleichen Abständen auf einer Geraden ab, die gleich der Hälfte des Kugelumfanges ist. Die Verbindung der einzelnen Endpunkte ergibt die Form und Größe eines der 16 gleichen Teile des Kugelmantels, die auch sphärische Zweiecke genannt werden.

131.1 Kugelabwicklung

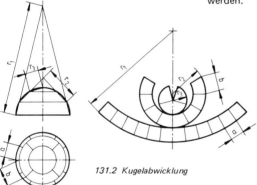

131.2 Kugelabwicklung

Kugelabwicklung durch parallele Scheibenschnitte

Durch parallele Schnitte wird die Kugel 131.2 in z. B. drei Scheiben zerlegt und deren Oberfläche als Mantel eines Kugelstumpfes abgewickelt. Für jede Kugelscheibe wird ein entsprechender Kegel ermittelt, dessen Seitenlängen r_1, r_2, r_3 der Abwicklung der Kegelstümpfe zugrunde gelegt wird. Je größer die Anzahl der Kugelscheiben, desto genauer ist die Kugelabwicklung.

Schnitte an Drehkörpern

Wird ein Drehkörper, z. B. ein Stangenende, parallel zur Drehachse geschnitten, so erfolgt die Konstruktion der Schnittkurve durch Hilfsschnitte, die senkrecht zur Drehachse liegen. Der Hilfsschnitt ergibt in der Vorderansicht einen Durchmesser d, zu dem in der Draufsicht der entsprechende Hilfskreis gezeichnet wird. Die Punkte, in denen der Hilfskreis die Hauptschnittebene schneidet, werden in der Vorderansicht auf die Gerade, welche die Hilfsschnittebene darstellt, übertragen. Diese Schnittpunkte sind Kurvenpunkte. Der höchste Punkt der Schnittkurve wird durch Übertragen aus der Seitenansicht von links ermittelt.

Ist der Durchmesser des Bolzens gleich der Breite des Fußes, so weist die Schnittkurve eine Spitze auf.

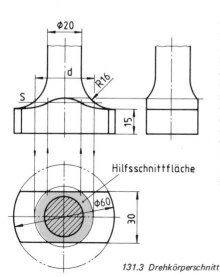

131.3 Drehkörperschnitt

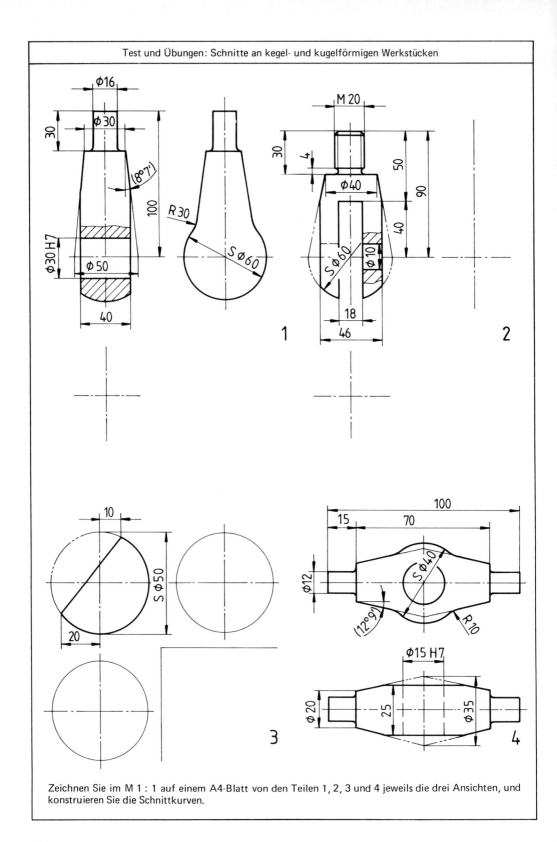

Abwicklung einer Entlüftungshaube (Lösungsfolge)

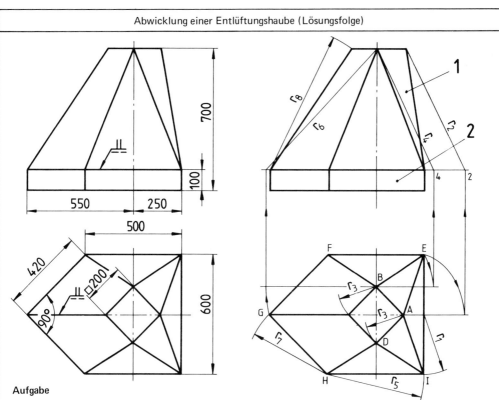

Aufgabe
Zeichnen Sie im M 1 : 10 die Entlüftungshaube in der V und D sowie die Abwicklung. Die Konstruktion ist deutlich zu kennzeichnen. Die Blechdicke bleibt unberücksichtigt.

Lösungsfolge
1. Erkennen der Gesamtkörperform aus dem Unterteil 2 (= Rechteckbleche) und dem Oberteil 1 (= 5 Dreiecksflächen und 2 angenäherten Trapezflächen). Die schräg liegenden Körperkanten erscheinen in beiden Ansichten verkürzt.
2. Ermitteln der wahren Längen der verkürzt erscheinenden Körperkanten aus der D und Projektion in die V.
3. Aufzeichnen der Abwicklung des Oberteils 1 sowie des Unterteils 2, ausgehend von der Mittellinie mit den Radien $r_1 \ldots r_8$.

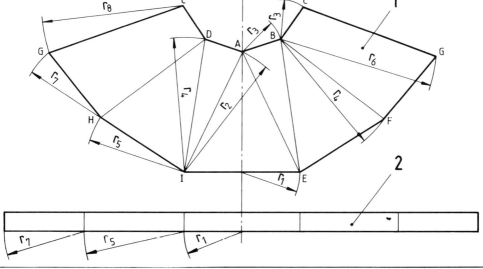

Abwicklung von Übergangskörpern nach dem Dreieckverfahren

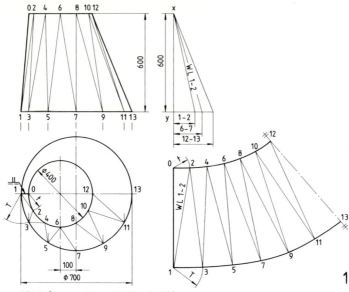

134.1 Übergangskörper φ 400 auf φ 700

Nach dem Dreieckverfahren lassen sich selbst schwierige Körperformen abwickeln. Die abzuwickelnde Fläche wird dabei in einzelne schmale Dreiecke zerlegt, deren wahre Seitenlängen in einer getrennten Zeichnung ermittelt werden. Die Abwicklung ergibt sich dann durch das Aneinanderreihen der Dreiecke in wahrer Größe.

Man teilt in der Draufsicht die beiden Kreise des Übergangskörpers in je gleiche Teile, z. B. 12, und lotet die entsprechenden Teilungspunkte in die Vorderansicht, 134.1. In beiden Ansichten entsteht durch wechselseitiges Verbinden der Teilungspunkte des großen und kleinen Kreises die Zickzacklinie 0–1–2–3 usw. Zum Bestimmen der wahren Länge der Verbindungsstrecken wird neben der Vorderansicht ein rechter Winkel gezeichnet und auf dem senkrechten Schenkel die Höhe X Y des Übergangskörpers abgetragen. Dann sind auf dem waagerechten Schenkel vom Punkte y aus die aus der Draufsicht entnommenen Verbindungsstrecken, z. B. 1–2, 6–7, 12–13 usw., abzutragen, die dort verkürzt erscheinen. Die Verbindungslinien der so erhaltenen Endpunkte mit dem Punkte X sind die wahren Längen der einzelnen Dreiecksseiten.

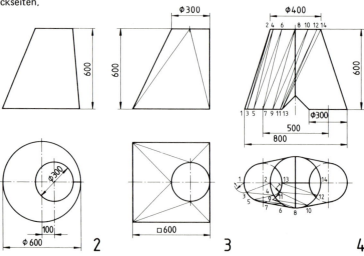

Übung

Zeichnen Sie im M 1 : 10 wahlweise von Teil 2, 3 oder 4 die V und D, und konstruieren Sie die Abwicklung.

2.4 Durchdringungen von Grundkörpern mit Abwicklungen
Durchdringungen und Abwicklungen prismatischer Körper

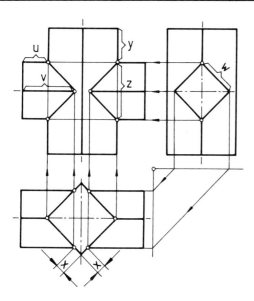

135.1 Rechtwinklige Durchdringung zweier Prismen

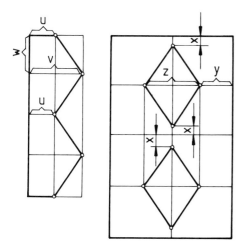

135.2 u. 3 Abwicklung der rechtwinkligen Durchdringung zweier Prismen nach dem Kantenverfahren

Durchdringungen und Abwicklungen

Durchdringen sich Körper mit ebenen Flächen, so entstehen als Durchdringungsfiguren gerade Linien, wenn aber ein oder beide Körper gekrümmte Flächen haben, dann entstehen Kurven.

Bei Körperdurchdringungen legt man zweckmäßigerweise nur Hilfsebenen bzw. Hilfsschnitte, die die Körper möglichst in geradlinig begrenzten Flächen oder Kreisflächen schneiden. Ist das nicht möglich, so müßten die entstehenden Schnittkurven wie Ellipse, Parabel oder Hyperbel besonders konstruiert werden.

Die Konstruktionen von Körperdurchdringungen lassen sich im allgemeinen auf folgende Grundkonstruktionen zurückführen: eine Kante oder Mantellinie durchstößt die ebene oder gekrümmte Fläche eines Körpers.

Durchdringungen und Abwicklungen von Prismen nach dem Kantenverfahren

Durchdringen sich ebene Körper, so entstehen an den zusammenstoßenden Oberflächen gerade Durchdringungslinien. Die Durchstoßpunkte von Körperkanten mit Körperflächen sind Endpunkte der Durchdringungsgeraden.

Es werden zunächst die Ansichten, in denen die Durchdringungsgeraden mit den Körperkanten zusammenfallen, z. B. in 135.1 die Draufsicht und die Seitenansicht, gezeichnet. Dann ermittelt man die senkrechten Kanten der Vorderansicht aus der Draufsicht und die waagerechten aus der Seitenansicht. Danach sind die Durchstoßpunkte aus der Draufsicht in die Vorderansicht zu projizieren. Die Verbindung dieser Durchstoßpunkte ergibt die Durchdringungsgeraden.

Die Mantelabwicklung des Durchdringungsprismas ist mit den Maßen u, v, w nach 135.2 zu zeichnen. Bei der Mantelabwicklung des senkrechten Prismas 135.3 werden die Maße x, y und z für die Eckpunkte der Mantelausschnitte aus der Vorderansicht und Draufsicht nach 135.1 entnommen.

Durchdringungen und Abwicklungen von prismatischen Körpern

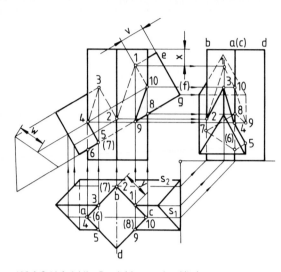

136.1 zeigt die Durchdringung einer Vierkant- und Dreikantsäule, deren Körperachsen schiefwinklig zueinander liegen. Der besseren Übersicht wegen tragen die Durchstoßpunkte Ziffern und die Körperkanten Buchstaben. Die Durchstoßpunkte 1, 3, 5, 6, 7, 8 und 9 findet man aus der Draufsicht. Da die anderen Durchstoßpunkte 2, 4 und 10 aus keiner der Ansichten zu bestimmen sind, werden Hilfsschnitte gelegt, und zwar für 4 und 10 ein Schnitt S_1 parallel zur Projektionsebene der Vorderansicht durch a–c. Dieser Hilfsschnitt erscheint in der Draufsicht als Gerade und wird von hier in die Vorderansicht projiziert. Dort, wo sich die Umrißlinien der Hilfsschnittfläche beider Körper treffen, liegen die Durchstoßpunkte 4 und 10. Den Durchstoßpunkt 2 findet man mit Hilfe eines durch b gelegten Hilfsschnittes S_2. Aus der Vorderansicht und Draufsicht werden die Durchstoßpunkte in die Seitenansicht übertragen.

136.1 Schiefwinklige Durchdringung eines Vierkant- mit einem Dreikantprisma

Beim Festlegen der Ausschnitte der Mantelabwicklungen ermittelt man die Lage der Durchstoßpunkte jeweils aus der Ansicht, in der die hierfür erforderlichen Längen und Breitenmaße in wahrer Größe abzugreifen sind. So greift man für die Ausschnitte der Mantelabwicklung des stehenden Vierkantprismas zum Bestimmen des linken Mantelausschnittes die Abstände der Punkte 7, 2, 6, 4, 5 und 3 von den Bezugskanten a und b bis zu den entsprechenden Durchstoßpunkten in der Draufsicht, die zugehörigen Höhen in der Vorderansicht a und b und überträgt sie in die Mantelabwicklung.

In gleicher Weise werden die Punkte 7, 2, 8, 10 und 9 gefunden. Punkt 1 kann mit Hilfe der Abstände y aus der Draufsicht und x aus der Vorderansicht bestimmt werden.

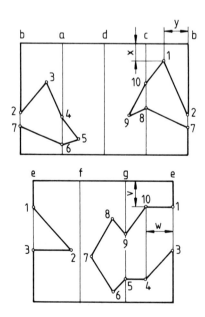

136.2 u. 3 Abwicklungen der schiefwinkligen Durchdringung eines Vierkant- mit einem Dreikantprisma

Durchdringungen und Abwicklungen von Pyramiden

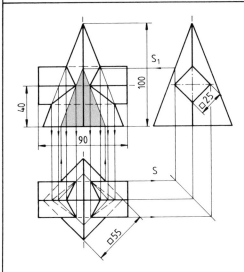

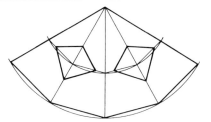

137.1 Rechtwinklige Durchdringung einer Pyramide mit einer Quadratsäule und Mantelabwicklung

Zur Bestimmung der weitesten Durchstoßpunkte wird der Hilfsschnitt S_1 parallel zur Projektionsebene der Vorderansicht durch die entsprechende Kante der Quadratsäule gelegt. Dieser Hilfsschnitt schneidet die Pyramide in einer Dreieckfläche mit deren Seiten sich diese Punkte ergeben.

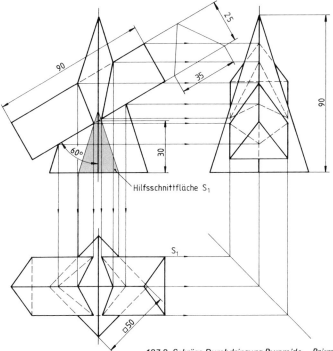

137.2 Schräge Durchdringung Pyramide – Prisma

Die Durchstoßpunkte der Kanten des Dreikantprismas durch die Pyramidenflächen, die sich nicht aus den Ansichten erkennen lassen, werden durch einen Hilfsschnitt S_1 parallel zur Projektionsebene der Vorderansicht ermittelt. Dort, wo sich in der Vorderansicht die Umrißlinien der Hilfsschnittfläche S_1 mit der Prismenkante schneiden, liegen die gesuchten Durchstoßpunkte. Diese werden in die Draufsicht und Seitenansicht übertragen.

Alle übrigen Durchstoßpunkte können der Vorderansicht entnommen werden.

Test und Übungen: Durchdringungen und Abwicklungen von Grundkörpern

Konstruieren Sie im M 1 : 1 die rechtwinkligen und schiefwinkligen Prismen und Pyramidendurchdringungen 1 ... 6 (zur Auswahl) in drei Ansichten und die Mantelabwicklungen der Durchdringungskörper.

Durchdringungen und Abwicklungen von Zylindern

Konstruktion von Durchdringungskurven nach dem Hilfsschnittverfahren (Hilfsebenenverfahren)

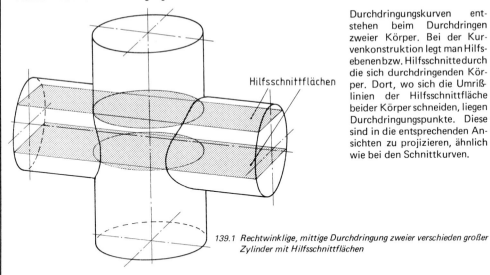

Durchdringungskurven entstehen beim Durchdringen zweier Körper. Bei der Kurvenkonstruktion legt man Hilfsebenen bzw. Hilfsschnitte durch die sich durchdringenden Körper. Dort, wo sich die Umrißlinien der Hilfsschnittfläche beider Körper schneiden, liegen Durchdringungspunkte. Diese sind in die entsprechenden Ansichten zu projizieren, ähnlich wie bei den Schnittkurven.

139.1 *Rechtwinklige, mittige Durchdringung zweier verschieden großer Zylinder mit Hilfsschnittflächen*

Typische rechtwinklige Zylinderdurchdringungen

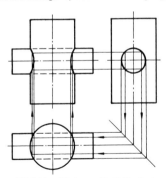

139.2 *Verschieden große Vollzylinder ergeben Kurven*

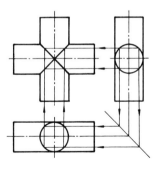

139.3 *Zwei gleich große Vollzylinder ergeben ein Diagonalkreuz*

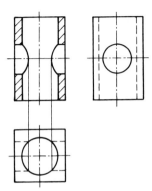

139.4 *Zwei Bohrungen mit verschiedenem Durchmesser ergeben Kurven*

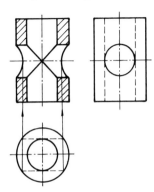

139.5 *Zwei Bohrungen mit gleichem Durchmesser ergeben ein Diagonalkreuz*

Durchdringungen und Abwicklungen von Zylindern

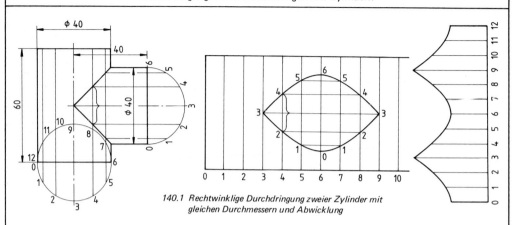

140.1 Rechtwinklige Durchdringung zweier Zylinder mit gleichen Durchmessern und Abwicklung

Zylinderdurchdringungen nach dem Mantellinienverfahren

Die Durchdringungskurven zweier Zylinder gleicher Durchmesser, deren Achsen sich rechtwinklig schneiden, erscheinen als Geraden. Bei der Abwicklung werden die Höhen der Mantellinien aus der Vorderansicht entnommen, 140.1.

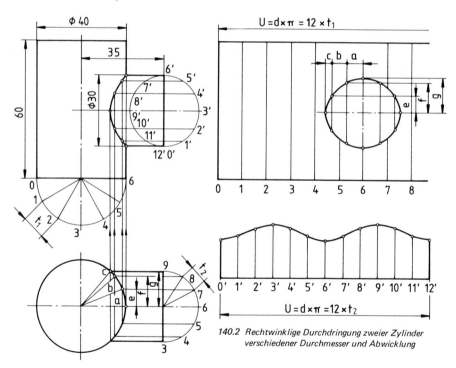

140.2 Rechtwinklige Durchdringung zweier Zylinder verschiedener Durchmesser und Abwicklung

140.2 zeigt die Durchdringung zweier Zylinder verschiedener Durchmesser. Der Umfang des kleinen Zylinders wird in z. B. 12 gleiche Teile geteilt, die zugehörigen Mantellinien werden in beiden Ansichten eingezeichnet. Die Punkte der Durchdringungskurve werden als Durchstoßpunkte der Mantellinien des kleinen mit der Fläche des großen Zylinders ermittelt. Dabei denkt man sich Hilfsschnittebenen durch die Mantellinien senkrecht zur Projektionsebene der Draufsicht gelegt. Die Schnittpunkte der Mantellinien des kleinen Zylinders mit der als Kreis erscheinenden Fläche des großen Zylinders werden aus der Draufsicht auf die zugehörigen Mantellinien der Vorderansicht projiziert. Die Verbindung der so gefundenen Punkte ergibt die Durchdringungskurve.

Konstruktion von Durchdringungskurven nach dem Hilfskugelverfahren

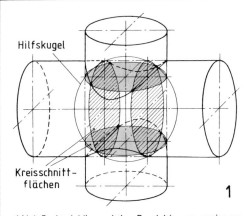

Mit Hilfskugeln kann man Punkte von Durchdringungskurven an *Drehkörpern* bestimmen, wenn sich ihre Achsen schneiden und in der gleichen Ebene liegen. Zur Konstruktion von Punkten der Durchdringungskurve legt man Hilfskugeln um den Schnittpunkt der Körperachsen. Die Hilfskugeloberflächen schneiden die Oberflächen der Durchdringungskörper in Kreisen. Diese stehen stets senkrecht auf den entsprechenden Körperachsen. Die Schnittpunkte einander zugehöriger Kugelkreise sind Punkte der Durchdringungskurve. Bei der Konstruktion in einer Ansicht bilden sich die Kugelkreise als Strecke ab.

Der weiteste Grenzpunkt einer Durchdringungskurve wird durch die Hilfskugel bestimmt, die den Drehkörper mit dem größeren Durchmesser berührt.

141.1 Rechtwinklige, mittige Durchdringung zweier verschieden großer Zylinder mit Hilfskugel und Kugelkreisen

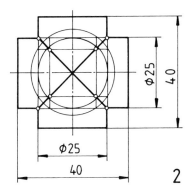
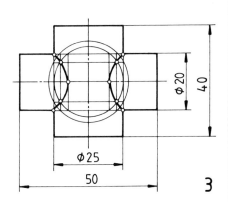

Bei der Durchdringung zweier Zylinder mit gleichen Durchmessern, deren Achsen sich schneiden und in der Ebene liegen, erscheinen die Durchdringungskurven als Diagonalen, Teil 2

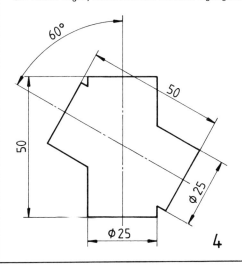
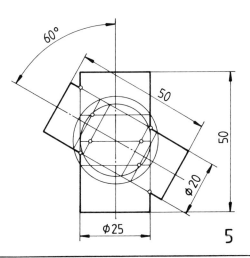

Test und Übungen: Durchdringungen und Abwicklungen von Zylindern

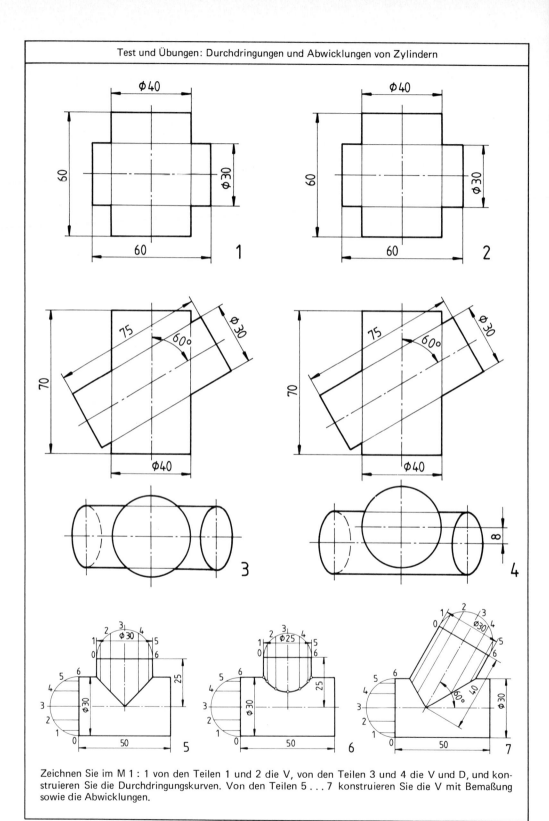

Zeichnen Sie im M 1 : 1 von den Teilen 1 und 2 die V, von den Teilen 3 und 4 die V und D, und konstruieren Sie die Durchdringungskurven. Von den Teilen 5 ... 7 konstruieren Sie die V mit Bemaßung sowie die Abwicklungen.

Durchdringungen von Kegeln und Zylindern

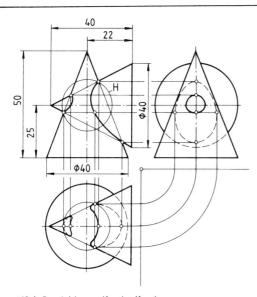

143.1 Durchdringung Kegel – Kegel

Kegeldurchdringungen mit sich schneidenden Achsen werden zweckmäßigerweise nach dem Hilfskugelverfahren konstruiert.

In 143.1 ist in der Vorderansicht die Durchdringungskurve nach dem Hilfskugelverfahren konstruiert. Die Hilfskugeln schneiden die Kegeloberflächen in Kreisen, die sich in der Draufsicht als Kreise bzw. als Strecken abbilden, deren Schnittpunkte Kurvenpunkte ergeben. Aus der Vorderansicht und Draufsicht wird die Durchdringungskurve der Seitenansicht ermittelt.

Hilfsebenen bzw. Hilfsschnitte ergeben eine zweite Möglichkeit der Kurvenkonstruktion. Diese ist anzuwenden, wenn die Kegelachsen sich nicht schneiden.[1]

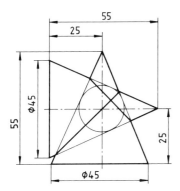

143.2 Durchdringung Kegel – Kegel

Berührt eine Hilfskugel die Mantellinien zweier Drehkörper deren Achsen sich schneiden, so erscheinen die Durchdringungslinien als Geraden, 143.2.

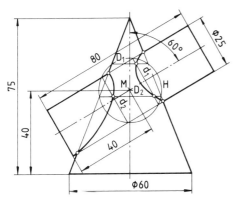

143.3 Durchdringung Kegel – Zylinder

Bei der schiefwinkligen Durchdringung Kegel – Zylinder 143.3 werden Hilfskugeln H um den Schnittpunkt der Achsen M gelegt. Diese schneiden die Kegelmantelfläche in Kreisen mit den Durchmessern D_1 und D_2 und die Zylindermantelfläche in Kreisen mit den Durchmessern d_1 und d_2. Diese Kreise bilden sich in der Vorderansicht als Strecken ab. Die Schnittpunkte entsprechender Durchmesser ergeben Punkte der Durchdringungskurven.

---

[1] Siehe Technisches Zeichnen – Grundlagen, Normen, Beispiele, Darstellende Geometrie

Kegel- und Ringkörperdurchdringungen

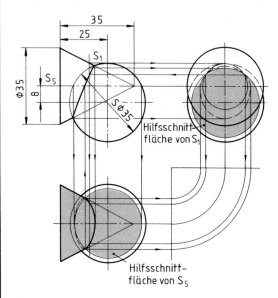

144.1 Durchdringung Kugel – Kegel

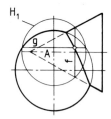

144.2 Durchdringung Kugel – Kegel

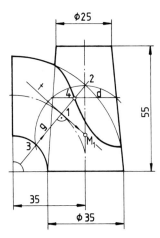

144.3 Ringkörperdurchdringung

Durchdringungen Kugel – Kegel konstruiert nach dem:

a) Hilfsebenenverfahren

Es werden Hilfsebenen bzw. Hilfsschnitte parallel zur Projektionsebene der Seitenansicht gelegt, z. B. S_1 in 144.1. Diese schneiden den Kegel und die Kugel in Kreisflächen. Dort, wo sich die beiden Kreisbogen der Hilfsschnittfläche schneiden, liegen Punkte der Durchdringungskurve. Aus der Seitenansicht werden diese Punkte in die Vorderansicht und Draufsicht übertragen. Der Hilfsschnitt S_5 durch die Kegelachse ergibt in der Draufsicht und Seitenansicht jeweils die beiden äußeren Punkte der Durchdringungskurve.

b) Hilfskugelverfahren

Die Hilfskugeln, z. B. H_1 in 144.2, sind um den Schnittpunkt A der Kegelachse mit der senkrechten Kugelachse zu legen. Diese schneiden beide Körper in Kreise, die sich in der Vorderansicht als Strecke, z. B. g und f, abbilden. Die Schnittpunkte der Strecken sind Punkte der Durchdringungskurve.

Ringkörperdurchdringungen

Bei der Konstruktion der Durchdringungskurven eines Rohrkrümmers mit kegeligem Abzweig nach dem Hilfskugelverfahren 144.3 sind zuerst die Mittelpunkte der Hilfskugeln zu bestimmen.

Es wird eine Gerade g durch den Mittelpunkt des Rohrkrümmers gelegt. Im Schnittpunkt 1 der Geraden g legt man an den Mittelkreis des Rohrkrümmers eine Tangente t. Diese schneidet die Kegelachse im Mittelpunkt M_1 der Hilfskugel, deren Radius durch die Schnittpunkte 2 und 3 der Geraden g mit den Mantellinien des Rohrkrümmers festgelegt wird. Der Schnittpunkt 4 der Geraden g mit dem Durchmesser d ist ein Punkt der Durchdringungskurve. Zur Bestimmung weiterer Durchdringungspunkte ist eine Anzahl von Geraden durch den Mittelpunkt des Rohrkrümmers zu legen.

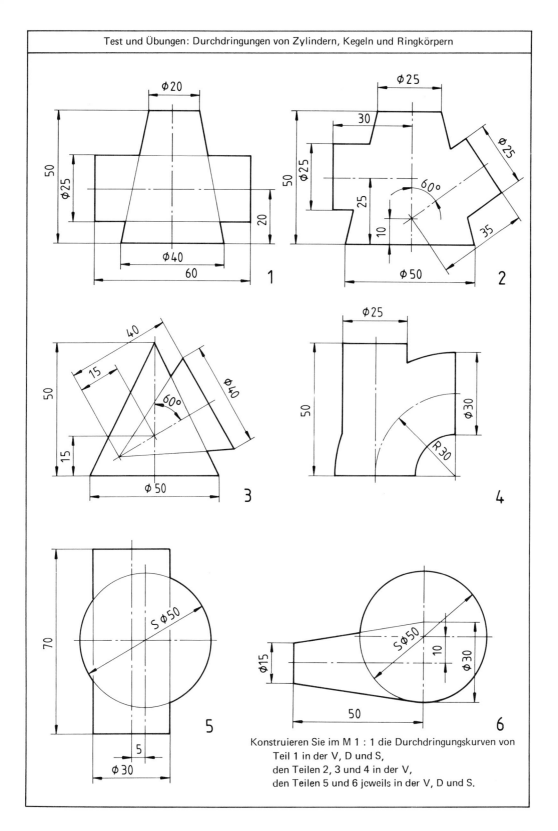

2.5 Axonometrische Projektionen nach DIN 5

Axonometrische Projektionen sind Parallelprojektionen. Sie geben bei der Darstellung von Körpern in einer Ebene anschauliche Bilder wieder. Zu ihnen zählen die dimetrische und isometrische Projektion. Die dimetrische Projektion hat für die drei Koordinaten zwei Maßstäbe. Sie wird angewendet, wenn in der Vorderansicht Wesentliches gezeigt werden soll.

Die isometrische Projektion hat für alle Koordinaten den gleichen Maßstab. Sie wird angewendet, wenn in allen drei Ansichten Wesentliches gezeigt werden soll, z. B. im Rohrleitungsbau.

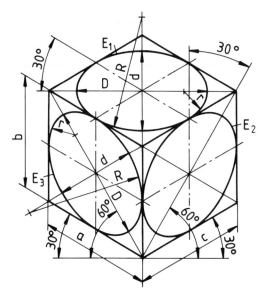

Isometrische Darstellung

Das Seitenverhältnis eines isometrisch dargestellten Würfels ist

$a : b : c = 1 : 1 : 1$

Der Neigungswinkel zur Waagerechten beträgt jeweils 30°.

Für die Ellipsen E_1, E_2 und E_3 gilt:
Große Ellipsenachse $D = 1{,}22 \times a$
Kleine Ellipsenachse $d = D : 1{,}7$

Die Ellipse E_1 in der Deckfläche eines Würfels liegt waagerecht. Die großen Ellipsenachsen in den Seitenflächen bilden mit der Waagerechten Winkel von 60°.

Ellipsenradien $R \approx 1{,}06\ a$
$r \approx 0{,}3\ a$

Die einzuzeichnenden Viertelkreisbogen werden von den Mittellinien der Körperflächen begrenzt.

146.1 Isometrisch dargestellter Würfel mit Kreisen in den Würfelflächen

Dimetrische Darstellung

Das Seitenverhältnis eines dimetrisch dargestellten Würfels ist

$a : b : c = 1 : 1 : \frac{1}{2}$

Der Neigungswinkel zur Waagerechten beträgt 7° und 42°.

Für die Ellipsen E_1 und E_2 gilt:
Große Ellipsenachsen $D_1 = D_2 \approx 1{,}06 \times a$

Kleine Ellipsenachse $d_1 = d_2 \approx \frac{D_1}{3} \approx \frac{D_2}{3}$

Die großen und kleinen Ellipsenachsen stehen aufeinander senkrecht.

Bei E_1 liegt die große Ellipsenachse waagerecht, bei E_2 ist die große Ellipsenachse D_2 um 7° zur Senkrechten geneigt.

Ellipsenradien: $R \approx 1{,}6 \times a$; $r \approx 0{,}6 \times a$

Die Ellipse E_3 in der Würfelvorderfläche ist als Kreis zu zeichnen.

146.2 Dimetrisch dargestellter Würfel mit Kreisen in den Würfelflächen

Aufgabe

Zeichnen Sie einige Werkstücke der Seiten 45, 58 und 67 in dimetrischer und isometrischer Darstellung im M 1 : 1.

Zeichenschritte bei der dimetrischen Darstellung einer abgesetzten Welle nach technischer Zeichnung

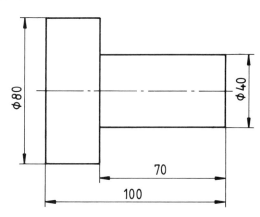

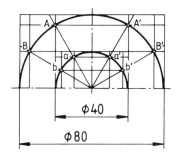

3. Erstellen der Hilfskonstruktion in der Seitenansicht durch Polstrahlen.

Zeichenschritte

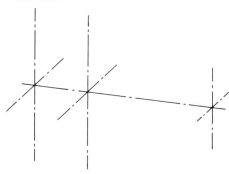

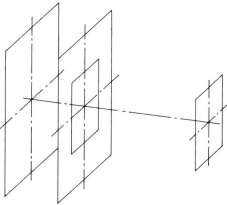

1. Festlegen der Längsachse unter 7° zur Waagerechten, der 3 senkrechten Achsen, der 3 unter 42° nach hinten verlaufenden Achsen.

2. Einzeichnen der Hüllparallelogramme mit Hilfe der Durchmessermaße unter Beachtung der Verkürzung der nach hinten verlaufenden Kanten.

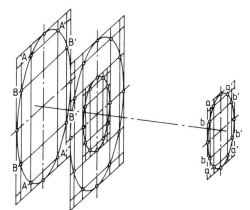

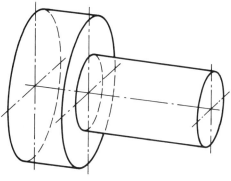

4. Übertragen des Hilfsnetzes mit den Maßen der Hilfskonstruktionen aus Bild 3 in die Hüllparallelogramme und Einzeichnen der Ellipsen.

5. Einzeichnen der Körperkanten und Ausziehen der Ellipsen.

Zeichenschritte bei der dimitretischen Darstellung des Führungsbockes nach technischer Zeichnung

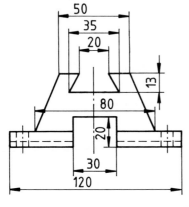

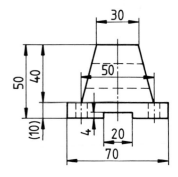

Aufgabe:

Anhand der technischen Zeichnung des Führungsbockes ist im M 1 : 1 auf DIN-A3-Blatt (Transparent) die dimetrische Darstellung zu zeichnen, ohne die verdeckten Körperkanten und Maße einzutragen. Der Entwurf ist in Tusche auszuziehen, die kennzeichnende Hilfskonstruktion muß stehenbleiben.

Zeichenschritte:

1. Lesen und Verstehen der technischen Zeichnung.

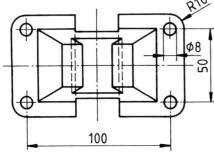

2. Entwerfen der vollen Grundplatte
   □ 70 × 10 × 120 und ihre Teilung.

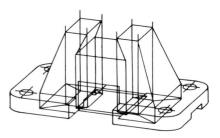

4. Projizieren des Aufbauteiles durch Errichten der Senkrechten in den Eckpunkten der dimetrischen Fläche und Übertragen der Höhen- und Breitenmaße aus V und S sowie Verbinden der so gefundenen Schnittpunkte.

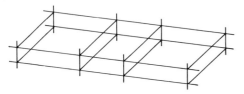

3. Einzeichnen der D des Aufbauteils als dimetrische Fläche mit den verkürzten Maßen der nach hinten verlaufenden Kanten.

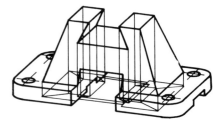

5. Ausziehen der dimetrischen Darstellung in Tusche unter Beibehalten der kennzeichnenden Hilfskonstruktion.

3 Lesen und Anfertigen von Gesamt- und Teilzeichnungen, Baugruppen
3.1 Gesamtbehandlung der Baugruppe Prüflehre

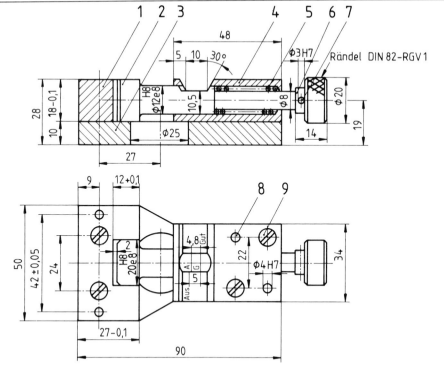

Aufgabe

1. Zeichnungslesen (L), siehe Beispiel nächste Seite.
2. Auf A3-Blatt im M 1 : 1 sind zu zeichnen:

2.1 fertigungsgerechte Zeichnungen der Teile 1 ... 6 mit Maßen, Passungen und Oberflächenangaben, fehlende Maße sind zu ergänzen.
2.2 Gruppenzeichnung,
2.3 die Stückliste mit den Teilen 1 ... 9,
2.4 die Passungstabelle mit Paß-, Höchst- und Mindestmaßen aufstellen.

Pos.	Men.	Einh.	Benennung	Sachnr./Norm-Kurzbez.	Werkstoff
9	4	Stck	Zylinderschraube	DIN 84 - M4 × 28	5.8
8	4	Stck	Zylinderstift	DIN 7 - 4m6 × 28	St 60 - 2
7	1	Stck	Zylinderstift	DIN 7 - 3m6 × 12	St 60 - 2
6	1	Stck	Knopf		St 33 - 2
5	1	Stck	Druckfeder 9 Wdg.	DIN 2098 - 1 × 10 × 26	
4	1	Stck	Führung		St 50 - 2
3	1	Stck	Grundplatte		St 60 - 2
2	1	Stck	Meßbolzen		St 60 - 2
1	1	Stck	Anschlag		St 60 - 2

Allgemeintoleranz ISO 2768-m — Maßstab 1:1 — Prüflehre

Stückliste DIN 6771-B2 auf Zeichnungen

Lesen von Gruppen- und Teilzeichnungen

1. **Gruppenzeichnung:** Beispiel „Prüflehre" Seite 149.

   1.1 *Informationen aus Schriftfeld und Stückliste*
   Beim Lesen einer Gruppenzeichnung entnimmt man aus dem Schriftfeld die Benennung der Baugruppe, die zugehörige Zeichnungsnummer, die Herstellfirma und den Zeichnungsmaßstab. Aus der Stückliste sind von jedem Einzelteil ersichtlich: Position, Menge, Einheit, Benennung, Sachnummer/Norm-Kurzbezeichnung, Werkstoff, Gewicht kg/Einheit, Bemerkung.

   1.2 *Formerfassung der Einzelteile*
   Die Einzelteile sucht man jeweils an Hand der Stückliste in der Gruppenzeichnung auf. Aus den Ansichten, Schnittdarstellungen und Sinnbildern, wie Gewinde, Federn usw., erkennt man ihre Form und Anordnung zueinander.

   1.3 *Funktion und Aufgabe der Baugruppe*
   Aus den Einzelfunktionen der Teile ergibt sich die Gesamtfunktion und damit die Aufgabe der Baugruppe.
   Bei der Prüflehre drückt der federbelastete Meßbolzen gegen das Werkstück in der Aussparung des Anschlages. Aus der Lage der Kennmarken des Meßbolzens zu der Lage der Kennmarken der Führung ist die Maßhaltigkeit des Werkstückes sogleich ersichtlich, Prüfmaß 2 − 0,2.
   Der beim Prüfen durch die Druckfeder entstehende Kraftfluß wird über die Grundplatte 3 und die Führung 4 geschlossen.

2. **Teilzeichnung:** Beispiel „Anschlag", Teil 1.

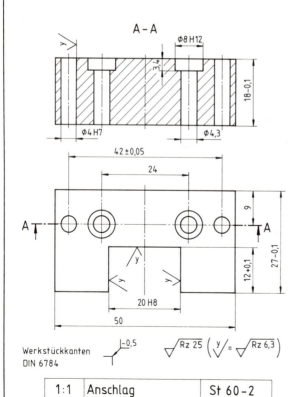

   2.1 *Informationen aus Schriftfeld und Stückliste*
   Als Teil 1 ist ein Anschlag aus dem Werkstoff St 60-2 mit den Rohmaßen 52 × 20 × 28 zu fertigen.

   2.2 *Zeichnerische Darstellung*
   Der Anschlag ist in der Teilzeichnung im M 1 : 1 in der V als Schnitt (Schraffur) und in der D dargestellt. Aus diesen Ansichten sind Form, Maße, Toleranzen und Oberflächenangaben eindeutig zu erkennen.

   2.3 *Funktion und Aufgabe*
   Der Anschlag dient beim Prüfen der Werkstückdicke zum Anlegen des Werkstückes und zur Führung des Meßbolzenendes. Daher ist der Anschlag mittig auf der Grundplatte, Teil 3, verschraubt und verstiftet.

Lesen von Gruppen- und Teilzeichnungen, Werkzeugkegel

Aus der V und D mit den Hauptmaßen 50 x 18–0,1 x 27–0,1 ist der Anschlag als Rechteckplatte zu erkennen. In der Vorderfläche der V liegt mittig eine durchgehende rechteckförmige Aussparung 20H8 x 12+0,1, deren Form die D zeigt. Aus den nicht schraffierten Flächen und den ø-Zeichen in der V im Schnitt sowie den zugehörigen Kreisen in der D sind die beiden außen liegenden Durchgangslöcher ø 4H7 für Zylinderstifte DIN 7 – 4 m6 x 28 (siehe Stückliste der Prüflehre Seite 149) zu erkennen, ähnlich die beiden innen liegenden Durchgangslöcher ø 4,3 mit Schraubensenkung ø 8H12, 3,4 tief, Zylinderschrauben DIN 84 – M4 x 25 (Stückliste) und deren Lage.

Die Lage der vier Löcher von der hinteren Bezugsebene beträgt 9 mm, die Lochmittenabstände, bezogen auf die senkrechte Mittellinie, betragen für die Schraubensenkungen 24 mm und bei den Durchgangslöchern ϕ 4H7 für die Zylinderstifte 42±0,05 mm.

Voraussetzung für ein genaues Prüfen ist die Einhaltung der vorgeschriebenen Paßmaße für die Aussparung 20H7, für die Stiftlöcher ϕ 4H7 und für die Lochabstände 42±0,05 mm.

Ermitteln Sie die bei der Fertigung einzuhaltenden Höchst- und Mindestmaße dieser Paßmaße. Bei allen übrigen Maßen ohne Toleranzangaben sind die Grenzabmaße nach DIN ISO 2768 mittel einzuhalten, siehe S. 29.

2.5 Werkstoff
St 60-2 ist Stahl mit einer Mindestzugfestigkeit von 600 N/mm² und einer für den Verwendungszweck ausreichenden Härte.

2.6 Oberflächenangaben sind vereinfacht eingetragen
Alle Werkstückflächen sollen eine mittlere Rauhtiefe $R_z \leq 25$ µm ($\sqrt{R_z\ 25}$) besitzen mit Ausnahme der Flächen, die durch die Oberflächenangabe $\sqrt{R_z\ 6,3}$ gekennzeichnet sind.

Eine mittlere Rauhtiefe $R_z \leq 25$ µm wird durch eine spanende Schlichtbearbeitung und eine mittlere Rauhtiefe $R_z \leq 6,3$ µm durch eine Feinschlichtbearbeitung erreicht.

2.7 Fertigung
Die Einzelfertigung erfolgt durch Fräsen bzw. Hobeln der Außenflächen und Aussparung, durch Bohren, Reiben und Senken der Löcher sowie durch Entgraten der Außenkanten.

Morsekegel und metrische Kegel nach DIN 228 Teil 1 und 2 für Werkzeuge[1]

Als Werkzeugkegel für Schäfte und Hülsen werden die Morsekegel 0, 1, 2, 3, 4, 5 und 6 sowie die metrischen Kegel 4, 6 und 80 . . . 200 angewendet.

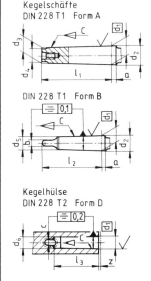

Kegelschäfte DIN 228 T1 Form A

DIN 228 T1 Form B

Kegelhülse DIN 228 T2 Form D

Bezeichnung	Metrische Kegel		Morsekegel							Metr. Kegel 80
	4	6	0	1	2	3	4	5	6	
Schaft d_1	4	6	9,045	12,065	17,780	23,825	31,27	44,399	63,348	80
$d_2 \approx$	4,1	6,2	9,2	12,2	18	24,1	31,6	44,7	63,8	80,4
$d_3 \approx$	2,9	4,4	6,4	9,4	14,6	19,8	25,9	37,6	53,9	70,2
d_{4max}	2,5	4	6	9	14	19	25	35,7	51	67
$d_5 \approx$	–	–	6,1	9	14	19,1	25,2	36,5	52,4	69
a	2	3	3	3,5	5	5	6,5	6,5	8	8
b h 13	–	–	3,9	5,2	6,3	7,9	11,9	15,9	19	26
l_{1max}	23	32	50	53,5	64	81	102,5	129,5	182	196
l_2	–	–	56,5	62	75	94	117,5	149,5	210	220
Hülse d_6	3	4,6	6,7	9,7	14,9	20,2	26,5	38,2	54,2	71,5
C A 13	2,2	3,2	3,9	5,2	6,3	7,9	11,9	15,9	19	26
l_{3min}	25	34	52	56	67	84	107	135	188	202
z	0,5	0,5	1	1	1	1	1	1	1	1,5
Einstell- ∢ α/2	1°25' 56"	1°29' 27"	1°25' 43"	1°25' 50"	1°26' 16"	1°29' 15"	1°30' 26"	1°29' 36"	1°25' 56"	
Verjüngung	1:20	1:19,212	1:20,047	1:20,02	1:19,922	1:19,254	1:19,002	1:19,18	1:20	

[1] Allgemeintoleranzen DIN ISO 2768-m; $\sqrt{} = \sqrt{R_z\ 2,5}$

Zeichenfolge bei der Anfertigung der Teilzeichnung: Anschlag

1. Festlegen der zu zeichnenden Ansichten:
   V im Schnitt und D, Maßstab 1 : 1, Zeichenblatt A4.
   Feststellen des Platzbedarfs für Schriftfeld Ansicht V und D.
   Aufteilen der Zeichenfläche (Zeichenblatt A4)

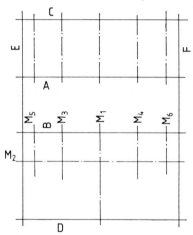

2. Entwerfen der V mit den Maßbezugslinien A und C, der D mit B und D, der waagerechten Mittellinie M_2, der senkrechten Mittellinien in V und D: M_1, je M_3 und M_4, M_5 und M_6 sowie der seitlichen Begrenzungslinien C und F für V und D.

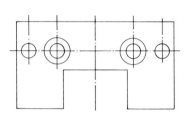

3. Zeichnen der 2 Schraubensenk- und 2 Stiftlöcher sowie des Ausschnittes 20 x 12 mm in der D.

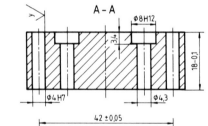

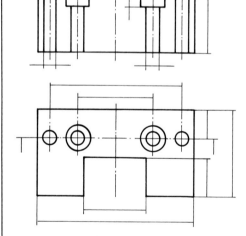

4. Radieren und Prüfen des Entwurfes. Ausziehen mit Liniengruppe 0,5 mm Zeichenfolge: Kreise, waagerechte und senkrechte Linien von oben nach unten und von links nach rechts ausziehen.
   Zeichnen der Maßhilfs- und Maßlinien.

5. Eintragen der Maßpfeile, Maßzahlen, Schraffur, der Schnittkennzeichnung, Angabe „Werkstückkanten DIN 6784", der Teilnummer und Oberflächenangaben sowie Ausfüllen des Schriftfeldes.
   Endüberprüfung.

Oberflächenangaben s. S. 85.

Zeichenfolge bei der Anfertigung der Gruppenzeichnung Prüflehre

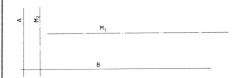

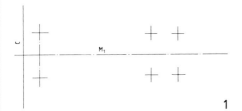

1

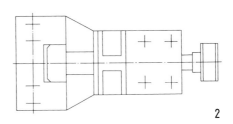

2

1. Vorüberlegungen
Erforderliche Ansichten sind die V im Schnitt und die D, Maßstab 1 : 1,
Platzbedarf erfordert ein A4-Blatt[1]),
Blattaufteilung für die V und die D sowie für Schriftfeld und Stückliste.

2. Zeichenfolge 1
Zeichnen der Maßbezugslinien A und B sowie der Mittellinie M_2 in der V und der Maßbezugslinie C in der D als schmale Vollinien,
in der V und D die Mittellinie M_1 sowie in der D die Achsenkreuze für die 4 Stiftbohrungen und die 4 Schraubenlöcher zeichnen.

3. Zeichenfolge 2
In der V und D die Grundplatte Teil 3, den Anschlag Teil 1, den Meßbolzen Teil 2 und die Führung Teil 4 mit dem Knopf Teil 6 in schmaler Vollinie entwerfen,
in der V die Druckfeder sowie in der D die 4 Zylinderstifte Teil 8 und die 4 Zylinderschrauben Teil 9 zeichnen.

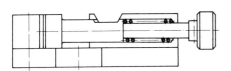

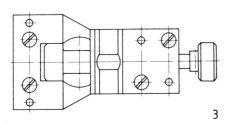

3

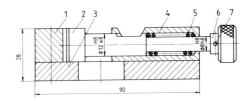

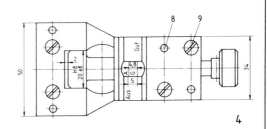

4

4. Zeichenfolge 3
Nach Überprüfen des Entwurfs diesen mit der Liniengruppe 0,5 bzw. 0,7 in Tusche systematisch ausziehen.

5. Zeichenfolge 4
Zeichnen der Maßhilfs- und Maßlinien für Haupt- bzw. Baumaße,
Eintragen der Maßpfeile, Maßzahlen und der Meßkennzeichnung,
Einzeichnen der Schraffurlinien in der V,
Teil-Nummern 1...9 mit Bezugslinie im Uhrzeigersinn eintragen,
Schriftfeld und Stückliste anfertigen und Ausfüllen, Endkontrolle.

---

[1]) Bei Gruppenzeichnung mit Einzelteilen ist ein A3-Blatt erforderlich.

3.2 Zeichnungs- und Stücklistensatz, Schriftfelder und Stücklisten nach DIN 6771 T 1 u. 2[1])

Zeichnungs- und Stücklistensatz

Für die Herstellung eines Erzeugnisses, z. B. einer Maschine, wird ein Zeichnungssatz, bestehend aus Gesamt- und Teilzeichnungen, sowie ein Stücklistensatz benötigt.

Die Teil- und Gesamtzeichnungen enthalten alle Angaben für die Fertigung (Form und Eigenschaften) und den Zusammenbau. Sie weisen in der unteren rechten Ecke je 5 mm vom Zeichenblattrand entfernt ein Schriftfeld mit Benennung auf.

Die Stücklisten dienen im wesentlichen zur Vorbereitung der Fertigung und sind ein Verzeichnis der Einzelteile, auch der Normteile, einer Gruppen- bzw. Gesamtzeichnung. Sie sind in Fertigungsgruppen geordnet aufgeführt. Die Stücklisten bestehen aus dem Grundschriftfeld und dem darüber angeordneten Stücklistenfeld. Stücklisten werden entweder in der Gruppen- oder Gesamtzeichnung auf das Schriftfeld aufgesetzt (wie im Abschnitt 3 dieses Buches vereinfacht durchgeführt) oder wegen der besseren Datenverarbeitbarkeit als lose Stücklisten auf A4-Format untergebracht.

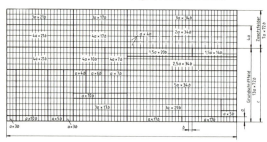

154.1 *Grundschriftfeld für Zeichnungen, Pläne und Listen*

Schriftfelder und Stücklisten

DIN 6771 Teil 1 legt für alle Benutzer die gleiche Unterlage für das gemeinsame Grundschriftfeld mit den Feldern 1 ... 15b fest, 154.1. Für unterschiedliche Anwendungsfälle sind entsprechende darauf aufzubauende Zusatzfelder 16 ... 20 vorgesehen, 154.2.

Schriftfelder und Stücklisten sind durch ein Rasternetz festgelegt, so daß sie maschinell beschriftet werden können. Der Grundzeilenabstand beträgt a = 4,25 mm (für Formate A1 und A0 auch 5,6 mm) und die Teilung b = 2,6 mm (für Formate A1 und A0 auch 3,6 mm). Die Größe der Grundschriftfelder, die sich aus den Rastermaßen ergibt, kann aus nebenstehender Tabelle entnommen werden.

Als lose Stückliste hat die Form A das Format A4 hoch, und die Form B das Format A4 quer. Innerhalb des Stücklistenfeldes ist bei losen Stücklisten am oberen Rand und bei Stücklisten auf Zeichnungen am unteren Rand jeweils eine Zeile mit den Überschriften für die einzelnen Spalten angeordnet, z. B. 154.3.

Format	Rastermaße		Größe des Schriftfeldes	
	a	b	c	e
DIN A4 bis DIN A0	4,25*)	2,6**)	55,25	187,2
Empfohlen für DIN A1 u. DIN A0	5,6	3,6	72,8	259,2

*) Grundzeilenabstand nach DIN 2107   **) Teilung nach DIN 2107
154.2 *Rastermaße für Schriftfelder und Stücklisten*

Linienbreiten nach DIN 15

Begrenzung des Schriftfeldes 0,7 mm
Begrenzung der Hauptfelder 0,35 mm
Übrige Linien 0,18 mm

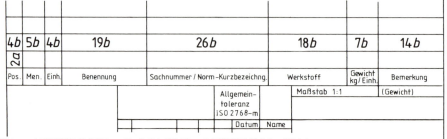

154.3 *Stückliste nach DIN 6771 Teil 2 Form B mit Schriftfeld nach DIN 6771 Teil 1 auf Zeichnungen*

---

[1]) Siehe auch Technisches Zeichnen − Grundlagen, Normen, Beispiele, Darstellende Geometrie

3.3 Verbindungselemente
Darstellungen von Federn in technischen Zeichnungen nach DIN ISO 2162[1)]

	Darstellung			Benennung
	Ansicht	Schnitt	Sinnbild	
Druckfedern				Zylindrische Schrauben-Druckfeder aus Draht mit rundem Querschnitt
Druckfedern				Kegelige Schrauben-Druckfeder aus Band mit rechteckigem Querschnitt (Kegelstumpffeder)
Zugfedern				Zylindrische Schrauben-Zugfeder aus Draht mit rundem Querschnitt
Drehfedern				Zylindrische Schrauben-Drehfeder aus Draht mit rundem Querschnitt (Wickelrichtung rechts) (Schenkelfeder)
Tellerfedern				Tellerfeder und Tellerfederpaket

In den Ansichts- und Schnittzeichnungen werden bei der abgebrochenen Darstellung der Schraubendruck und -zugfedern nur die beiden ersten und letzten Windungen sowie die Strichpunktlinien als Mittellinien der Querschnitte durchgezogen. Folgende Zeichen kennzeichnen in der sinnbildlichen Darstellung die Querschnittsform: $\phi, \square, \square$ und $\square$.

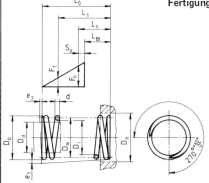

Fertigungszeichnung einer zylindrischen Druckfeder mit Prüfdiagramm

Notwendige Eintragungen

Angaben:
Anzahl der federnden Windungen ...
je Ende eine Windung angebogen und auf $\frac{d}{4}$ abgeschliffen
Anzahl der Gesamtwindungen ...

Maße:
D_a = Außendurchmesser, wenn die Feder sich in einer Bohrung bewegt,
D_i = Innendurchmesser, wenn die Feder auf einem Dorn geführt wird,
D_m = Mittlerer Windungsdurchmesser für die Berechnung,
d = Drahtdurchmesser,
L_0 = Länge der unbelasteten Feder.

[1)] Federn sind bewegliche Verbindungselemente.

Sechskantschrauben, Sechskantmuttern, Scheiben, Gewindeabmessungen

DIN EN 24014 / ISO 4014
DIN EN 24032 / ISO 4032
DIN 76
DIN 125 A u. B
DIN 912 / DIN 6912
DIN 974 T1
DIN 974 T2
DIN 128 A
DIN 938

Senktiefe t_3 je nach Anwendungsfall wählen

Maße d_7 u. d_9 s. TZ S. 285

					M 4	M 5	M 6	M 8	M 10	M 12	M 16	M 20	M 24	M 30	M 36	M 42	M 48
		Gewinde-Nenn-∅		d_1	M 4	M 5	M 6	M 8	M 10	M 12	M 16	M 20	M 24	M 30	M 36	M 42	M 48
Sechskantschraube ISO 4014		Schraubenlänge	von	l_1	25	25	30	40	45	50	65	80	90	110	140	150	180
			bis		40	50	60	80	100	120	160	180	240	300	360	440	480
		Gewindelänge für	$l_1 \leq 125$	b_1	14	16	18	22	26	30	38	46	54	66	–	–	–
			$125 < l_1 \leq 200$		–	–	–	–	–	–	44	52	60	72	84	96	108
			$l_1 \leq 200$		–	–	–	–	–	–	–	–	73	85	97	109	121
		Kopfhöhe		k_1	2,8	3,5	4	5,3	6,4	7,5	10	12,5	15	18,7	22,5	26	30
		Eckenmaß		e_1	7,66	8,79	11,05	14,38	17,77	20,03	26,75	33,53	39,98	51,28	61,31	72,61	83,91
Sechskantmutter ISO 4032		Schlüsselweite		s_1	7	8	10	13	16	18	24	30	36	46	55	65	75
		Mutternhöhe		m	3,2	4,7	5,2	6,8	8,4	10,8	14,8	18	21,5	25,6	31	34	38
		unvollst. Gewinde		u	1,4	1,6	2	2,5	3	3,5	4	5	6	7	8	8,4	10
Zylinderschraube DIN 912 mit Innensechskant DIN 6912		Schraubenlänge	DIN 912 von	$l_2{}^{2)}$	6	8	10	12	16	20	25	30	40	45	55	60	70
			DIN 6912 von		10	10	10	12	16	16	20	30	60	70	100	–	–
			bis		$40^{3)}$	$50^{3)}$	60	$80^{3)}$	100	$120^{3)}$	$160^{3)}$	$200^{3)}$	200	200	$300^{3)}$	$300^{3)}$	$300^{3)}$
		Gewindelänge für:	DIN 912	b_2	20	22	24	28	32	36	44	52	60	72	84	96	108
			$l_1 \leq 125$ DIN 912		14	16	18	22	26	30	38	46	54	66	78	90	102
		Kopfhöhe für DIN 912		k_2	4	5	6	8	10	12	16	20	24	30	36	42	48
		Kopfhöhe für DIN 6912		k_3	2,8	3,5	4	5	6,5	7,5	10	12	14	17,5	21,5	–	–
		Kopf-∅		d_2	7	8,5	10	13	16	18	24	30	36	45	54	63	72
Stiftschraube DIN 938 für Stahl		Schraubenlänge	von	$l_3{}^{2)}$	20	(22)	25	30	35	40	50	60	70	80	(95)	110	120
			bis		40	50	60	80	100	120	160	200	200	300	360	400	400
		Gewindelänge für:	$l_1 \leq 125$	b_3	14	16	18	22	26	30	38	46	54	66	78	90	102
			$125 < l_1 \leq 200$		20	22	24	28	32	36	44	52	60	72	84	96	108
		Einschraubende ≈ 1 d		e_2	4	5	6	8	10	12	20	24	30	36	42	48	
		Gewindeauslauf (≈ 2,5 P)		x_1	1,75	2	2,5	3,2	3,8	4,3	5	6,3	7,5	9	10	11	12,5
Gewinderille DIN 76		Kernlochüberstand		e_3	3,8	4,2	5,1	6,2	7,3	8,3	9,3	11,2	13,1	15,2	16,8	18,4	20,8
		Rillen-∅		g_1	4,3	5,3	6,5	8,5	10,5	12,5	16,5	20,5	24,5	30,5	36,5	42,5	48,5
		Rillenbreite	(4 P)	f_1	2,8	3,2	4	5	6	7	8	10	12	14	16	18	20
		Abrundungen		r_1	0,4	0,4	0,6	0,6	0,8	1	1	1,2	1,6	1,6	2	2	2,5
		Rillen-∅		g_2	2,9	3,7	4,4	6	7,7	9,4	13	16,4	19,6	25	30,3	35,6	41
		Rillenbreite	(3,5 P)	f_2	2,45	2,8	3,5	4,4	5,2	6,1	7	8,7	10,5	12,5	14	16	17,5
		Abrundungen	(≈ 0,5 P)	r_2	0,4	0,4	0,6	0,6	0,8	1	1	1,2	1,6	1,6	2	2	2,5
Senkung für Sechskant- und Zylinderschraube	DIN 974 T1	Durchgangsloch mittel[1)]		d_3	4,5	5,5	6,6	9	11	13,5	17,5	22	26	33	39	45	52
		Senk-∅	d_4 Reihe 1		8	10	11	15	18	20	26	33	40	50	58	69	78
		Senk-∅	d_4 Reihe 2		9	11	13	18	24	–	–	–	–	–	–	–	–
		Senk-∅	d_4 Reihe 3		8	10	11	15	18	20	26	33	40	50	58	69	78
	DIN 974 T2	Senk-∅	d_5 Reihe 1		13	15	18	24	28	33	40	46	58	73	82	98	112
		Senk-∅	d_5 Reihe 2		15	18	20	26	33	36	45	54	73	82	93	107	125
		Senk-∅	d_5 Reihe 3		11	13	18	22	26	33	40	48	61	75	82	98	
Scheibe	DIN 125	Außen-∅		d_6	9	10	12,0	16	20	24	30	37	44	56	66	78	92
		Dicke		s_2	0,8	1	1,6	1,6	2	2,5	3	3	4	4	5	7	8
Federring	DIN 128-A	Außen-∅		d_8	7,6	9,2	11,8	14,8	18,1	21,1	27,4	33,6	40	48,2	58,2	68,2	75
		Dicke		s_3	0,9	1	1	1,6	1,8	2,1	2,8	3,2	4	6	6	7	7

[3)] Gilt nicht für DIN 6912
[4)] DIN ISO 273
[2)] Stufung der Längen l_2 u. l_3:
12 14 16 18 20 (22) 25 (28) 30 35 40 45 50
55 60 65 70 75 80 (85) 90 (95) 100 110 – 260

d_4 Reihe 1: nach DIN 84, DIN 912, DIN 6912, DIN 7984 ohne Unterlegteile
Reihe 2: nach DIN 85, DIN ISO 1580, DIN 7985 ohne Unterlegteile
Reihe 3: nach DIN 84, DIN 912, DIN 6912, DIN 7984 mit Federringen nach DIN 7980

d_5 Reihe 1: für Steckschlüssel nach DIN 659, DIN 896, DIN 3112 oder Einsätze nach DIN 3124
Reihe 2: für Ringschlüssel nach DIN 838, DIN 897 oder Einsätze nach DIN 3129
Reihe 3: für Ansenkungen bei beengten Platzverhältnissen

Stifte und Stiftverbindungen [1]

Stiftverbindungen sind lösbare Verbindungen. Sie sichern als Verbindungselemente eine bestimmte Lage aneinander liegender Teile. Bei Schraubenverbindungen können sie zusätzliche Scherkräfte aufnehmen, da Schrauben, ausgenommen Paßschrauben, nicht auf Abscherung beansprucht werden sollen.

Paßstift
Toleranzfeld m 6
ϕ 1 bis 50 mm

Verbindungs- und Befestigungsstift
h 8
ϕ 0,8 bis 50 mm

Nietstift
h 11
ϕ 0,8 bis 50 mm

Kanten gerundet — entgratet

Norm-Bezeichnung (d x l), z. B.:
Zylinderstift DIN 7 – 5 m 6 x 20 – St
Zylinderstift DIN 7 – 5 h 8 x 20 – St
Zylinderstift DIN 7 – 5 h 11 x 20 – St

Norm-Bezeichnung (d x l), z. B.:
Kegelstift DIN 1 – 10 x 60 – St

Norm-Bezeichnung (d x l), z. B.:
Kegelstift DIN 258 – 10 x 75 – St

Kerbstift DIN 1471 – 5 x 30 – St

Norm-Bezeichnung (d x l), z. B.:
Kerbstift DIN 1472 – 5 x 30 – St

Kerbstift DIN 1473 – 5 x 30 – St

Norm-Bezeichnung (d x l), z. B.:
Spannstift DIN 1481 – 10 x 40 – St

		ϕ d		2	2,5	3	4	5	6	8	10	12	13	14	16	20
Zylinderstifte DIN 7		l	von	4	4	4	5	5	6	8	10	10	12	14	16	20
			bis	20	24	32	40	50	60	80	100	120	140	160	180	200
		Stufung der Länge l		4 45	5 50	6 55	8 60	10 70	12 80	14 90	16 100	18 120	20 140	24 160	28 180	32 200
Kegelstifte DIN 1		ϕ d/h 10		2	3	4	5	6	8	10	13	16	20	25	30	
		$\approx$ r		2,5	4	4	6	6	10	10	16	16	20	25	32	
		l	von	12	14	16	20	24	28	32	36	40	50	55	60	
			bis	36	50	60	70	100	120	140	165	230	230	260	260	
		Stufung der Länge l		12 50	14 55	16 60	18 70	20 80	22 90	24 100	26 110	28 120	30 130	32 140	36 150	
Kerbstifte DIN 1471, 1472 u. 1473		ϕ d		2	2,5	3	4	5	6	8	10	12				
		DIN 1471 u. 1473	l von bis	5 (4) 30	6 30	6 40	8 (6) 60	8 60	10 80	12 100	14 120	16 120				
		DIN 1472	l von bis	6 30	6 30	6 40	10 60	10 60	10 80	14 100	16 160	18 160				
Spannstifte DIN 1481		Nenn-ϕ		2	2,5	3	3,5	4	4,5	5	6	8	10	12		
	DIN 1481	s		0,4	0,5	0,6	0,75	0,8		1	1,25	1,5	2	2,5		
		a		0,35	0,45	0,5	0,6	0,7	0,8		1,6		2			
		d_1		2,3	2,8	3,3	3,8	4,4	4,9	5,4	6,4	8,5	10,5	12,5		
		$d_2 \approx$		1,5	1,8	2,1	2,3	2,8	2,9	3,4	3,9	5,5	6,5	7,5		
		für Schrauben									M 3	M 4	M 5	M 6		

[1] Schrauben, Muttern, Stifte, Keile, Paßfedern und Sicherungsringe sind lösbare Verbindungselemente.
Die DIN-Normen für Stifte sind in DIN EN-Normen überführt worden.

Keile und Keilverbindungen

Keile erzeugen durch ihre Neigung feste aber wieder lösbare Spannungsverbindungen. Die geringe Neigung 1 : 100 der Keilflächen bewirkt die Selbsthemmung der eingetriebenen Keile, z. B. als Befestigungskeile zwischen Welle und Riemenscheibe.

Stellkeile mit den Neigungen 1 : 5 bis 1 : 15 haben keine Selbsthemmung.

Für Keile verwendet man blanken Keilstahl bei $h \leq 25$ mm St50–2K und bei $h > 25$ mm St60–2K nach DIN 6880.

Keile nach DIN 6886

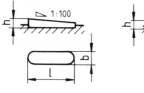
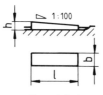
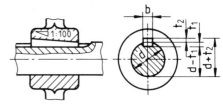

A rundstirnig (Einlegekeil) B geradstirnig (Treibkeil)

Norm-Bezeichnung eines Keiles der Form A ($b \times h \times l$), z. B.: Keil DIN 6886–A20 x 12 x 125

Hohlkeile nach DIN 6881

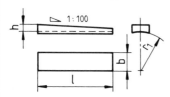
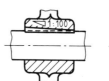
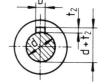

Norm-Bezeichnung ($b \times h \times l$), z. B.: Hohlkeil DIN 6881–8 x 3,5 x 40

Nasenkeile nach DIN 8687

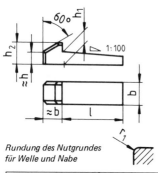
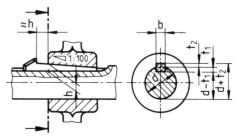

Rundung des Nutgrundes für Welle und Nabe

Norm-Bezeichnung, z. B.: Nasenkeil DIN 6887–8 x 7 x 63

Wellen-φ d	über bis	10 12	12 17	17 22	22 30	30 38	38 44	44 50	50 58	58 65	65 75	75 85
Breite b bzw. b_1		4	5	6	8	10	12	14	16	18	20	22
Höhe h	DIN 6881 DIN 6886, 6887	4	5	6	3,5 7	4 8	4 8	4,5 9	5 10	5 11	6 12	7 14
h_1 h_2	DIN 6887	4,1 7	5,1 8	6,1 10	7,2 11	8,2 12	8,2 12	9,2 14	10,2 16	11,2 18	12,2 20	14,2 22
t_1 t_2	DIN 6881				1,3 3,2	1,8 3,7	1,8 3,7	1,4 4	1,9 4,5	1,9 4,5	1,9 5,5	1,8 6,5
t_1 t_2	DIN 6886, 6887	2,5 1,2	3 1,7	3,5 2,2	4 2,4	5 2,4	5 2,4	5,5 2,9	6 3,4	7 3,4	7,5 3,9	9 4,4
$r_1 = r_2$ r		0,2	0,2	0,4	0,4 15	0,4 19	0,5 22	0,5 25	0,5 29	0,5 33	0,6 38	0,6 43
l	DIN 6881, von 6886, 6887 bis	10 45	12 56	16 70	20 90	25 110	32 140	40 160	45 180	50 200	56 220	63 250

Paßfederverbindungen und Keilwellenverbindungen

Paßfedern bilden formschlüssige Mitnehmerverbindungen ohne Anzug für Riemenscheiben, Zahnräder, Kupplungen usw. mit Wellen bei vorwiegend einseitigen Drehmomenten. Sie übertragen die Umfangskräfte nur mit den Seitenflächen. Bei Gleitsitzen können Wellen und Nabe gegeneinander verschoben werden.

Für Paßfedern mit $h \leq 25$ mm verwendet man St50–2K und mit $h > 25$ mm St60–2K.

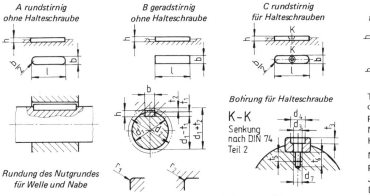

A rundstirnig ohne Halteschraube — *B geradstirnig ohne Halteschraube* — *C rundstirnig für Halteschrauben* — *D geradstirnig für Halteschraube*

Rundung des Nutgrundes für Welle und Nabe

Bohrung für Halteschraube
K–K Senkung nach DIN 74 Teil 2

Toleranzklassen für Breite der Wellennut:
- P9 bzw. P8   fester Sitz
- N9 bzw. N8   leichter Sitz
- H8   Gleitsitz

Nabennut:
- P9 bzw. P8   fester Sitz
- JS9 bzw. JS8   leichter Sitz
- D10   Gleitsitz

Abmessungen der Paßfedern und Paßfedernuten nach DIN 6885 Teil 1

für Wellen-φ d_1	über	10	12	17	22	30	38	44	50	58	65	75	85
	bis	12	17	22	30	38	44	50	58	65	75	85	95
Paßfederquerschnitt	b	4	5	6	8	10	12	14	16	18	20	22	25
	h	4	5	6	7	8	8	9	10	11	12	14	14
Wellennuttiefe	t_1	2,5	3	3,5	4	5	5	5,5	6	7	7,5	9	9
Nabennuttiefe, mit Übermaß	t_2	1,2	1,7	2,2	2,4	2,4	2,4	2,9	3,4	3,4	3,9	4,4	4,4
mit Rückenspiel	t_3	1,8	2,3	2,8	3,3	3,3	3,3	3,8	4,3	4,4	4,9	5,4	5,4
Schrägung od. Rundung	r_1 max.	0,25	0,4	0,4	0,4	0,6	0,6	0,6	0,6	0,6	0,8	0,8	0,8
	r_2 max.	0,16	0,25	0,25	0,25	0,4	0,4	0,4	0,4	0,4	0,6	0,6	0,6
Bohrungen: d. Paßfeder	d_4				3,4	3,4	4,5	5,5	5,5	6,6	6,6	6,6	9
	d_3				6	6	8	10	10	11	11	11	15
d. Halteschrauben	d_5/d_7				M 3	M 3	M 4	M 5	M 5	M 6	M 6	M 6	M 8
	t_3				2,4	2,4	3,2	4,1	4,1	4,8	4,8	4,8	6
der Welle	t_5				4	5	6	6	7	6	8	9	
	t_6				7	8	10	10	10	12	11	13	15
Stufung der Paßfederlängen:		6 45 220	8 50 250	10 56 280	12 63 320	14 70 360	16 80 400	18 90	20 100	22 110	25 125	28 140	32 160	36 180	40 200

Norm-Bezeichnung einer Paßfeder der Form A (b x h x l), z. B.: Paßfeder DIN 6885 – A 12 x 8 x 40.

Keilwellenverbindungen nach DIN ISO 14 Sie bilden axial bewegliche Kupplungen zur Übertragung von Drehmomenten, z. B. bei Verschieberädern in Schaltgetrieben.

  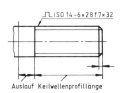

⌐ ISO 14 – 6 × 28 f7 × 32

Auslauf Keilwellenprofillänge

Toleranzklassen für Paßflächen d (Auswahl)
- Gleitsitz   H7/f7
- Übergangssitz   H7/g7
- Festsitz   H7/h7

Vereinfachte Darstellung mit Maßangaben

Anzahl der Keile n		6						8					
	d_1	11	13	16	18	21	23	26	28	32	36	42	46	52	56	62
leichte Reihe	d_2						26	30	32	36	40	46	50	58	62	68
	b						6	6	7	6	7	8	9	10	10	12
mittlere Reihe	d_2	14	16	20	22	25	28	32	34	38	42	48	54	60	65	72
	b	3	3,5	4	5	5	6	6	7	6	7	8	9	10	10	12

Sicherungsringe für Achsen und Wellen, Zentrierbohrungen

Sicherungsringe nach DIN 471 T1 und DIN 472 T1 sichern Teile, z. B. Wälzlager, gegen Längsverschieben, wobei auch Längskräfte aufgenommen werden können.

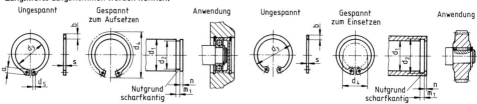

Norm-Bezeichnung, z. B. für d_1 = 30, s = 1,5 mm:
Sicherungsring DIN 471 − 30 x 1,5

Norm-Bezeichnung, z. B. für d_1 = 20, s = 1 mm:
Sicherungsring DIN 472 − 20 x 1

Abmessungen der Sicherungsringe, Regelausführung (Auswahl)

Wellen- u. Bohrungs- $\phi\, d_1$	für Wellen DIN 471 T1							für Bohrungen DIN 472 T1						
	s h11	a ≈	b ≈	d_2	d_4 gespannt	m +0,1	n ≧	s h11	a ≈	b ≈	d_2	d_4 gespannt	m +0,1	n ≧
10	1	3,3	1,8	9,6	17,6	1,1	0,6	1	3,2	1,4	10,4	3,1	1,1	0,6
12		3,3	1,8	11,5	19,6		0,75		3,4	1,7	12,5	4,7		0,75
14		3,5	2,1	13,4	22		0,9		3,7	1,9	14,6	6		0,9
16		3,7	2,2	15,2	24,4		1,2		3,8	2	16,8	7,7		1,2
18	1,2	3,9	2,4	17	26,8	1,3	1,5	1,2	4,1	2,2	19	8,9	1,3	1,5
20		4	2,6	19	29				4,2	2,3	21	10,6		
22		4,2	2,8	21	31,4				4,2	2,5	23	12,6		
24		4,4	3	22,9	33,8		1,7		4,4	2,6	25,2	14,2		1,8
25		4,4	3	23,9	34,8				4,5	2,7	26,2	15		
26		4,5	3,1	24,9	36				4,7	2,8	27,2	15,6		
28	1,5	4,7	3,2	26,6	38,4	1,6	2,1		4,8	2,9	29,4	17,4		2,1
30		5	3,5	28,6	41				4,8	3	31,4	19,4		
32		5,2	3,6	30,3	43,4		2,6		5,4	3,2	33,7	20,2		2,6
34		5,4	3,8	32,3	45,8				5,4	3,3	35,7	22,2		
36	1,75	5,6	4	34	48,2	1,85	3	1,5	5,4	3,5	38	24,2	1,6	3
38		5,8	4,2	36	50,6				5,5	3,7	40	26		
40		6	4,4	37,5	53		3,8	1,75	5,8	3,9	42,5	27,4	1,85	3,8
42		6,5	4,5	39,5	56				5,9	4,1	44,5	29,2		
45		6,7	4,7	42,5	59,4				6,2	4,3	47,5	31,6		

Zentrierbohrungen 60° nach DIN 332 Teil 1

Zentrierbohrungen dienen zum Spannen von Werkstücken zwischen Spitzen.
Soll die Zentrierbohrung vor der Fertigstellung des Werkstückes abgestochen werden, so ist a das Abstechmaß. Verbleibt die Zentrierbohrung am fertigen Werkstück, dann sind die Formen B und C zu verwenden.

A ohne Schutzsenkung mit geraden Laufflächen
B kegelförmige Schutzsenkung mit geraden Laufflächen
C kegelstumpfförmige Schutzsenkung mit geraden Laufflächen
R ohne Schutzsenkung mit gewölbten Laufflächen

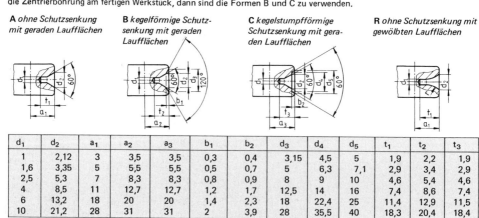

d_1	d_2	a_1	a_2	a_3	b_1	b_2	d_3	d_4	d_5	t_1	t_2	t_3
1	2,12	3	3,5	3,5	0,3	0,4	3,15	4,5	5	1,9	2,2	1,9
1,6	3,35	5	5,5	5,5	0,5	0,7	5	6,3	7,1	2,9	3,4	2,9
2,5	5,3	7	8,3	8,3	0,8	0,9	8	9	10	4,6	5,4	4,6
4	8,5	11	12,7	12,7	1,2	1,7	12,5	14	16	7,4	8,6	7,4
6	13,2	18	20	20	1,4	2,3	18	22,4	25	11,4	12,9	11,5
10	21,2	28	31	31	2	3,9	28	35,5	40	18,3	20,4	18,4

Die Norm-Bezeichnung, z. B. Zentrierbohrung DIN 332 − A4 x 8,5, legt die Form A und den Durchmesser d_1 = 4 und d_2 = 8,5 mm fest.
Die Darstellung erfolgt als Ausbruch mit allen Maßen oder vereinfacht mit Symbolen und der Norm-Bezeichnung s. S. 196.

Symbole für Zentrierbohrungen am fertigen Teil: erforderlich <, kann verbleiben /, darf nicht verbleiben K

3.4 Wälzlager, Gleitlager, Dichtungen
Wellenlagerung durch Wälzlager

Die Lagerung von Wellen erfolgt meist in zwei Lagerstellen. Hierbei muß beachtet werden, daß Bautoleranzen und Längenänderungen im Betrieb (Wärmedehnung) sich auswirken können, ohne daß zusätzliche Kräfte (Verspannkräfte) auf die Lager wirken. Es gibt grundsätzlich zwei Möglichkeiten der Lagerung:

Umfangslast für Innenring
Punktlast für Außenring

Umfangslast für Außenring
Punktlast für Innenring

Fest- und Loslagerung

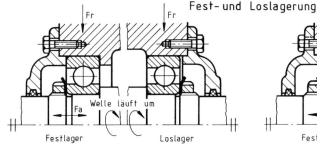
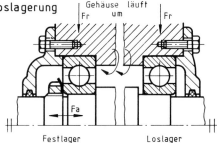

Stütz- Traglagerung

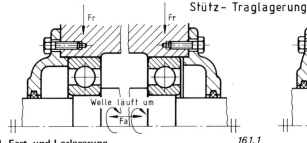
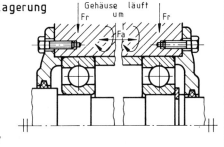

161.1

1. Fest- und Loslagerung

Hierbei übernimmt eine Lagerstelle neben ihrem Radiallastanteil auch alle auftretenden Axialkräfte in beiden Richtungen (Festlager). Die andere Lagerstelle überträgt nur ihren Radiallastanteil, da sie in der Axialrichtung nicht fesgelegt ist und somit auch keine Kräfte übernehmen kann (Loslager).

2. Stütz-Traglagerung

Hierbei übernehmen beide Lager neben ihren Radiallastanteilen auch Axialkräfte, und zwar das eine Lager Axialkräfte in der einen Richtung, das andere Lager solche in der Gegenrichtung. Dies erfordert ein gewisses Axialspiel innerhalb der Lagerung, damit durch Toleranzen der Teile und Wärmedehnungen keine Verspannung auftreten kann.

Je nach der Kraftrichtung, ob Umfangslast für Innen- oder Außenring vorliegt, ist der Lagereinbau entsprechend zu gestalten.

Dabei gilt die Regel:
Ringe mit Umfangslast erfordern Festsitze, Ringe mit Punktlast können Schiebesitze erhalten, s. nachstehende Tabelle.

Hiermit ergeben sich die im Bild 161.1 gezeigten 4 Kombinationen. Die Lagerungen sind symbolisch mit Rillenkugellagern dargestellt, die auch bestimmte Axialkräfte übernehmen können. Die gleiche Anordnung gilt auch für Pendelkugellager und Pendelrollenlager usw.

Toleranzklassen für den Einbau von Wälzlagern nach DIN 5425

Lastrichtung	Toleranzklassen für Wellen	Anwendungsbeispiele	Toleranzklassen für Gehäuse	Anwendungsbeispiele
reine Axiallast	j6	Radialkugel-, Zylinder-, Kegelrollenlager	H8 ... E8	alle Lager
Punktlast	g6; h6	Laufräder; Seilrollen, Spannrollen	H7; H8; G7	Allgemeiner Maschinenbau; Transmissionen; Trockenzylinder
Umfangslast	j5, k5, m5, m6 n6, p6	Allgemeiner Maschinenbau	M7; N7; P7	Seil- und Förderbandrollen; Pleuellager; Radnaben

Abmessungen von Wälzlagern nach DIN (Auswahl)

Rillenkugellager DIN 625	Axialrillenkugellager DIN 711 T1 einseitig wirkend	Zylinderrollenlager DIN 5412	Kegelrollenlager DIN 720	Schrägkugellager DIN 628	Pendelkugellager DIN 630
Axial + Radial[1]	Axial	Radial	Axial + Radial	Axial + Radial	Axial + Radial

Rillenkugellager DIN 625 — Lagerreihe 62, Maßreihe 10

Kurzzeichen	B	D	b	r
6200	10	30	9	1
6201	12	32	10	1
6202	15	35	11	1
6203	17	40	12	1
6204	20	47	14	1,5
6205	25	52	15	1,5
6206	30	62	16	1,5
6207	35	72	17	2
6208	40	80	18	2
6209	45	85	19	2
6210	50	90	20	2

Axialrillenkugellager DIN 711 — Lagerreihe 512, Maßreihe 12

Kurzzeichen	d_w	d_g	D_g	H	r
51204	20	22	40	14	1
51205	25	27	47	15	1
51206	30	32	52	16	1
51207	35	37	62	18	1,5
51208	40	42	68	19	1,5
51209	45	47	73	20	1,5
51210	50	52	78	22	1,5
51211	55	57	90	25	1,5
51212	60	62	95	26	1,5
51213	65	67	100	27	1,5
51214	70	72	105	27	1,5

Zylinderrollenlager DIN 5412 — Lagerreihe NU 49, Maßreihe 49

Kurzzeichen	d	D	B	r
NU 4900	10	22	13	0,5
NU 4901	12	24	13	0,5
NU 4902	15	28	13	0,5
NU 4903	17	30	13	0,5
NU 4904	20	37	17	0,5
NU 49/22	22	39	17	0,5
NU 4905	25	42	17	0,5
NU 49/28	28	45	17	0,5
NU 4906	30	47	17	0,5
NU 49/32	32	52	20	1
NU 4907	35	55	20	1

Kegelrollenlager DIN 720 — Lagerreihe 302, Maßreihe 02

Kurzzeichen	d	D	b_i	b_a	B	r	r_1
30202	15	35	11	10	11,75	1	0,3
30203	17	40	12	11	13,25	1,5	0,5
30204	20	47	14	12	15,25	1,5	0,5
30205	25	52	15	13	16,25	1,5	0,5
30206	30	62	16	14	17,25	1,5	0,5
30207	35	72	17	15	18,25	2	0,8
30208	40	80	18	16	19,75	2	0,8
30209	45	85	19	16	20,75	2	0,8
30210	50	90	20	17	21,75	2	0,8
30211	55	100	21	18	22,75	2,5	0,8
30212	60	110	22	19	23,75	2,5	0,8

Schrägkugellager DIN 628 — Lagerreihe 72, Maßreihe 02

Kurzzeichen	d	D	B	r	r_1
7200	10	30	9	1	0,5
7201	12	32	10	1	0,5
7202	15	35	11	1	0,5
7203	17	40	12	1	0,8
7204	20	47	14	1,5	0,8
7205	25	52	15	1,5	0,8
7206	30	62	16	1,5	0,8
7207	35	72	17	2	1
7208	40	80	18	2	1
7209	45	85	19	2	1
7210	50	90	20	2	1

Pendelkugellager DIN 630 — Lagerreihe 22, Maßreihe 22

Kurzzeichen	d	D	B	r
2200	10	30	14	1
2201	12	32	14	1
2202	15	35	14	1
2203	17	40	16	1
2204	20	47	18	1,5
2205	25	52	18	1,5
2206	30	62	20	1,5
2207	35	72	23	2
2208	40	80	23	2
2209	45	85	23	2
2210	50	90	23	2

Freistiche nach DIN 509 dienen an Innen- und Außendrehteilen, die geschliffen werden, zum Auslauf der Schleifscheibenkante. Es sollen nur noch die Formen E und F angewendet werden.

für Werkstücke mit **einer** Bearbeitungsfläche
Form E

für Werkstücke mit **zwei** rechtwinklig zueinander stehenden Bearbeitungsflächen
Form F

Abmessungen der Freistichformen E und F

Zuordnung zum Durchmesser d_1 für Werkstücke		r_1	t_1 + 0,1	f_1	g ≈	t_2 + 0,05
mit üblicher Beanspruchung	mit erhöhter Wechselfestigkeit					
über 10 bis 18	—	0,6	0,2	2	1,4	0,1
über 18 bis 80	—	0,6	0,3	2,5	2,1	0,2
über 80	—	1	0,4	4	3,2	0,3
—	über 18 bis 50	1	0,2	2,5	1,8	0,1
—	über 50 bis 80	1,6	0,3	4	3,1	0,2
—	über 80 bis 125	2,5	0,4	5	4,8	0,3
—	über 125	4	0,5	7	6,4	0,3

d_1 = Fertigmaß   z = Bearbeitungszugabe

Die Bemaßung eines Freistichs erfolgt als vergrößert dargestellte Einzelheit oder vereinfacht mit Kurzzeichen z. B. DIN 509–E1 × 0,2 mit r_1 = 1 und t_1 = 0,2, wobei der Freistich mit schmaler Vollinie anzudeuten ist.

Bei Werkstücken, z. B. Wellen und umlaufenden Achsen ergeben größere Übergangsradien r_1 geringere Kerbwirkungen und somit höhere Biegewechselfestigkeiten.

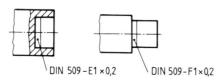

DIN 509–E1 × 0,2   DIN 509–F1 × 0,2

[1] Angabe über die Aufnahme von Lagerkräften

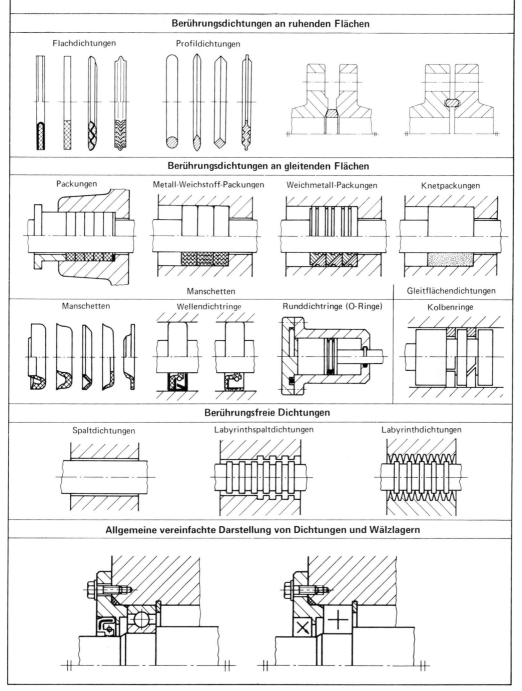

Allgemeine und detaillierte vereinfachte Darstellungen von Dichtungen nach DIN ISO 9222 und von Wälzlagern nach DIN ISO 8826

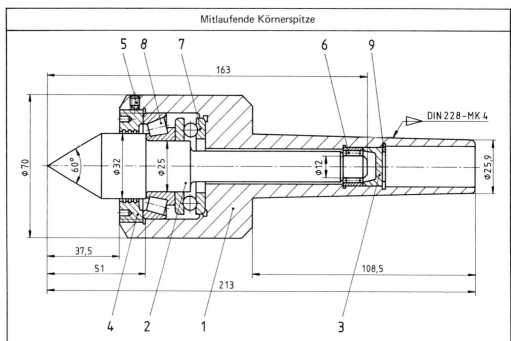

Mitlaufende Körnerspitze

Eine mitlaufende Körnerspitze dient zum Spannen langer Werkstücke zwischen Spitzen, wobei die Reibung an der Einspannstelle erheblich verringert wird.

Sie hat eine axiale Belastung aus Einspannkraft und Vorschubkraft und eine radiale Belastung durch Werkstückgewicht und radiale Schnittkraft aufzunehmen. Dabei muß sie das Werkstück axial und radial genau führen.

Die Axialkraft nimmt ein Axialrillenkugellager auf. Die radiale Führung erfolgt durch ein Kegelrollenlager. Mit Hilfe der Einstellmutter 4 wird die Lagerung spielfrei eingestellt. Auf der Gegenseite ist ein Nadellager als Loslager eingebaut.

Die mitlaufende Körnerspitze hat Fettschmierung und wird nur durch einen Spalt mit Fettrillen abgedichtet.

1 L: Lesen der Gruppenzeichnung, Erfassen der Einzelteile und Erkennen der Funktion der mitlaufenden Körnerspitze, wobei axiale und radiale Kräfte durch entsprechende Wälzlager spielfrei aufgenommen werden müssen.

2 Ü:
2.1 Welchen Vorteil hat die mitlaufende Körnerspitze gegenüber einer festen?
2.2 Welche Wälzlageranordnung wurde gewählt?
2.3 Wie erfolgt das spielfreie Einstellen der Wälzlager?
2.4 Durch welche Maßnahme können an der Körnerspitze hohe Flächenpressungen aufgenommen werden?
2.5 Was verstehen Sie unter der Angabe DIN 228-MK4?
2.6 Wie erfolgt die Aufnahme der Körnerspitzen in der Pinole des Reitstockes, s. auch S. 184?

3 Z: Zeichnen Sie auf einem A2-Blatt im M 1 : 1 die Gruppenzeichnung in der V im Schnitt sowie die Einzelteile außer Normteilen, und stellen Sie die Stückliste auf. Fehlende Maße sind entsprechend frei zu wählen.

Pos.	Men.	Einh.	Benennung	Sachnr./Norm-Kurzbez.	Werkst.
9	1	Stck	Sicherungsring	DIN 472-18×1	
8	1	Stck	Kegelrollenlager	DIN 720-30205	
7	1	Stck	Axial-Rillenkugellager	DIN 711-51205	
6	1	Stck	Nadellager	DIN 618 - 12×16×10	
5	1	Stck	Gewindestift	DIN 553 -M4×8	5.6
4	1	Stck	Verschlußdeckel		C 15
3	1	Stck	Fixierscheibe		C 15
2	1	Stck	Spitze		20MnCr5
1	1	Stck	Körper		C 45

Mitlaufende Körnerspitze

Deckellager nach DIN 118

Gleitlager dienen zur Lagerung von Achsen und Wellen. Man unterscheidet Radiallager für die Aufnahme von Querkräften und Axiallager zur Aufnahme von Längskräften sowie kombinierte Radial-Axiallager, die zumeist als Festlager Verwendung finden.

Die Achsen und Wellen laufen mit Gleitreibung unter Öl-, Fett- oder Feststoffschmierung in Lagerschalen oder Lagerbuchsen. Im Idealfall liegt bei Gleitlagern Flüssigkeitsreibung vor, wobei die Achse oder Welle auf einem Ölfilm schwimmt und keine metallische Berührung mit dem Lager mehr stattfindet, so daß die Lebensdauer fast unbegrenzt ist. Die Schmierschicht wirkt schwingungs- und geräuschdämpfend, so daß Gleitlager im allgemeinen ruhiger laufen als Wälzlager.

Gleitlager sind einfach aufgebaut und können geteilt ausgeführt werden, was den Ein- und Ausbau der Achsen und Wellen erleichtert.

Als Lagerwerkstoff finden wegen der guten Verschleiß- und Notlaufeigenschaften Bronze (CuSn, CuSnPb) Rotguß (CuSnZn), Weißmetall (SnPbSb), Sintermetall, Sondermessing und Grauguß Verwendung. Verbundlager ersparen wertvollen Gleitlagerwerkstoff, da die Stützschalen aus GG, GS oder St und nur die innere Laufschicht aus Gleitlagerwerkstoff besteht.

Als einfache genormte Schmiervorrichtungen sind für Öl Einschraub- oder Einschlagöler und für Fett Stauferbüchsen, Kugel- oder Kegelschmiernippel zu nennen.

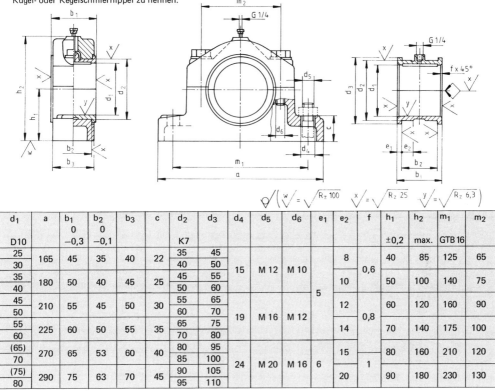

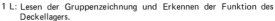

d_1 D10	a	b_1 0 −0,3	b_2 0 −0,1	b_3	c	d_2 K7	d_3	d_4	d_5	d_6	e_1	e_2	f	h_1 ±0,2	h_2 max.	m_1 GTB 16	m_2
25	165	45	35	40	22	35	45	15	M 12	M 10	8		0,6	40	85	125	65
30						40	50										
35	180	50	40	45	25	45	55				10			50	100	140	75
40						50	60										
45	210	55	45	50	30	55	65	19	M 16	M 12	12		0,8	60	120	160	90
50						60	70										
55	225	60	50	55	35	65	75				14			70	140	175	100
60						70	80					5					
(65)	270	65	53	60	40	80	95	24	M 20	M 16	15	6	1	80	160	210	120
70						85	100										
(75)	290	75	63	70	45	90	105				20			90	180	230	130
80						95	110										

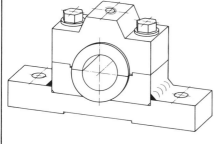

1 L: Lesen der Gruppenzeichnung und Erkennen der Funktion des Deckellagers.

2 Ü:
2.1 Nennen Sie Vor- und Nachteile von Wälz- und Gleitlagern.
2.2 Welche Arten der Gleitlager sind Ihnen bekannt?
2.3 Welcher Betriebszustand ist bei einem Gleitlager der günstigste?
2.4 Welche Lagerwerkstoffe werden bei Gleitlagern verwendet?
2.5 Welche Schmiermittel finden Anwendung und wie wird geschmiert?

3 Z: Konstruieren Sie auf einem A2-Blatt im M 1 : 1 ein Deckellager nach DIN 505 in Schweißkonstruktion, wie nebenstehende Abbildung zeigt, wobei die Lagerschalen des genormten Lagers verwendet werden sollen
3.1 die Gruppenzeichnung in V und S mit Hauptmaßen,
3.2 Ober- und Unterteil als Fertigungszeichnungen mit allen Angaben, Werkstoff St 37-2,
3.3 die zugehörigen Lagerschalen als Fertigungszeichnungen mit allen Angaben, Werkstoff G-CuSn 12 Pb nach DIN 1705.

Oberflächenangaben s. S. 85.

Treibstange mit nachstellbaren Gleitlagern

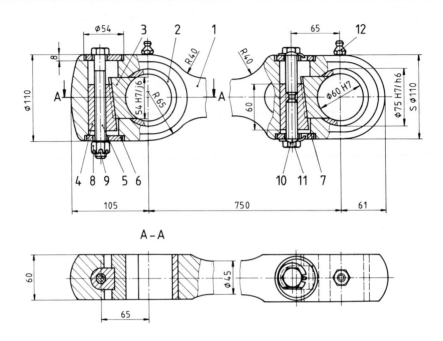

Die Treibstange ist das Verbindungselement zwischen dem druckluftbetriebenen Kolben und dem Exzenterbolzen des Schwungrades eines Förderhaspels, um eine hin- und hergehende Bewegung in eine drehende umzusetzen.

Die beiden Lagerstellen sind als nachstellbare Gleitlager ausgebildet. Gleitlager können im Unterschied zu Wälzlagern stoßartige Belastungen günstiger aufnehmen. Um diese stoßartigen Belastungen gering zu halten, muß das Lagerspiel durch Nachstellen so gering wie möglich gehalten werden.

Das Nachstellen des Lagerspiels erfolgt über ein keilförmiges Lagersegment 3, das von einem Stellkeil über Sechskantschrauben nachgestellt wird. Diese sind gegen selbsttätiges Lockern gesichert. Es ist Fettschmierung vorgesehen.

1 L: Lesen der Gruppenzeichnung und Erkennen der Funktion der Treibstange.

2 Ü:

2.1 Wie ist das Rohteil der Treibstange zweckmäßigerweise zu fertigen?

2.2 Warum werden als Treibstangen-Gleitlager verwendet?

2.3 Sollte die Keilverbindung in der Treibstange selbsthemmend sein?

2.4 Wie erfolgt die Befestigung der Lagerschalen in der Treibstange?

2.5 Welche Arten der Schraubensicherung kennen Sie?

3 Z: Zeichnen Sie die Treibstange Teil 1 in der V und D als Fertigungszeichnung, wobei nicht angegebene Maße entsprechend zu wählen sind.

Pos.	Men.	Einh.	Benennung	Sachnr./Norm-Kurzbez	Werkstoff
12	2	Stck	Kegel-Schmiernippel	DIN 71412 AM8×1	St
11	2	Stck	Sicherungsblech	DIN 432-17	St
10	2	Stck	Sechskantschraube	ISO 4017-M16×50	5.6
9	1	Stck	Splint	DIN 94-4×36	St
8	1	Stck	Kronenmutter	DIN 935-M16	5
7	2	Stck	Scheibe		St44-2
6	2	Stck	Scheibe		St44-2
5	1	Stck	Sechskantschraube	ISO 4017-M16×130	5.6
4	2	Stck	Stellkeil		St 50-2
3	2	Stck	Lagersegment		CuSn12Pb
2	2	Stck	Buchse		CuSn12Pb
1	1	Stck	Treibstange		St 50-2

3.5 Zahnräder und Getriebe
Bestimmungsgrößen für Geradstirnräder

Geradstirnrad

Kegelrad

167.1
Schnecke

Schneckenrad

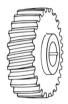
Schraubrad

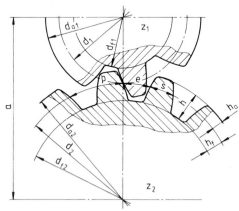

167.2 Zahnradpaar im Eingriff

Zahnräder übertragen Kräfte bzw. Drehmomente von einer Welle zur anderen, wobei Drehzahlen und Drehrichtungen geändert werden können.

Die Förderwirkung der Zahnradlücken wird bei Zahnradpumpen zur Druckölerzeugung eingesetzt.

Die Bestimmungsgrößen der Zahnräder mit parallelen Radachsen werden auf die Teilkreise bezogen. Die Teilkreisteilung ist das Bogenmaß auf dem Teilkreis und setzt sich zusammen aus der Zahndicke s und der Lückenweite e, p = s + e. Der Modul m ist das Verhältnis der Teilung p zur Zahl π, m = p/π. Der Teilkreisdurchmesser ergibt sich als Produkt aus Modul und Zähnezahl, d = m · z. Rad und Gegenrad besitzen stets den gleichen Modul. Dieser ist für Stirnräder nach DIN 780 T1 zu wählen.

	Bestimmungsgrößen der Geradstirnräder[1]		Beispiel: z_1 = 20, m = 3
Modul	Verhältniszahl, die der Modulreihe nach DIN 780 entnommen wird	$m = \dfrac{p}{\pi}$	3 mm
Teilung	p = Modul · π	p = m · π	3 · 3,14 = 9,42 mm
Teilkreis-ϕ	d = Modul · Zähnezahl	d = m · z	3 · 20 = 60 mm
Zahnhöhe	h = 2 · Modul + Kopfspiel	h = 2 · m + c[2]	6 + 0,75 = 6,75 mm
Kopfhöhe	h_a = Modul	h_a = m	3 mm
Fußhöhe	h_f = Modul + Kopfspiel	h_f = m + c	3 + 0,75 = 3,75 mm
Kopfkreis-ϕ	d_a = d + doppelter Kopfhöhe	d_a = d + 2 m d_a = m · (z + 2)	d_a = 66 mm
Fußkreis-ϕ	d_f = d – doppelter Fußhöhe	d_f = d – 2 · h_f	60 – 7,5 = 52,5 mm
Achsabstand	a = Summe der Teilkreishalbmesser z_1 = Zähnezahl des kleineren Rades z_2 = Zähnezahl des größeren Rades	$a = \dfrac{m(z_1 + z_2)}{2}$ $a = \dfrac{d_1 + d_2}{2}$	z. B. z_2 = 40 $a = \dfrac{3 \cdot (20 + 40)}{2} = 90$ mm

Moduln für Stirnräder nach DIN 780 Teil 1, Reihe 1

Alle Modulen in mm!

Modulm									
0,05	0,06	0,08	0,1	0,12	0,16	0,2	0,25	0,3	0,4
0,5	0,6	0,7	0,8	0,9	1	1,25	1,5	2	2,5
3	4	5	6	8	10	12	16	20	25
32	40	50	60						

Moduln für Schnecken im Axialschnitt, für Schneckenräder im Stirnschnitt DIN 780 T2									
1	1,25	1,6	2	2,5	3,15	4	5	6,3	8
10	12,5	16	20						

Übung
Bestimmen Sie die Abmessungen eines Geradstirnradpaares nach der oben stehenden Tabelle mit: z_1 = 18 Zähne, z_2 = 36, m = 4.

---
[1] Ohne Profilverschiebung   [2] Das Kopfspiel ist nach DIN 867 mit c = 0,25 · m festgelegt.

Darstellen von Zahnrädern nach DIN ISO 2203	
Teilzeichnungen	Zusammenstellungszeichnungen

1. Stirnrad

1.1. Stirnrad mit außenliegendem Gegenrad

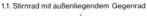
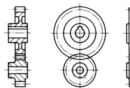

In Einzelteilzeichnungen von Zahnrädern ist die Achse zweckmäßigerweise horizontal zu legen.

Maße und Kennzeichen in Zeichnungen für Stirnräder sind:
1.1 Kopfkreisdurchmesser
1.2 Fußkreisdurchmesser
1.3 Zahnbreite
1.4 Kennzeichen der Bezugselemente
1.5 Rundlauf- und Planlauftoleranz sowie Parallelität der Stirnflächen d. Radkörpers
1.6 Oberflächen-Kennzeichen für die Zahnflanken nach DIN ISO 1302

1.2. Stirnrad mit innenliegendem Gegenrad

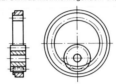

1.3. Stirnrad mit Zahnstange

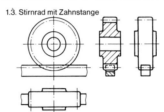

Zahnradpaare sind wie in 1.1 gezeigt im Achsschnitt so zu zeichnen, daß ein Zahn vor dem anderen liegt und diesen verdeckt.

In einer entsprechenden Ansichtdarstellung wird nicht davon ausgegangen, daß ein Zahn den anderen verdeckt.

In der Seitenansicht berühren sich die strichpunktiert gezeichneten Teilkreise, während sich die Kopfkreise schneiden. Die Fußkreise werden im allgemeinen nicht gezeichnet.

2. Kegelrad

2.1. Kegelradpaar mit Achsenschnittpunkt

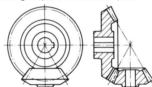

3. Schneckenrad

3.1. Schnecke und Schneckenrad

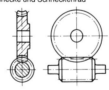

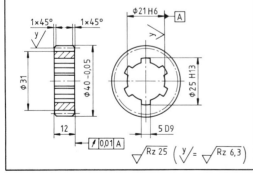

Stirnrad		außenverzahnt innenverzahnt
Modul	m_n	2
Zähnezahl	z	18
Bezugsprofil		DIN 867
Schrägungswinkel	β	0°
Flankenrichtung		–
Profilverschiebungsfaktor	x	0
Verzahnungsqualität Toleranzfeld		8 e 26 DIN 3967
Achsabstand im Gehäuse mit Abmaßen	a	63 ± 0,023
Gegenrad	Sachnummer	
	Zähnezahl	z	36

168

Evolventenverzahnung

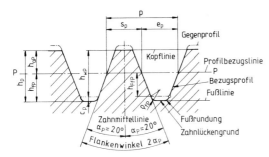

169.1 *Bezugsprofil für Stirnräder mit Evolventen-verzahnung als Zahnstangenprofil*

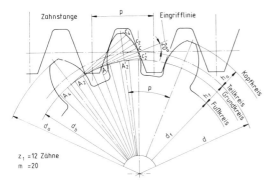

169.2 *Zahnstange und Zahnrad*

Evolventenverzahnung

Damit die Zahnflanken der Stirnräder sich mit geringer Reibung aufeinander abwälzen, werden die Flankenprofile vorwiegend als Evolventen und in Sonderfällen als Zykloiden ausgebildet. Evolventenverzahnungen haben den Vorteil, daß sie gegen Achsabstandsänderung unempfindlich sind.

Durch das Bezugsprofil nach DIN 867 ist die Evolventenzahnform für Stirn- und Kegelräder mit einem Eingriffswinkel von $\alpha = 20°$ festgelegt. Der Eingriffswinkel ist gleich dem halben Flankenwinkel des Bezugsprofils, 169.1. Das Bezugsprofil kann als Zahnstange aufgefaßt werden, die mit dem zugehörigen Zahnrad kämmt.

Bei der Evolventenverzahnung wandert der gemeinsame Berührungspunkt C zweier Zahnflanken während des Eingriffs längs der Eingrifflinie, 169.2.

Konstruktion der Evolventen-Flankenprofile

Durch den Punkt C, den Schnittpunkt des Teilkreises mit der Mittellinie, zieht man unter 20° zur Waagerechten die Eingrifflinie. Diese rollt zur Erzeugung der Evolvente auf dem Grundkreis ab. Die Senkrechte von Teilkreismittelpunkt M auf die Eingrifflinie mit dem Fußpunkt A bestimmt den Halbmesser des Grundkreises. Der Umfang des Grundkreises wird vom Punkt A aus zu beiden Seiten in eine Anzahl gleicher Teile geteilt.

In den Teilpunkten des Grundkreises zeichnet man die Tangenten und trägt auf ihnen von A_1, A_2 usw. die abgewälzten Kreisbogen ab. Die Endpunkte C_1, C_2 usw. auf den zugehörigen Tangenten bilden die Evolvente, die nur bis zum Grundkreis reicht.

Die Evolvente wird vom Grundkreis als Tangente bis zum Fußkreis weitergeführt und erhält dort eine Fußrundung mit $\rho_f = 0{,}38 \cdot m$. Um die andere Zahnflanke konstruieren zu können, zeichnet man die Zahnmittellinie (mit p/4 auf dem Teilkreis) ein und überträgt die symmetrisch liegenden Evolventenpunkte.

Zahnräder mit Zähnezahlen $z < 14$ (praktische Grenzzähnezahl) weisen einen Unterschnitt der Zahnfüße auf, 169.3. Hierdurch wird die Zahnfußfestigkeit verringert. Durch eine entsprechende Profilverschiebung kann der Unterschnitt wieder beseitigt werden.

1 Ü:
1.1 Warum werden bei der Kraftübertragung durch Zahnräder vorwiegend Evolventenverzahnungen angewendet?
1.2 Was verstehen Sie unter dem Bezugsprofil der Evolventenverzahnung?
1.3 Wie ist der Modul für Stirn- und Kegelräder festgelegt?
1.4 Wie werden nach DIN ISO 2203 einzelne Zahnräder und Zahnradpaare dargestellt?

2 Z: Konstruieren Sie auf je einem A3-Blatt im M 1 : 1 wie die Beispiele auf dieser Seite zeigen:
2.1 die Evolventenverzahnung eines Stirnrades mit $z_1 = 12$ Zähnen, m = 20 und der zugehörigen Zahnstange,
2.2 die Evolventenverzahnung zweier Stirnräder mit $z_1 = 20$ Zähne, $z_2 = 40$ Zähne, m = 16.

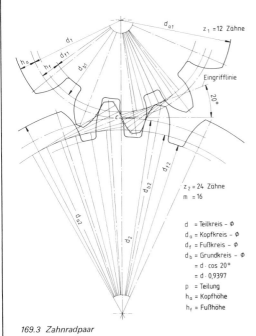

d = Teilkreis - ⌀
d_a = Kopfkreis - ⌀
d_f = Fußkreis - ⌀
d_b = Grundkreis - ⌀
  = d · cos 20°
  = d · 0,9397
p = Teilung
h_a = Kopfhöhe
h_f = Fußhöhe

169.3 *Zahnradpaar*

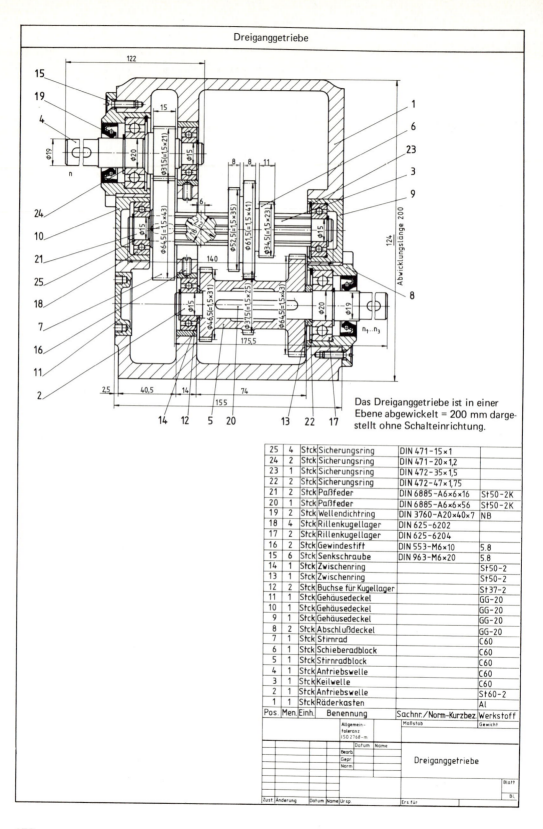

Dreiganggetriebe

Das Dreiganggetriebe wird von einem Drehstrom-Asynchronmotor mit einer Leistung von 1,5 kW über eine drehelastische Kupplung angetrieben und treibt mit drei unterschiedlichen Drehzahlen eine Arbeitsmaschine an. Beim Auslauf des Getriebes können die drei Drehzahlen durch Verschieben des Schieberadblockes 6 über eine von einem Hebel betätigte Gabel von Hand geschaltet werden.

Das Dreiganggetriebe ist in einer Ebene abgewickelt und ohne Schalteinrichtung dargestellt.

In einem Zahnradgetriebe wird im allgemeinen die Drehzahl des Antriebsmotors herabgesetzt und das Drehmoment entsprechend der Übersetzung erhöht.

Der Kraftfluß im einem Zahnradgetriebe durchläuft meist ein oder nacheinander mehrere Zahnradpaare, im Dreiganggetriebe sind es jeweils 2 Zahnradpaare, je mit einer festen und einer veränderlichen Übersetzung.

Die Übersetzung in einem Zahnradpaar ist gleich dem Verhältnis der Drehzahl der treibenden Welle n_a zur Drehzahl der getriebenen Welle n_b.

$$i = n_a/n_b$$

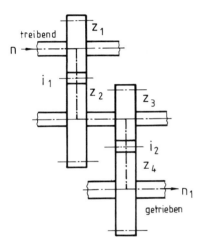

$$i_{gesamt} = i_1 \cdot i_2 = \frac{z_2 \cdot z_4}{z_1 \cdot z_3}$$

Die Übersetzung eines Zahnradpaares ist ferner das Verhältnis der Zähnezahl des getriebenen Zahnrades zur Zähnezahl des angetriebenen Zahnrades

$$i = z_2/z_1$$

Ist die Übersetzung $i > 1$, so erfolgt eine Übersetzung ins Langsame, ist $i < 1$, so erfolgt eine Übersetzung ins Schnelle.

Die Gesamtübersetzung eines Getriebes mit mehreren nacheinander im Kraftfluß liegenden Zahnradpaaren ist gleich dem Produkt der Teilübersetzungen der einzelnen Zahnradpaare, z. B.

$$i_{ges} = i_1 \cdot i_2$$

Für die höchste im Dreiganggetriebe erzeugte Drehzahl gilt für die Gesamtübersetzung

$$i_{ges\,1} = i_1 \cdot i_2 = \frac{44 \cdot 25}{22 \cdot 41} = 1,22$$

Die Normzahl 1,25 nach DIN 323 T 1 wird als Übersetzung hierbei mit guter Näherung erreicht

Die entsprechende Drehzahl an der Abtriebsseite errechnet sich zu

$$n_1 = \frac{n}{i_{ges\,1}} = \frac{1400 \text{ min}^{-1}}{1,22} = 1147,5 \text{ min}^{-1}$$

Die Normzahl 1120 wird ebenfalls mit guter Näherung erreicht, s. auch DIN 804.

1 L: Erkennen der Funktion des Dreiganggetriebes anhand der Gruppenzeichnung durch Verfolgen des Kraftflusses bei den drei Drehzahlen,
Angewandte Mitnehmerverbindungen zwischen Welle und Zahnräder, Lagerung der Welle und ihre Abdichtung im Gehäuse.

2 Ü:
2.1 Aufgabe der Zahnradgetriebe.
2.2 Wie ist die Übersetzung eines Zahnradpaares, wie wird die Gesamtübersetzung mehrerer hintergeschalteter Zahnradpaare festgelegt?
2.3 Berechnen Sie die jeweilige Gesamtübersetzung i_{ges} sowie die drei schaltbaren Drehzahlen, wenn die Lastdrehzahl des E-Motors $n_M = 1400 \text{ min}^{-1}$ beträgt.
2.4 Welche Art der Wellenlagerung ist bei den drei Wellen gewählt worden?
2.5 Welche Lastrichtung haben die Innen- und Außenringe der eingebauten Rillenkugellager?
2.6 Wie erfolgt die Abdichtung der Wellen im Gehäuse?
2.7 Begründen Sie die für die einzelnen Teile getroffene Werkstoffwahl!

3 Z: Konstruieren Sie je auf einem A3-Blatt im M 1 : 1 (fehlende Maße sind entsprechend zu wählen)
3.1 die Gruppenzeichnung des Dreiganggetriebes als Abwicklung mit Stückliste,
3.2 die Getriebeteile 2, 3, 4, 5 und 6 als Fertigungszeichnungen mit allen erforderlichen Angaben.

Schneckengetriebe

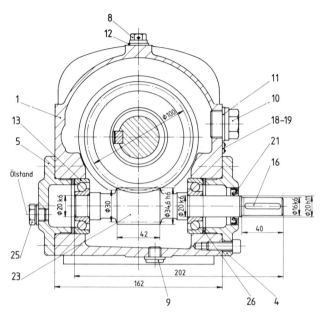

Schneckengetriebe zählen zu den Wälzschraubtrieben. Sie bestehen aus der treibenden Schnecke und dem getriebenen Schneckenrad, deren Achsen sich normalerweise unter einem Achsenwinkel $\Sigma = 90°$ kreuzen.

Schneckengetriebe ermöglichen große Übersetzungen ins Langsame. Die Mindestübersetzung soll $i_{min} > 5$ und die Größtübersetzung $i_{max} \leq 100$ sein, weil im letzteren Fall der Verschleiß der Schnecke infolge zu hoher Gleitbewegung zu groß würde.

Die Übersetzung i eines Schneckengetriebes ausgedrückt durch die Drehzahlen n_a des treibenden Rades (Schnecke) und n_b des getriebenen Rades (Schneckenrad) ist $i = n_a/n_b$. Das Zähnezahlverhältnis $u = z_2/z_1$ ist stets > 1.

Die Zähnezahl des Schneckenrades soll $z_2 > 30$ sein. Daher müssen für Schneckengetriebe mit kleineren Zähnezahlen mehrgängige Schnecken mit $z_1 = 1\ldots 6$ verwendet werden.

Schneckengetriebe haben gegenüber Stirn- und Kegelradgetrieben einen geräuschärmeren Lauf und werden bei gleichen Übersetzungen und Leistungen in kleineren Baugrößen ausgeführt. Die größere Gleitbewegung der Zahnflanken hat neben dem stärkeren Verschleiß auch einen geringeren Wirkungsgrad zur Folge.

Pos.	Men.	Einh.	Benennung	Sachnr./Norm-Kurzbez.	Werkstoff
27	2	Stck	Paßscheibe		St 44-2
26	2	Stck	Paßscheibe		St 44-2
25	1	Stck	Verschlußschraube	DIN 910-M 12×1,5	5.8
24	1	Stck	Schneckenrad		G-Sn Bz12
23	1	Stck	Schnecke		16 MnCr 5
22	1	Stck	Wellendichtring	DIN 3760-A 35×47×7	NB
21	1	Stck	Wellendichtring	DIN 3760-A 20×35×7	NB
20	24	Stck	Zylinderschraube	DIN 912-M 8×25	8.8
19	4	Stck	Halbrundkerbnagel	DIN 1476-2×6	St
18	1	Stck	Schild		Cu Zn 40
17	1	Stck	Paßfeder	DIN 6885-A8×7×70	St 50-2K
16	1	Stck	Paßfeder	DIN 6885-A5×5×35	St 50-2K
15	1	Stck	Paßfeder	DIN 6885-A12×8×35	St 50-2K
14	2	Stck	Rillenkugellager	DIN 625-6207	
13	2	Stck	Schrägkugellager	DIN 628-7304	
12	3	Stck	Dichtring	DIN 7603-C 14×20	Cu-As
11	1	Stck	Dichtring	DIN 7603-C 27×32	Cu-As
10	1	Stck	Verschlußschraube	DIN 910-M 26×1,5	5.8
9	1	Stck	Verschlußschraube	DIN 908-M 12×1,5	5.8
8	1	Stck	Entlüftungsschraube	DIN 910-M 12×1,5	5.8
7	1	Stck	Ring		GG-20
6	1	Stck	Welle		St 50-2K
5	1	Stck	Lagerdeckel A		GG-20
4	1	Stck	Lagerdeckel B		GG-20
3	1	Stck	Gehäuse Seitenteil A		GG-20
2	1	Stck	Gehäuse Seitenteil B		GG-20
1	1	Stck	Gehäuse Mittelteil		GG-20

Schneckengetriebe
$P = 1,2$ kW, $n = 1400$ min^{-1}

Schneckengetriebe

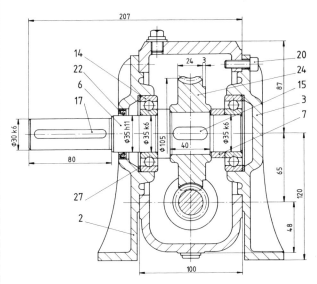

Schnecke		
Zähnezahl	z_1	2
Modul (Axialmodul)	m	2,5
Mittenkreisdurchmesser	d_{m1}	30
Zahnhöhe	h_a	5,5
Flankenrichtung		rechtssteigend
Steigungshöhe	p_{z1}	15,708
Mittensteigungswinkel	γ_m	9°27′ 44″
Flankenform nach DIN 3975		I
Axialteilung	p_x	7,854
Sachnummer des Schneckenrades		

Schneckenrad		
Zähnezahl	z_2	40
Modul (Stirnmodul)	m	2,5
Teilkreisdurchmesser	d_2	100
Profilverschiebungsfaktor	x_2	—
Zahnhöhe	h	5,5
Flankenrichtung		rechtssteigend
Schnecke Sachnummer		
Zähnezahl	z_1	2
Achsabstand im Gehäuse mit Abmaßen	a	65, ± 0,025

Durch die Steigung der Zahnflanken von Schnecke und Schneckenrad werden neben Radialkräften auch Axialkräfte hervorgerufen, die bei der Wellenlagerung berücksichtigt werden müssen.

Die Schnecke läuft im Ölbad, deren Höhe durch das Ölstandsauge kontrolliert werden kann. Das Schneckenrad fördert das notwendige Öl zu den Wälzlagern.

Das Gehäuse des Schneckengetriebes ist dreiteilig ausgeführt und besteht aus Grauguß GG 20. Radialdichtringe dichten das Getriebegehäuse ab und verhindern den Ölaustritt.

Schneckengetriebe finden z. B. Anwendung bei Aufzügen, Flaschenzügen, Winden, Krane, in Lenkgetrieben von Lastkraftwagen usw.

1 L: Lesen der Gruppenzeichnung und Erkennen der Funktion des Schneckengetriebes durch Umwandeln der höheren Eingangsdrehzahl durch Schnecke und Schneckenrad, Lagerung und Abdichtung von Schneckenwelle und Schneckenradwelle.

2 Ü:
2.1 Warum sind Schneckengetriebe besonders geeignet für große Übersetzungen ins Langsame?
2.2 Berechnen Sie die Übersetzung des Schneckengetriebes und die Abtriebsdrehzahl, wenn die Antriebsdrehzahl 1400 min^{-1} beträgt?
2.3 Welche Lageranordnung wurde für Schneckenwelle und Schneckenradwelle gewählt?
2.4 Wie erfolgt die Abdichtung der Wellen im Gehäuse?
2.5 Welche Lastrichtung haben die Innen- und Außenringe der eingebauten Wälzlager?
2.6 Begründen Sie die für die einzelnen Teile getroffene Werkstoffwahl.

3 Z: Konstruieren Sie je auf einem A2-Blatt im M 1 : 1:
(fehlende Maße sind entsprechend zu wählen)
3.1 das Schneckengetriebe als Gruppenzeichnung in V und S im Schnitt mit Stückliste,
3.2 die Schneckenwelle, das Schneckenrad und die Schneckenradwelle als Fertigungszeichnungen mit allen erforderlichen Angaben.

Zahnradpumpe

Die dargestellte selbstansaugende Zahnradpumpe hat die Aufgabe, einen Flüssigkeitsstrom zu erzeugen und diesem bei Bedarf den erforderlichen Druck zu erteilen. Sie besteht im wesentlichen aus Gehäuse 1, Befestigungsflansch 3, Zahnrad mit Antriebswelle 4, Zahnrad 5, Lageraufnahmen 7, Lagerbuchsen 2 und Scheiben 9 für den hydrostatischen Spielausgleich.

Die bei der Drehbewegung auseinanderlaufenden Zähne lassen Zahnkammern frei werden. Der dadurch entstehende Unterdruck sowie der atmosphärische Druck auf den Flüssigkeitsspiegel im Behälter bewirken, daß der Pumpe aus dem Behälter Flüssigkeit zufließt. Diese Flüssigkeit füllt die Zahnkammern und wird in Pfeilrichtung von der Saugseite zur Druckseite befördert. Hier greifen wieder die Zähne ineinander, verdrängen die Flüssigkeit aus den Zahnkammern und verhindern ein Rückströmen zum Saugraum. Um einen harten und stoßweisen Lauf der Pumpe zu vermeiden, sind seitlich Entlastungsbohrungen in den Lageraufnahmen 7 angeordnet, wodurch die Quetschflüssigkeit in den Saugraum geleitet wird.

Die dargestellte Zahnradpumpe fördert bei einer Umdrehung der Antriebswelle theoretisch ein Volumen V_{theo} = 8,4 cm³/U. Sie ist ausgelegt für eine maximale Drehzahl von 1450 U/min und einen maximalen Druck p_{max} = 250 bar. Diese Zahnradpumpe wird angebaut z. B. an Dieselmotoren von Lastkraftwagen und Gabelstaplern, um Hydrozylinder von Hebevorrichtungen mit Drucköl zu versorgen.

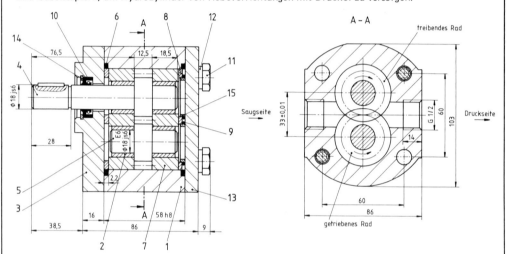

1 L: Lesen der Gruppenzeichnung und Erkennen der Funktion der Zahnradpumpe
2 Ü:
2.1 Welche Art der Lagerung wurde zweckmäßigerweise für die Zahnradwellen gewählt?
2.2 Wie erfolgt die Schmierung der Lagerstellen?
2.3 Wo entsteht die Quetschflüssigkeit und wohin wird sie durch Bohrungen geleitet?
2.4 Wie groß ist der theoretische Volumenstrom Q_{theo} in l/min bei 1450 U/min?
2.5 Wie groß ist der volumetrische Pumpenwirkungsgrad $\eta_v = Q_{eff}/Q_{theo}$ 100% bei einem Volumenstrom Q_{1eff} = 12,1 l/min und einem Öldruck p_1 = 100 bar sowie einem Volumenstrom Q_{2eff} = 11,8 l/min und einem Öldruck p_2 = 200 bar?
2.6 Welchen Einfluß hat der Öldruck auf den effektiven d. h. tatsächlichen Volumenstrom?
3 Z: Konstruieren Sie je auf einem A4-Blatt die beiden Zahnradwellen als Fertigungszeichnungen mit allen erforderlichen Angaben, s. S. 167. Modul m = 3, Zähnezahlen $z_1 = z_2 = 11$

Pos.	Men.	Einh.	Benennung	Sachnr./Norm-Kurzbez.	Werkstoff
15	2	Stck	Stützring		St 37-2
14	1	Stck	Sicherungsring	DIN 472-30×1,5	St
13	1	Stck	Deckel		St 37-2
12	2	Stck	Scheibe	DIN 125-A10,5	AL
11	2	Stck	Sechskantschraube	ISO 4014-M10×85	8.8
10	1	Stck	Wellendichtung	DIN 3760-A 18×30×7	NB
9	2	Stck	Runddichtring	DIN 3770-B 26×2,5	NB
8	2	Stck	Scheibe		St 33
7	2	Stck	Lageraufnahme		Sint-C 10
6	2	Stck	Dichtung		NB
5	1	Stck	Zahnrad (getrieben)		20MnCr5 [1]
4	1	Stck	Zahnrad (treibend)		20MnCr5 [1]
3	1	Stck	Flansch		C 35
2	2	Stck	Lagerbuchse		CuSn12Pb
1	1	Stck	Gehäuse		C 35

Zahnradpumpe

[1] einsatzgehärtet und angelassen 60 + 4 HRC, Eht = 0,4 + 0,4

3.6 Kupplungen

Einteilung der Kupplungen

Kupplungen sind Wellenverbindungen und übertragen Drehmomente, z. B. zwischen einem Elektromotor und einem Getriebe. Man unterscheidet im Hinblick auf die dauernde und zeitweilige Wellenverbindung nicht schaltbare und schaltbare Kupplungen.

Nicht schaltbare Kupplungen können
> starr sein, z. B. die Scheibenkupplungen nach DIN 116 und die Schalenkupplungen nach DIN 115,
> oder ausgleichend wirken bei axialen, radialen und winkligen Wellenverlagerungen
> oder elastisch sein, um Schwingungen und Drehmomentenstöße zu dämpfen.

Schaltbare Kupplungen können wie folgt unterteilt werden:
> fremdbetätigt, z. B. als Einscheibenkupplung beim Kraftfahrzeug oder als Lamellenkupplung in einem Werkzeugmaschinengetriebe,
> drehzahlbetätigt als Fliehkraftkupplung bei Anlaufvorgängen,
> momentbetätigt als Sicherheitskupplung, um bei Überlastung die Wellenverbindung zu unterbrechen, z. B. als Rutschkupplung,
> richtungsbetätigt als Freilaufkupplung, z. B. beim Fahrrad.

Für die Auswahl einer Kupplung ist das zu übertragende Drehmoment in Nm und die geforderte Betriebsweise maßgebend.

Scheibenkupplungen nach DIN 116

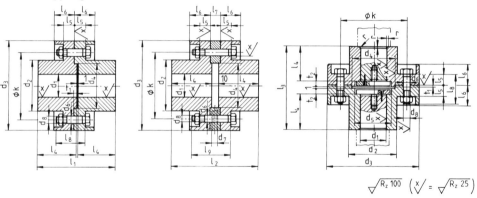

d_1 [1)] N7	d_2	d_3	d_4 H7	d_5 h8	d_6 H7	k	l_1	l_2	l_3	l_4	l_5	l_6	r	t_2	d_8 M	Sechskant-Paßschrauben DIN 609 für Form A u. C l_8	B l_9	Anzahl	übertragbares Drehmoment Nm	Drehzahl min^{-1} max.
25	58	125	50	45	11	90	101	110	117	50	16	31	1,6	8	10	45	60	3	46,2	2120
30	58	125	50	45	11	90	101	110	117	50	16	31	1,6	8	10	45	60	3	87,5	2120
35	72	140	65	55	11	100	121	130	141	60	16	31	2	10	10	45	60	3	150	2000
40	72	140	65	55	11	100	121	130	141	60	16	31	2	10	10	45	60	3	236	2000
45	95	160	75	65	11	125	141	150	169	70	18	34	3	14	12	50	65	3	355	1900
50	95	160	75	65	11	125	141	150	169	70	18	34	3	14	12	50	65	3	515	1900
55	110	180	90	75	13	140	171	180	203	85	18	37	3	16	12	50	70	4	730	1800
60	110	180	90	75	13	140	171	180	203	85	18	37	3	16	12	50	70	4	975	1800
70	130	200	100	85	13	160	201	210	233	100	23	41	4	16	12	60	80	6	1700	1700
80	145	224	115	95	13	180	221	230	261	110	23	41	4	20	12	60	80	6	2650	1600

Übung

Zeichnen Sie je auf ein A4-Blatt im M 1 : 1 als Gruppenzeichnung eine Scheibenkupplung DIN 116 — A50 sowie B50 in der V im Schnitt, und stellen Sie eine Stückliste auf, s. S. 176.

[1]) d_1 = 25 ... 250   Norm-Bezeichnung einer Scheibenkupplung der Form A mit d_1 = 80: Scheibenkupplung DIN 116—A80.

Elastische Kupplung

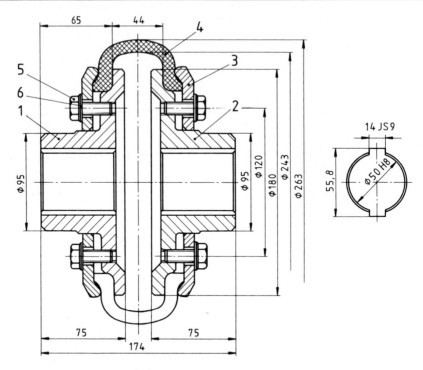

Bei hochelastischen Kupplungen wird vorwiegend Gummi als Verbindung zwischen den Kupplungshälften verwendet. Diese Kupplungen besitzen eine hohe Stoß- und Schwingungsdämpfung. Sie sind im allgemeinen allseitig beweglich d. h. längs-, quer- und winkelnachgiebig und können daher radiale, winklige und auch geringe axiale Wellenverlagerungen ausgleichen. Zu dieser Kupplungsart zählt die Periflex-Kupplung. Sie besitzt einen Gummireifen mit bogenförmigem Querschnitt, der über geschraubte Druckringe mit den Kupplungsflanschen verbunden ist. Zum leichteren Ein - und Ausbau ist der Gummireifen senkrecht zum Umfang geteilt.

1. L: Lesen der Gruppenzeichnung, Erfassen der Einzelteile und Erkennen der Funktion der Periflex-Kupplung.

2 Ü:
2.1 Welche Aufgaben haben Wellenkupplungen?
2.2 Nach welchen Gesichtspunkten können die Kupplungen unterteilt werden?
2.3 Wie erfolgt die Kraft- bzw. Drehmomentenübertragung von der Welle auf die Kupplung und welche Verbindungsarten werden hierbei angewendet?
2.4 Wie erfolgt der Ein- und Ausbau der Periflex-Kupplung?
2.5 Begründen Sie die Werkstoffwahl für die Teile 1, 2 und 3.

3 Z: Zeichnen Sie auf einem A2-Blatt im M 1 : 2 die Gruppenzeichnung im Schnitt mit einem Teil der Seitenansicht sowie die Teile 1 und 3 in der V im Schnitt und in der S als Fertigungszeichnungen, und stellen Sie die Stückliste auf.
Fehlende Maße sind entsprechend zu wählen.

Pos.	Men.	Einh.	Benennung	Sachnr./Norm-Kurzbez	Werkstoff
6	16	Stck	Scheibe	DIN 125-B 13	St
5	16	Stck	Sechskantschraube	ISO 4017-M12×30	5.6
4	1	Stck	Gummireifen		Buna
3	2	Stck	Druckring		GS-52
2	1	Stck	Kupplungshälfte		GG-25
1	1	Stck	Kupplungshälfte		GG-25

Allgemeintoleranz ISO 2768-m

Periflex - Kupplung

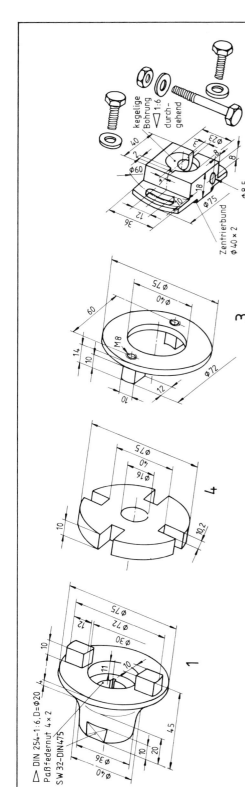

Pos.	Men.	Einh.	Benennung	Sachnr./Norm-Kurzbez.	Werkstoff
8	3	Stck	Blanke Scheibe	DIN 125-8,4	St 50-2
7	1	Stck	Sechskantmutter	ISO 4032-M8	5
6	2	Stck	Sechskantschraube	ISO 4014-M8×15	5.6
5	1	Stck	Sechskantschraube	ISO 4014-M8×45	5.6
4	1	Stck	Kreuzscheibe		Preßstoff
3	1	Stck	Versteller		Al Mg Si
2	1	Stck	Kupplungshälfte (Motorseite)		St 60-2
1	1	Stck	Kupplungshälfte (Pumpenseite)		St 60-2

Kupplung für Einspritzpumpe

1 L: Lesen der als Raumbilder dargestellten Einzelteile der Kupplung für Einspritzpumpe nach Form, Maßen und Werkstoffen sowie erkennen ihrer Funktion innerhalb der Baugruppe.

Die Kupplung dient zum Antrieb der Einspritzpumpe an einem Dieselmotor. Sie ist zum Ausgleich von Wellenverlagerungen als Kreuzscheibenkupplung ausgeführt und ermöglicht ein Verstellen des Einspritzbeginns.

Diese Darstellung der Kupplung für den Zusammenbau wird als Sprengbzw. Explosionszeichnung bezeichnet.

2 Ü:
2.1 Zu welcher Kupplungsart zählt die Kreuzscheibenkupplung?
2.2 Wie erfolgt bei dieser Kupplung der Ausgleich der axialen und radialen Wellenverlagerung?
2.3 Wie kann an dieser Kupplung durch Winkelverstellung der Einspritzbeginn der Pumpe verstellt werden?
2.4 Wie erfolgt die Übertragung des Drehmomentes zwischen der Welle und den beiden Kupplungshälften?

3 Z:
3.1 Konstruieren Sie auf einem A3-Blatt im M 1 : 1 die zusammengebaute Kupplung in der V im Halbschnitt mit Stückliste, die Einzelteile außer Normteilen mit allen Maßen, Oberflächenangaben und Passungen, und zwar die Teile 1 und 2 in V und Teil 3
3.2 in V und D im Halbschnitt und Teil 4 in V.

Abmessungen von Wellenenden und Schmalkeilriemenscheiben (Auswahl)

Zylindrische Wellenenden nach DIN 748 und **kegelige Wellenenden** nach DIN 1448 und DIN 1449 übertragen Drehmomente durch Kupplungen, Zahnräder, Riemenscheiben usw.

Zylindrische Wellenenden nach DIN 748 *Kegelige Wellenenden*

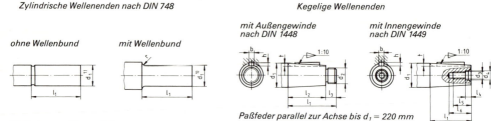

Paßfeder parallel zur Achse bis d_1 = 220 mm

Maße in mm (Auswahl)

d_1 [1])	l_1 lang	l_1 kurz	l_2 lang	l_2 kurz	l_3	l_4	l_5	l_6 min	r max	t lang	t kurz	b x h	d_2	d_3	d_4
16	40	28	28	16	12	3,2	10	14	0,6	2,5	2,2	3x3	M 10x1,25	M 4	4,3
19						4	12,5	17		3,2	2,9			M 5	5,3
20	50	36	36	22	14	5	16	21		3,4	3,1	4x4	M 12x1,25	M 6	6,4
22															
24										3,9	3,6				
25	60	42	42	24	18	6	19	25		4,1	3,6	5x5	M 16x1,5	M 8	8,4
28															
30										4,5	3,9				
32	80	58	58	36	22	7,5	22	30	1	5	4,4	6x6	M 20x1,5	M 10	10,5
35															
38															
40	110	82	82	54	28	9,5	28	37,5		7,1	6,4	10x8	M 24x2	M 12	13
42													M 30x2	M 16	17
45															
48						12	36	45				12x8			
50									1,6				M 36x3		

[1]) Toleranzfeld k 6 für d_1 bis 50 mm und m 6 für d_1 = 55 ... 630 mm.
Norm-Bezeichnung für zyl. Wellenende nach DIN 748 z. B.: Wellenende DIN 748-50 × 110

Schmalkeilriemenscheiben nach DIN 2211 Teil 1
Beim Keilriementrieb wird die Umfangskraft durch Reibungsschluß infolge Flächenpressung an den Keilflanken übertragen. Die Schmalkeilriemen nach DIN 7753 T1 werden wegen der kleineren Scheibendurchmesser, -breiten und Achsabstände sowie der höheren Drehzahlen vorwiegend verwendet.

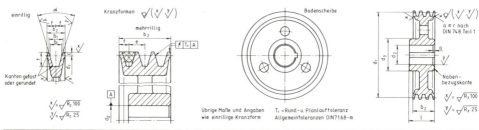

Schmalkeilriemen-profile	DIN 7753 T1	ISO-Kurzzeichen	SPZ	SPA	SPB	SPC
Richtbreite		br	8,5	11	14	19
		$b_1 \approx$	9,7	12,7	16,3	22
		c	2	2,8	3,5	4,8
Nabendurchmesser		d_3		$\approx (1,8...1,6) \cdot d_2$		
Rillenabstand		e	12 ± 0,3	15 ± 0,3	19 ± 0,4	25,5 ± 0,5
		f	8 ± 0,6	10 ± 0,6	12,5 ± 0,8	17 ± 1
Rillentiefe		t	11 +0,6 0	14 +0,6 0	18 +0,6 0	24 +0,6 0
$\alpha \dfrac{34°}{38°}$	für Richtdurchmesser dr		≤80 >80	≤118 >118	≤190 >190	≤315 >315
Zulässige Abweichung für α = 34° und 38°			±1°	±1°	±1°	±30'
Kranzbreite $b_2 = (z-1) e + 2f$	für Rillenzahl z	1	16	20	25	34
		2	28	35	44	59,5
		3	40	50	63	85
		4	52	65	82	110,5

Übung: Zeichnen Sie normgerecht eine einteilige volle Schmalkeilriemenscheibe, z. B. mit Profil SPZ, Richt-⌀ = 112 mm, Rillenzahl 3, Naben-⌀ = 50 mm mit Paßfedernut nach DIN 6885 Teil 1.

3.7 Vorrichtungen, Werkzeuge und Werkzeugmaschinenteile

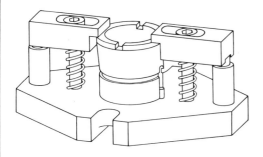

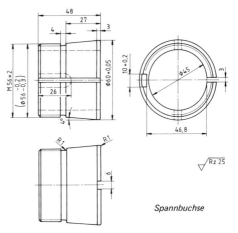

Spannbuchse

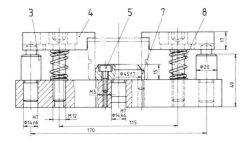

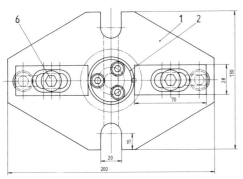

Die Fräsvorrichtung dient zum Spannen einer Spannbuchse für das Fräsen der Nut 6 x 3. Die Lage der nicht geschlitzten Spannbuchse in der Vorrichtung wird bestimmt durch einen Zentrierbolzen für die Bohrung ϕ 45 und einen Zylinderstift für die Außennut 10 breit. Das Spannen des Werkstückes in der Vorrichtung erfolgt über Spanneisen.

1 L: Lesen der Gruppenzeichnung und Erkennen der Funktion der Fräsvorrichtung.

2 Ü:
2.1 Welche Aufgaben haben Spannvorrichtungen?
2.2 Welche Vorteile bringt der Einsatz von Spannvorrichtungen in der Fertigung?
2.3 Wodurch erfolgt bei dieser Fräsvorrichtung das Bestimmen der Lage des Werkstückes zum Werkzeug?
2.4 Welche Aufgabe hat die Druckfeder 8?

3 Z: Zeichnen Sie im M 1 : 1 auf einem A2-Blatt die Fräsvorrichtung als Gruppenzeichnung sowie die Einzelteile, außer Normteilen, als Fertigungszeichnungen mit Stückliste.

Werkstück-Spannvorrichtungen sind Betriebsmittel für die Fertigung. Sie dienen zum Bestimmen der Lage und zum Spannen des Werkstückes und in manchen Fällen auch zum Führen des Werkzeuges, z. B. eines Bohrers durch eine Bohrbuchse. Diese Vorrichtungen haben die Aufgabe, die Werkstücke schnell und fehlerfrei in eine arbeitsgerechte Lage zu bringen und dort zu spannen. Ihre Benennung erfolgt nach dem Fertigungsverfahren. Werkstück-Spannvorrichtungen verkürzen die Nebenzeiten durch Fortfall des Anreißens, Körnerns und Messens und beim Mehrstückspannen auch die Hauptzeiten. Sie gewährleisten eine höhere Maßgenauigkeit der Werkstücke und damit ihre Austauschbarkeit.

Pos.	Men.	Einh.	Benennung	Sachnr./Norm-Kurzbez	Werkstoff
8	2	Stck	Druckfeder	DIN 2098-2,5x16x27,5	F.St.
7	1	Stck	Zylinderstift	DIN 7-6m6 x 20	St50-2K
6	1	Stck	Zylinderschraube	DIN 912-M 12 x 55	8.8
5	3	Stck	Zylinderschraube	DIN 912-M 5 x 20	8.8
4	2	Stck	Spanneisen		St60-2
3	2	Stck	Widerlager		20MnCr5
2	1	Stck	Zentrierbolzen		20MnCr5
1	1	Stck	Grundkörper		St50-2

Fräsvorrichtung

Bohrvorrichtung

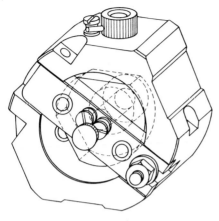

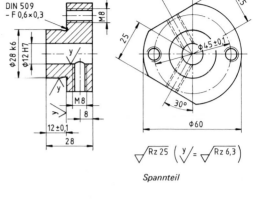

Spannteil

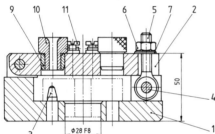

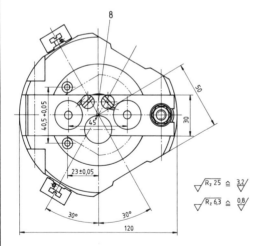

Die Bohrvorrichtung dient zum Spannen eines Spannteils für das Bohren von Gewindekernlöchern mit Hilfe von Steckbohrbuchsen und zum anschließenden Gewindeschneiden.

Die Lage des Werkstückes in der Vorrichtung wird bestimmt durch eine Zentrierbohrung und zwei Stifte. Vor dem Bohren bzw. Gewindeschneiden wird die Bohrvorrichtung in die jeweilige Arbeitslage gebracht.

1 L: Lesen der Gruppenzeichnung und Erkennen der Funktion der Bohrvorrichtung.

2 Ü:
2.1 Wodurch erfolgt bei dieser Bohrvorrichtung das Bestimmen der Lage des Werkstückes?
2.2 Wie erfolgt das Spannen des Werkstückes in der Vorrichtung?
2.3 Welche Aufgaben haben die Bohrbuchse 9 und die Bundschraube 11?
2.4 Begründen Sie die Außenform der blockartigen Vorrichtung?

3 Z: Zeichnen Sie im M 1 : 1 auf ein A2-Blatt die Bohrvorrichtung als Gruppenzeichnung sowie die Einzelteile, außer Normteilen, als Fertigungszeichnungen mit Stückliste.

Pos.	Men.	Einh.	Benennung	Sachnr./Norm-Kurzbez.	Werkstoff
11	4	Stck	Bundschraube	DIN 173-M5	5.8
10	4	Stck	Steckbohrbuchse	DIN 173-A6,5×12	St
9	2	Stck	Bohrbuchse	DIN 179-A12×12	St
8	1	Stck	Rändelschraube	DIN 653-M5×35	5.8
7	1	Stck	Scheibe	DIN 125-B8,4	St
6	1	Stck	Sechskantmutter	ISO 4032-M8	5
5	1	Stck	Augenschraube	DIN 444-BM8×40	5.6
4	2	Stck	Zylinderstift	DIN 7-8m6×50	St 50-2K
3	2	Stck	Zylinderstift	DIN 7-8m6×25	St 50-2K
2	1	Stck	Lasche		St 50-2
1	1	Stck	Grundkörper		St 50-2

Schnellspannende Bohrvorrichtungen nach DIN 6348 ermöglichen das Bohren verschiedenartiger Werkstücke durch jeweiliges Einbauen einer Aufnahmeplatte mit den Bestimmteilen und der entsprechenden Bohrplatte mit den Bohrbuchsen. Ihr Einsatz ist wirtschaftlicher als der von Einzweckbohrvorrichtungen.

Bohrbuchsen (Auswahl)

Bohrbuchsen DIN 172 und DIN 179 dienen als genaue Führung von Spiralbohrern in Bohrvorrichtungen und auch als Grundbuchsen für Steckbohrbuchsen nach DIN 173 T1.

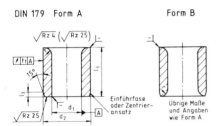

Bohrbuchsen DIN 179
A Bohrung an einem Ende gerundet
B Bohrung an beiden Enden gerundet

Bundbohrbuchsen DIN 172
A Bohrung an einem Ende gerundet
B Bohrung an beiden Enden gerundet

Maße in mm (Auswahl)

d_1 F7 über	bis	d_2 n6	d_3	l_1 kurz	mittel	l_2	l_3	r	t_1	t_2
4	5	8	11	8	12	2,5	1	1	0,01	0,03
5	6	10	13	10	16		1,25	1,5		
6	8	12	15	10	16	3				
8	10	15	18	12	20					
10	12	18	22	12	20		1,5	2	0,02	0,03
12	15	22	26	16	28	4				
15	18	26	30	16	28					
18	22	30	34	20	36					
22	26	35	39	20	36		2,5	3		
26	30	42	46	20	45	5				
30	35	48	52	25	45				0,04	0,05
35	42	55	59	25	56		3	3,5		

Norm-Bezeichnung einer Bohrbuchse Form A von $d_1 = 12$ mm und $l = 16$ mm: Bohrbuchse DIN 179 — A 12×16

Steckbohrbuchsen DIN 173 T1 als Schnellwechselbuchsen Form K und als Auswechselbuchsen Form L ermöglichen zwei Bearbeitungsvorgänge am Werkstück in einer Aufspannung, z. B. Gewindekernlochdurchmesser Bohren und anschließend Gewindeschneiden mit Hilfe eines Schnellwechselfutters S. 186.

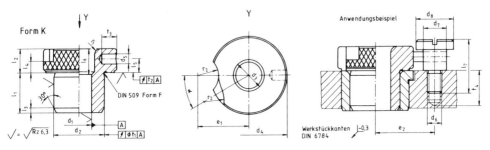

Maße in mm (Auswahl)

d_1 F7 über	bis	d_2	l_1 kurz	mittel	d_3	d_4	d_5	d_6	d_7	d_8	e_1	e_2	l_2	l_3	l_4	l_5	l_6 mittel	l_7	r_2	t_3	t_4 min	α
4	6	10	12	20	18	2,5	M 5	7,5	13	13	17	8		4,25	3	8	15	7	4	4	65°
6	8	12			22					16,5	20										60°
8	10	15	16	28	26	3	M 6	9,5	16	18	22	10	1,5	6	4	12	18	8,5	5	16	50°
10	12	18			d_1+ 0,5 30					20	24								6		
12	15	22	20	36	34					23,5	28					16			7		35°
15	18	26			39	5	M 8	12	20	26	31								8		
18	22	35	25	45	d_1+ 1 46					29,5	35	12	2,5	7	5,5	20	22	10,5		19	30°
22	26	42			52					32,5	37								9		
26	30	48	30	56	59	6				36	41		3			26			10		

Norm-Bezeichnung einer Steckbohrbuchse Form K mit $d_1 = 12$ mm, $d_2 = 18$ mm und $l_1 = 16$ mm: Bohrbuchse DIN 173 – K $12 \times 18 \times 16$

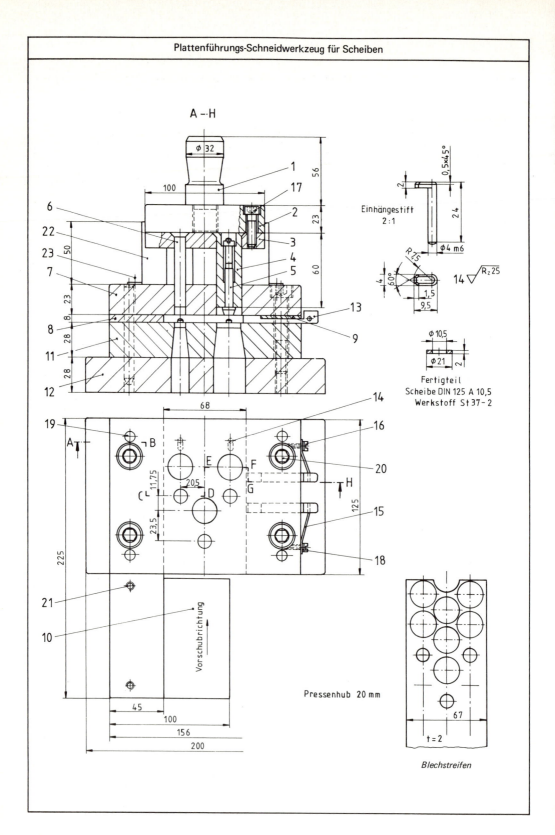

Plattenführungs-Schneidwerkzeug für Scheiben

In Schneidwerkzeugen werden durch Scherschneiden aus Blech Schnitteile hergestellt.

Im dargestellten Folgewerkzeug werden je Pressenhub drei Unterlegscheiben vorgelocht und drei ausgeschnitten. In derartigen Mehrfachwerkzeugen wird im Vergleich zu Einfachwerkzeugen der Werkstoff günstiger ausgenutzt, was die Aufteilung des Blechstreifens zeigt.

Bei diesem Schneidwerkzeug sind die Schneidstempel im Werkzeugoberteil befestigt und in der Führungsplatte des Werkzeugunterteils geführt. Das Werkzeugoberteil kann auch zum Werkzeugunterteil durch Säulen geführt werden.

In diesem Schneidwerkzeug erfolgt der Vorschub des Blechstreifens von Hand, wobei der Einhängestift als Anschlag dient. Die Anschneideanschläge werden nur beim Anschneiden eines Blechstreifens betätigt, damit keine fehlerhaften Werkstücke entstehen, die nicht gelocht sind.

An Schneid- und Umformwerkzeugen sind Gefahrenstellen wie Scher- und Quetschstellen durch geeignete Abschirmungen zu sichern, so daß mit der Hand nicht hineingegriffen werden kann.

1 L: Lesen der Gruppenzeichnung und Erkennen der Funktion, daß ausgenommen beim Anschneiden je Pressenhub drei Unterlegscheiben vorgelocht und drei ausgeschnitten werden.

2 Ü:
2.1 Warum nutzen Mehrfachschneidwerkzeuge den Werkstoff günstiger aus als Einfachschneidwerkzeuge?
2.2 Erklären Sie die Funktion der Anschneideanschläge.
2.3 Wozu dient das Schutzblech Teil 22?
2.4 Welche Teile des Werkzeuges sind hochbeansprucht und müssen daher gehärtet sein?
2.5 Berechnen Sie die Schneidkraft, wenn alle Stempel gleichzeitig schneiden, $R_m = 400$ N/mm²; $\tau_B = 0{,}8 \cdot R_m$; Blechdicke 2 mm.
2.6 Welche von den zur Verfügung stehenden Exzenterpressen mit den max. Preßkräften 250, 400, 630 und 1000 kN ist für die Fertigung auszuwählen?

3 Z: Konstruieren Sie auf einem A2-Blatt im M 1 : 1 das Folgeschneidwerkzeug in V und D mit Stückliste sowie als Fertigungszeichnung die Schneidplatte Teil 11 mit allen Angaben.

Pos.	Men.	Einh.	Benennung	Sachnr./Norm-Kurzbez.	Werkstoff
23	2	Stck	Zylinderschraube	DIN 84-M5×8	5.6
22	1	Stck	Schutzblech		St
21	2	Stck	Zylinderschraube	DIN 84-M6×10	5.6
20	4	Stck	Zylinderschraube	DIN 912-M10×60	6.6
19	4	Stck	Zylinderstift	DIN 6325-8m6×80	St 60-2K
18	2	Stck	Scheibe	DIN 433-4,3	St 44-2
17	4	Stck	Zylinderschraube	DIN 912-M8×25	6.6
16	2	Stck	Zylinderschraube	DIN 84-M4×12	5.6
15	2	Stck	Blattfeder		Federst.
14	2	Stck	Einhängestift		St 50-2
13	2	Stck	Anschneideanschlag		St 44-2
12	1	Stck	Unterplatte	125×200×30	St 37-2
11	1	Stck	Schneidplatte	125×160×28	X165CrV12
10	1	Stck	Auflageblech		St 37-2
9	1	Stck	Zwischenlage		St 37-2
8	1	Stck	Zwischenlage		St 37-2
7	1	Stck	Führungsplatte	125×160×25	St 60-2
6	3	Stck	Vorlocher	DIN 9861-B10,5×60	55WCrV7
5	2	Stck	Suchstift	10,4×60	55WCrV7
4	3	Stck	Schneidstempel		55WCrV7
3	1	Stck	Stempelplatte	100×125×12	St 37-2
2	1	Stck	Kopfplatte	100×125×23	St 37-2
1	1	Stck	Einspannzapfen	DIN 9859-CE 32M24×15	St 50-2

Schneidwerkzeug für Scheiben

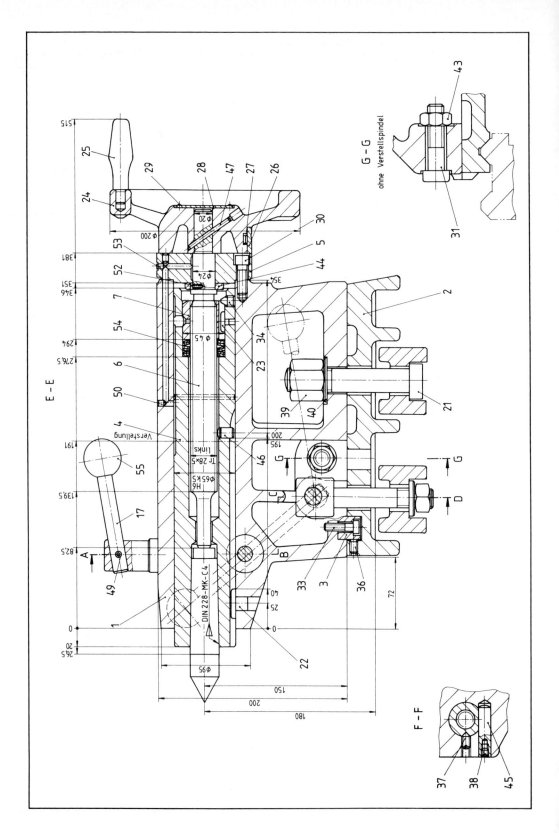

Der Reitstock einer Drehmaschine dient zum Spannen von langen Werkstücken zwischen den Spitzen, zum Aufnehmen von Bohrern für das Aufbohren von Werkstücken, sowie durch seitliches Verschieben des Reitstockes zum Drehen schlanker Kegel.

Der Reitstock kann, auf dem Drehmaschinenbett von Hand längs verschoben, durch Hebel 16 und Exzenterwelle 15 festgeklemmt und mit der Schraube 21 und Mutter 39 festgespannt werden. Die Pinole 4 nimmt die Körnerspitze auf und kann über Handrad 24 und Gewindespindel längs verschoben werden. Mit Hilfe des Tellerfederpaketes 54 kann über das Handrad eine Vorspannung auf das eingespannte Werkstück aufgebracht werden. Die Pinole läßt sich durch den Hebel 17 im Reitstock festklemmen. Durch Lösen der Innensechskantschrauben 32 ist ein geringfügiges seitliches Verschieben des Reitstockes möglich.

1 L: Lesen der Gruppenzeichnung und Erkennen der einzelnen Funktionen des Reitstockes.

2 Ü:
2.1 Welche Aufgaben hat der Reitstock einer Drehmaschine?
2.2 Wie erfolgt das Feststellen des Reitstockes auf dem Drehmaschinenbett nach dem Längsverschieben?
2.3 Wie kann die fest eingespannte Körnerspitze aus der Pinole entfernt werden?
2.4 Erklären Sie die Pinolenfeststellung im Reitstock!
2.5 Welche Aufgabe hat das Tellerfederpaket in der Pinole?
2.6 Wie erfolgt die Schmierung der verstellbaren Pinole?
2.7 Wie groß ist das Drehmoment an der Exzenterwelle 15, wenn eine maximale Handkraft von 200 N am Hebel 16 mit einer wirksamen Länge von 180 mm aufgebracht wird?

3 Z: Zeichnen Sie die Einzelteile 4, 5, 6 und 7 der Pinolenverstellung ohne Handrad 24 mit allen erforderlichen Angaben normgerecht auf ein A2-Blatt.
Zeichnen Sie die Rohteilzeichnung für den Reitstockkörper, der durch Gießen hergestellt werden soll, im M 1:2 auf ein A2-Blatt mit allen erforderlichen Ansichten und Schnitten.

Reitstock einer Drehmaschine Spitzenhöhe 180 mm

Schnellwechselfutter

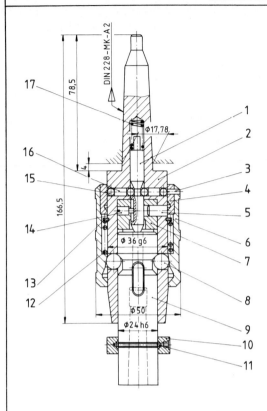

Das Schnellwechselfutter dient zur Aufnahme von Werkzeugen für die Durchführung einer Folgebearbeitung wie Bohren, Senken, Reiben und Gewindeschneiden. Es erlaubt einen raschen Wechsel der Werkzeugeinsätze mit den Werkzeugen.

Der Wechsel der Werkzeugeinsätze erfolgt bei laufender Werkzeugmaschine durch kurzes Anheben der Schiebehülse 4. Hierbei wird der Auswerferbolzen 1 frei, wodurch der Einsatz aus dem Futterkörper ausgestoßen wird. Da der Einsatz in der Futterbohrung noch geführt wird, kann er gefahrlos herausgezogen werden.

1 L: Lesen der Gruppenzeichnung und Erkennen der Funktion des Schnellwechselfutters.

2 Ü:
2.1 Welche Vorteile bringt der Einsatz des Schnellwechselfutters in der Fertigung?
2.2 Welche Funktion hat der Haltering 10?
2.3 Geben Sie für die Maße φ 36, φ 24 entsprechende Passungen aus der Auswahl nach DIN 7157 an.
2.4 Begründen Sie die Werkstoffwahl für die verschiedenen Einzelteile.

3 Z: Zeichnen Sie auf einem A3-Blatt im M 1 : 1 einige Einzelteile als Fertigungszeichnungen mit allen Angaben.

Pos.	Men.	Einh.	Benennung	Sachnr./Norm-Kurzbez.	Werkstoff
17	1	Stck	Druckfeder	DIN 2076-B-1×163 A	Draht SB
16	2	Stck	Arretierstift	3,9×7,8	St 50-2K
15	4	Stck	Kugel	DIN 5401-4mm III	
14	1	Stck	Gewindestift	DIN 417-M 5×10	5.6
13	1	Stck	Laufring		C-60
12	1	Stck	Druckfeder	DIN 2076-B-2×745	Draht SB
11	23	Stck	Kugel	DIN 5401-3,175mm III	
10	1	Stck	Haltering		C-15
9	1	Stck	Einsatz		90 Mn V 8
8	2	Stck	Kugel	DIN 5401-8,5mm III	
7	1	Stck	Mitnehmereinsatz		90 Mn V 8
6	1	Stck	Schiebehülse		90 Mn V 8
5	2	Stck	Mitnehmerstift	DIN 6325-6m6×12	St 60-2K
4	1	Stck	Schiebehülseneinsatz		90Mn V 8
3	1	Stck	Zylinderstift	DIN 6325-3m6×6	St 60-2K
2	1	Stck	Futterkörper		16MnCr5
1	1	Stck	Auswerferbolzen		90Mn V 8

3.8 Absperrventil

Das Durchgangs-Absperrventil hat eine Nennweite von 40 mm (DN 40) und ist für einen Nenndruck von 16 bar (PN 16) ausgelegt.

Beim Betätigen des Ventils wird über das Handrad 3 die Ventilspindel 6 gedreht und damit beim Öffnen der Kolben 4 aufwärts bewegt, wobei in der Laterne 5 die Durchbrüche für den Durchfluß freigegeben werden.

Die Abdichtung von Kolben und Laterne erfolgt über zwei Ventilringe, die über den Aufsatz 2 und die Stiftschrauben 9 zusammengepreßt werden.

1 L: Lesen der Gruppenzeichnung und Erkennen der Funktion des Ventils.

2 Ü:
2.1 Beschreiben Sie die Demontage und Montage des Ventils bei der Erneuerung der Ventilringe 8 als Dichtungen.
2.2 Wie kann das Ventil nachgedichtet werden?
2.3 Wie ist die zweckmäßige Durchflußrichtung des Ventils?
2.4 Wie groß ist die Druckkraft vom Kolben auf die Ventilspindel, wenn das Ventil geöffnet ist und der Flüssigkeitsdruck 16 bar beträgt?
2.5 Warum wurde für die Gewindespindel 16 ein Trapezgewinde betragt, und wie verläuft der Kraftfluß?

3 Z: Zeichnen Sie im M 1:2 die Gruppenzeichnung des Ventils im Schnitt oder wahlweise einige Einzelteile als Fertigungszeichnungen, wobei fehlende Maße entsprechend zu wählen sind.

Pos.	Men.	Einh.	Benennung	Sachnr./Norm.-Kurzbez.	Werkstoff
11	1	Stck	Fächerscheibe	DIN 6798 – A 12,5	F – St
10	5	Stck	Skt.-Mutter	DIN 555 – M12	5
9	4	Stck	Stiftschraube	DIN 939 – M12×40	5.6
8	2	Stck	Ventilring	KLN 1006 58/40×16	Kor. P
7	1	Stck	Hubbuchse	JSK 708 a 24/17×16	1.4301
6	1	Stck	Spindel		9S20K
5	1	Stck	Laterne		GG-25
4	1	Stck	Kolben		1.4122
3	1	Stck	Handrad		GG-25
2	1	Stck	Aufsatz		GG-25
1	1	Stck	Gehäuse		GG-25

Durchgangs-Absperrventil PN 16 DN 40

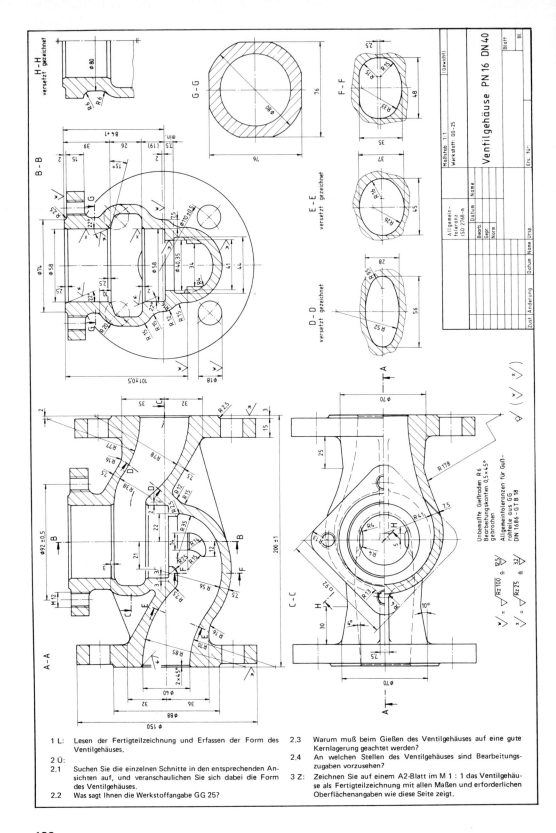

1 L: Lesen der Fertigteilzeichnung und Erfassen der Form des Ventilgehäuses.

2 Ü:
2.1 Suchen Sie die einzelnen Schnitte in den entsprechenden Ansichten auf, und veranschaulichen Sie sich dabei die Form des Ventilgehäuses.
2.2 Was sagt Ihnen die Werkstoffangabe GG 25?
2.3 Warum muß beim Gießen des Ventilgehäuses auf eine gute Kernlagerung geachtet werden?
2.4 An welchen Stellen des Ventilgehäuses sind Bearbeitungszugaben vorzusehen?

3 Z: Zeichnen Sie auf einem A2-Blatt im M 1 : 1 das Ventilgehäuse als Fertigteilzeichnung mit allen Maßen und erforderlichen Oberflächenangaben wie diese Seite zeigt.

Druckluftzylinder

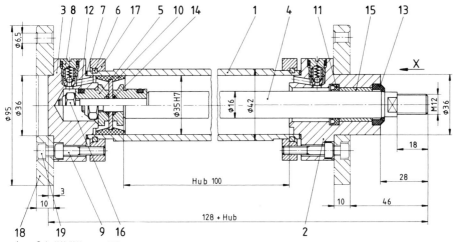

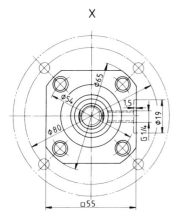

untere Schnitthälfte um 45° versetzt gezeichnet

1 L: Lesen der Gruppenzeichnung und Erkennen der Funktion des Druckzylinders

2 Ü:
2.1 Berechnen Sie die beiden Stangenkräfte F_1 und F_2, wenn der Zylinder wechselseitig mit Druckluft von p = 6 bar beaufschlagt wird.
2.2 Welche Aufgabe hat die Dämpfungseinheit 8 und wie funktioniert diese?
2.3 Warum soll das Innenrohr eine hohe Oberflächengüte besitzen?
2.4 Wie wird der Druckluftzylinder befestigt?
2.5 Welche Arten der Dichtungen kennen Sie?

3 Z: Zeichnen Sie auf einem A3-Blatt im M 1 : 1 mit Stückliste
3.1 die Gruppenzeichnung in der Ausführung ohne Anschlagdämpfung in der V und in der Ansicht X
3.2 als Einzelteile in den notwendigen Ansichten die Positionen 1, 2, 3, 4, 6 und 17 mit den erforderlichen Angaben.

Der stationäre Druckluftzylinder ist ein doppeltwirkender Differentialzylinder mit einseitiger Kolbenstange. Er kann wechselseitig mit Druckluft beaufschlagt werden und hat infolge unterschiedlicher Kolbenflächen je nach Bewegungsrichtung auch verschiedene Stangenkräfte.

Der Druckluftzylinder besteht aus dem nahtlosen Stahlrohr 1, dessen Innenbohrung noch zusätzlich gehont wurde, den beiden Führungsdeckeln 2 und 3, die über die Ringe 17, Spannringe 6 und Zylinderschrauben 9 mit dem Stahlrohr verspannt sind sowie der Kolbenstange 4 mit der beidseitig wirkenden Kompaktdichtung 10. Die Kolbenstange ist durch die zweilippenartige Nutringdichtung 11 im rechten Führungsdeckel abgedichtet, wobei noch ein Abstreifer 13 das Eindringen von Schmutz in den Zylinder verhindert.

Die obere Schnitthälfte des Druckluftzylinders zeigt die Ausführung mit Anschlagdämpfung, während die untere Schnitthälfte ohne Anschlagdämpfung dargestellt ist.

19	8	Stck	Zylinderschraube	DIN 912-M5×35	10.9
18	2	Stck	Flanschdeckel		GG-20
17	2	Stck	Ring		Al
16	1	Stck	Sechskantmutter	DIN 985-M8	5
15	1	Stck	Zyl. Gleitlager	16×2	Sinterbr.
14	2	Stck	Runddichtring	DIN 3770-8×2	NB 70
13	1	Stck	Abstreifer	AS 16-26-3-4	NBR
12	2	Stck	Runddichtring	DIN 3770-14×3	NB 70
11	1	Stck	Nutring	16×26×5×2,5	NBR
10	1	Stck	Komplettkolben	TDUO 35-16	NBR
9	8	Stck	Zylinderschraube	DIN 912-M5×25	10.9
8	2	Stck	Dämpfungseinheit	1/8"	
7	2	Stck	Dichtscheibe		Al
6	2	Stck	Spannring		Federst.
5	2	Stck	Dämpfungsbuchse		St 50-2
4	1	Stck	Kolbenstange		St 60-2K
3	1	Stck	Deckel		Al Cu Mg
2	1	Stck	Führungsdeckel		Al Cu Mg
1	1	Stck	Rohr	DIN 2448-42×4	St 35-2
Pos.	Men.	Einh.	Benennung	Sachnr./Norm-Kurzbez.	Werkstoff

Allgemeintoleranz ISO 2768-m

Maßstab 1:1 (Gewicht)

Stationärer Druckluft-Zylinder Ø35

3.10 Konstruieren und Zeichnen am graphischen Bildschirm, CAD

190.1 CAD-Arbeitsplatz mit CAD-System PC-DRAFT von DAT Informationssysteme als Zweibildschirmkonfiguration

Mit Hilfe der elektronischen Datenverarbeitung werden heute in der Technik immer mehr konstruktive und zeichnerische Aufgaben gelöst. Das rechnerunterstützte Konstruieren und Zeichnen am graphischen Bildschirm wird als CAD (Computer Aided Design) bezeichnet.

Bild 190.1 zeigt einen graphischen Arbeitsplatz mit einem CAD-System für Personalcomputer. Mit Hilfe der Eingabetastatur sowie einem Menütablett mit Lupe oder Stift werden Mitteilungen an den Arbeitsplatzrechner übergeben. Dieser reagiert über den PC-Bildschirm, der die Eingaben anzeigt. Die Ergebnisse dieser Eingaben werden dann auf dem Graphikbildschirm dargestellt. Die Zeichnung auf dem Graphikbildschirm kann über eine automatische Zeichenmaschine (Plotter) ausgegeben werden, die am graphischen Arbeitsplatz angeschlossen wird.

Die Erstellung von Zeichnungen mit Hilfe des Rechners auf dem Bildschirm wird durch die Anwendung verschiedener Funktionen ermöglicht wie z. B.
Elementerzeugung
Zeichnen von Punkten, Strecken, Kreisen, Ellipsen, Interpolationskurven, Text.
Manipulationsfunktionen
Vergrößern, Verkleinern, Kopieren, Verschieben, Spiegeln, Rotieren, Löschen.
Komfortfunktionen
Schraffieren, Bemaßen, Erzeugen von Parallelkonturen, Erstellen isometrischer Darstellungen aus drei Ansichten, Aufrufen von Symbolen und Normteilen.

CAD-Systeme werden benutzt, um Teil- und Baugruppenzeichnungen sowie Schaltpläne und Stücklisten zu erstellen und auf einem Massenspeicher, z. B. einer Festplatte zu archivieren. Eine Zeichnungsverwaltung ermöglicht die gezielte Suche nach bereits vorhandenen bewährten Bauteilen.

Die Ebenentechnik ermöglicht die Trennung von Geometrie, Schraffur und Bemaßung, um z. B. Gruppen- oder Gesamtzeichnungen aus Teilzeichnungen erstellen zu können, S. 193.
Durch die Makrotechnik werden festgelegte, nacheinander ablaufende Kommandofolgen auf eine einzige Befehlseingabe reduziert, was die Zeichnungserstellung mit CAD erheblich verkürzt .
Mit Hilfe der Variantentechnik kann die Geometrie von ähnlichen Teilen (Teilefamilien) schnell erzeugt werden.

Die mit Hilfe des Rechners auf dem graphischen Bildschirm dargestellte Geometrie läßt sich in ein CAM-System (Computer Aided Manufacturing – rechnergestütztes Bearbeiten) weiterleiten zur Erstellung von Steuerinformationen für die Bearbeitung auf numerisch gesteuerten (NC) Werkzeugmaschinen. Dabei werden noch Fertigungsdaten wie Fräserdurchmesser, Schnittgeschwindigkeit, Vorschub u. a. berücksichtigt.

Konstruieren und Zeichnen am graphischen Bildschirm, CAD

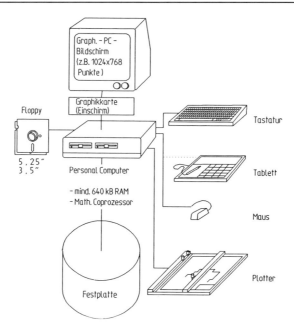

191.1 Wichtige Komponenten eines CAD-Arbeitsplatzes bestehend aus Zentraleinheit (Mikrocomputer/PC), Alpha-Monitor, hochauflösendem Graphikmonitor und Menütablett mit Stift oder Lupe

Bild 191.1 zeigt die Geräteanordnung eines CAD-Systems für Personalcomputer für die 2D-Zeichnungserstellung.

Die Ein-Bildschirmanordnung besteht aus dem PC-Rechner, dem PC-Bildschirm, der Tastatur und der Fadenkreuzsteuerung, die bei der Ein-Bildschirmanordnung vorzugsweise mit einer Maus bedient wird. Mit Hilfe der Maus wird das Fadenkreuz auf dem Bildschirm bewegt.

Auf dem PC-Bildschirm werden sowohl Zeichnungen als auch Textinformationen dargestellt. Die Graphikkarte ermöglicht das wahlweise Einschalten der Textinformationen oder der Graphikdarstellung über entsprechende Tasten.

Die Zwei-Bildschirmanordnung besteht aus dem PC-Rechner, dem PC-Bildschirm, der Tastatur sowie einem zweiten Bildschirm mit hochauflösender Graphik. Das Menütablett ersetzt die Tastatureingabe und wird mit der Lupe oder einem Stift bedient.

Eine Koordinatenübergabe erfolgt erst, wenn die Fadenkreuzeingabe ausgelöst wird. Dies geschieht durch Drücken der Taste „Leerzeichen" auf der Tastatur oder durch Drücken einer Taste auf der Lupe oder durch Drücken des Stiftknopfes.

Das Menütablett wird mit einer aufgelegten Menüvorlage verwendet. Diese enthält Menübereiche mit je einer Anzahl von Menüfeldern und ein Fadenkreuzführungsfeld. Jedem Menübereich ist ein Funktionsbereich zugeordnet.

Mit dem Menütablett können drei Arten von Eingaben durchgeführt werden:

> Fadenkreuzeingaben im Fadenkreuzführungsfeld, wobei das Fadenkreuz auf dem Bildschirm den Bewegungen der Lupe oder des Stiftes folgt. Durch Drücken einer Taste auf der Lupe wird eine Fadenkreuzeingabe ausgelöst.

> Im Menübereich Dateneingabe können Zahlen, z. B. Maße eingegeben werden, wobei die Lupe auf das gewünschte Ziffernfeld gesetzt und durch Drücken eines Knopfes die Eingabe ausgelöst wird.

> Aktivieren von Funktionen, indem mit der Lupe das entsprechende Feld auf der Menüvorlage ausgewählt wird und durch Drücken eines Knopfes die entsprechende Eingabe auf dem graphischen Bildschirm im Funktionsanzeigefeld angezeigt wird.

Konstruieren und Zeichnen am graphischen Bildschirm (CAD)

Am Beispiel Lagerbuchse wird die systematische Vorgehensweise für die interaktive Erstellung einer Teilzeichnung aufgezeigt.

1 Definieren der Zeichnung durch Angabe von Zeichnungsname, Format, Maßstab und Folienname/-nummer.

2

Erstellen der äußeren Kontur als Polygonzug mit breiter Vollinie. Zeichnen der Mittellinie als schmale, strichpunktierte Linie.

3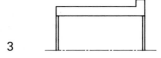

Zeichnen der Bohrungs- und Fasenkanten als Streckenelemente. Anschließend Verkettung mit dem Polygonzug.

4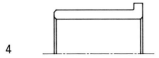

Automatisches Ausrunden des Überganges, sowie automatisches Fasen der Innen- und Außenkanten.

5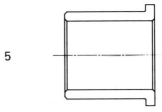

Spiegeln der symmetrischen Bauteilhälfte an der Mittellinie. Verketten der beiden Symmetriehälften zu einer Obergruppe.

6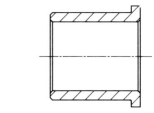

Identifizieren der zu schraffierenden Flächen, Schraffieren der Schnittflächen durch Angabe von Schraffurrichtung und -abstand. Automatisches Ablegen der Schraffur in eine eigene Folie.

7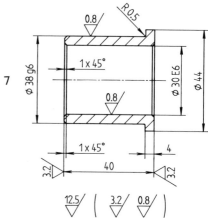

Bemaßen des Bauteils in einer separaten Folie, Eintragen der Oberflächenangaben mit Hilfe eines Symbolkataloges und Speichern der Zeichnung.

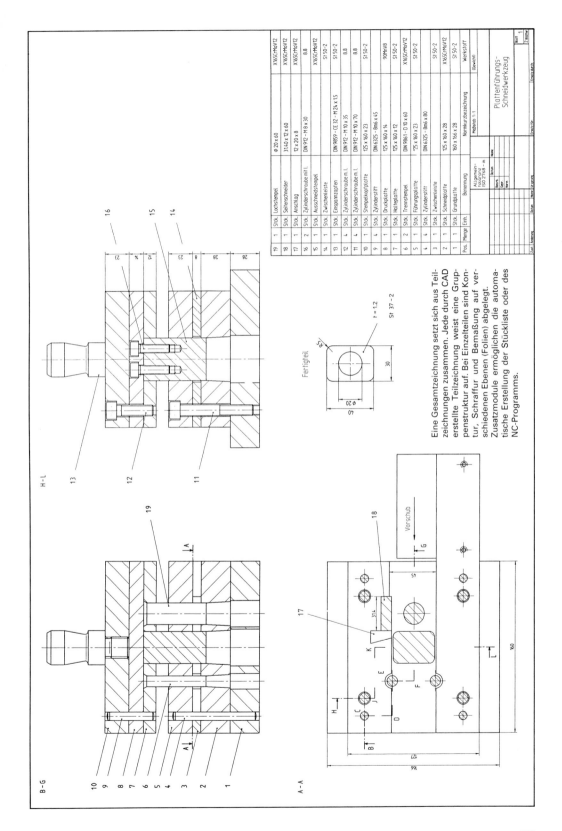

Konstruieren und Zeichnen am graphischen Bildschirm, CAD

CIM-Bausteine für einen integrierten Datenfluß bei der Auftragsabwicklung im Produktionsbereich

Die Anwendung der Rechnerunterstützung in allen Produktionsbereichen wie Entwicklung, Konstruktion, Arbeitsvorbereitung, Fertigung, Qualitätssicherung und Montage wird CIM genannt. Der integrierte Datenfluß führt zur Verkürzung der Durchlaufzeiten von Aufträgen, erhöht die Qualität der Produkte und führt zu Kosteneinsparungen.

Voraussetzung für einen integrierten Datenfluß in den verschiedenen Produktionsbereichen ist die rechnerunterstützte Konstruktion CAD. Diese bietet die Möglichkeit, die beim Konstruieren erzeugten Geometriedaten rechnerintern als Werkstückmodell abzubilden. Das rechnerinterne Werkstückmodell wird vorwiegend in einem Datenbanksystem gespeichert und verwaltet. Die Speicherung der Werkstückmodelldaten getrennt von anwendungsspezifischen Programmbausteinen ermöglicht es, daß unterschiedliche voneinander unabhängige Verarbeitungsprogramme in den verschiedenen Produktionsbereichen diese Modelldaten verarbeiten können, z. B. die Arbeitsvorbereitung für die Arbeitsplanung und die Erstellung von Steuerinformationen für die NC-Bearbeitung.

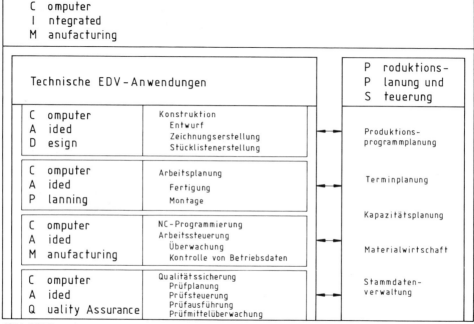

194.1 CIM-Bausteine

CIM umschreibt den integrierten Einsatz der elektronischen Datenverarbeitung (EDV) in allen Produktionsbereichen eines Unternehmens. Hierzu gehören alle Tätigkeiten von der Entwicklung über die Konstruktion, Fertigung bis hin zur Qualitätssicherung. Ferner werden auch die Aufgaben für die Auftragsabwicklung wie Planung, Steuerung der Fertigung, Angebotserarbeitung und Kostenkalkulation hinzugerechnet.

CAD bezieht sich im engeren Sinne auf die graphisch-interaktive Erzeugung und Manipulation von Objekten und ihrer Darstellung, z. B. von Werkstücken, Maschinen und Anlagen. Im weiteren Sinne bezeichnet man mit CAD z. B. auch rechnerunterstützte Konstruktionsoptimierung und Simulationsverfahren.

CAP bezeichnet die EDV-Unterstützung bei der Arbeitsvorbereitung. Hierbei handelt es sich um Planungsaufgaben, die auf den Arbeitsergebnissen der Konstruktion aufbauen wie Arbeits-, Fertigungs- und Montageplanung.

CAM bezeichnet die EDV-Unterstützung zur Steuerung und Überwachung des Fertigungsprozesses. Dies bezieht sich auf die Steuerung von Werkzeugmaschinen, Handhabungsgeräten sowie Transport- und Lagerungssystemen.

CAQ bezeichnet die EDV-Unterstützung der Planung und Durchführung der Qualitätssicherung. Hierzu zählen die Erstellung von Prüfplänen, Prüfprogrammen sowie die Durchführung rechnerunterstützter Maß- und Prüfverfahren.

PPS bezeichnet den Einsatz rechnerunterstützter Systeme zur organisatorischen Planung, Steuerung und Überwachung der Produktionsabläufe von der Angebotserarbeitung bis zum Versand.

3.11 Größenverhältnisse von Symbolen in technischen Zeichnungen

Die Größenverhältnisse und Maße von graphischen Symbolen in technischen Zeichnungen sind in Normen festgelegt. Es wird empfohlen, in jeder Zeichnung die Schriftgröße, die Linienbreite und die Schriftart für die graphischen Symbole genauso wie die für die Maßeintragung auszuführen, und dabei die ISO-Normschrift nach DIN 6771 T 1 Schriftform B (vertikal oder kursiv) anzuwenden.
Die Symbole können handschriftlich, mit Schablone oder durch Plotter ausgeführt werden.

Symbole für Oberflächenbeschaffenheit nach DIN ISO 1302

Größenverhältnisse der Symbole

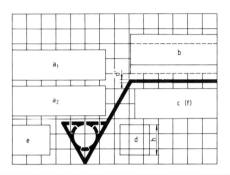

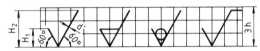

195.2 Größenverhältnisse für Grundsymbol und Zusätze

195.3 Form und Größe der Symbole

◄ 195.1 Symbole mit zusätzlichen Eintragungen

Höhe der Ziffern und Großbuchstaben (h)	3,5	5	7	10	14	20
Linienbreite für Symbole (d')	0,35	0,5	0,7	1	1,4	2
Linienbreite für die Schrift (d)	Die Linienbreite (d) sollte mit dem Schrifttyp, der für die Maße der Zeichnung gebraucht wird, übereinstimmen, z. B. d = ($^1/_{10}$) h					
Höhe H_1	5	7	10	14	20	28
Höhe H_2	10	14	20	28	40	56

Symbole für Form- und Lagetoleranzen nach DIN ISO 7083

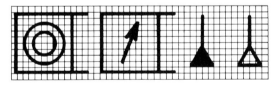

Nach DIN ISO 7083 ist die Gestalt der Symbole in ein Raster eingezeichnet, das einer Linienbreite d = $^1/_{10}$ h entspricht.
Die Toleranzrahmen sind stets als Rechteck oder Quadrate zu zeichnen.
Die Breite des rechteckigen Rahmens ergibt sich aus der Breite des

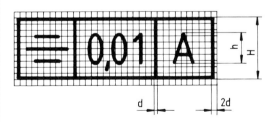

ersten Kastens, gleich der Rahmenhöhe H,
zweiten Kastens, abhängig von der Länge der Eintragung,
dritten Kastens, entsprechend der Breite des Bezugsbuchstabens oder der Bezugsbuchstaben.

195.4 Größe der Symbole und Toleranzrahmen

Symbolelement	Empfohlene Maße		
Schriftgröße (h)	3,5	5	7
Linienbreite (d)	0,35	0,5	0,7
Höhe des Rahmens (H)	7	10	14

Größenverhältnisse von Symbolen in technischen Zeichnungen

Vereinfachte Darstellung von Zentrierbohrungen nach DIN 332 T10

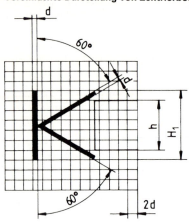

196.1 Größe der Symbole

Die vereinfachte Darstellung von Zentrierbohrungen ist dann anzuwenden, wenn die Bezeichnung von genormten Zentrierbohrungen als Information in der technischen Zeichnung genügt.
Sie besteht aus einem graphischen Symbol und der nachfolgenden Norm-Bezeichnung. Hierbei gibt das Symbol mit der Norm-Bezeichnung an, ob die Zentrierbohrung am fertigen Teil
erforderlich ist,
vorhanden sein darf oder
nicht verbleiben darf.

Schriftgröße h z.B. Höhe der Ziffern		3,5	5	7	10
Linienbreite für Symbole und Beschriftung	d	0,35	0,5	0,7	1
Symbolgröße H_1		5	7	10	14

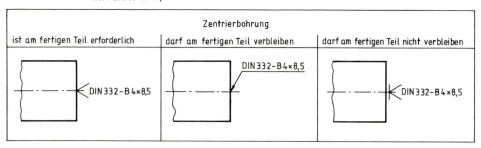

Zeichnungsangaben für Werkstückkanten nach DIN 6784

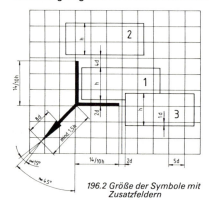

196.2 Größe der Symbole mit Zusatzfeldern

Diese Norm legt Kantenzustände mit unbestimmter Form fest. Eine bestimmte Kantenform muß nach DIN 406 T2 bemaßt werden.
Die Werkstückkante wird mit einem Symbol und den entsprechenden Maßangaben und den Vorzeichen +, − oder ± gekennzeichnet. In den Feldern 2 und 3 kann zusätzlich die Gratrichtung festgelegt werden. Sind alle Kantenzustände eines Teiles gleich, so genügt eine einmalige Eintragung an geeigneter Stelle in der Zeichnung mit dem Hinweis Werkstückkanten DIN 6784.

Schrifthöhe h		3,5	5	7	10
Linienbreite für Symbole und Beschriftung	d	0,35	0,5	0,7	1

Beispiele für Angaben an Außen- und Innenkanten und deren Bedeutung

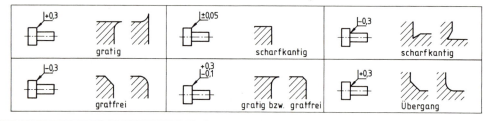

3.12 Werkstoffe, Eigenschaften und Verwendung

Neue Kurznamen der Stähle

Nach Verabschiedung der Europäischen Normen EN 10025 Unlegierte Baustähle und EN 10083 Vergütungsstähle waren die Arbeiten an dem neuen Bezeichnungssystem für Stähle EN 10027 T1 u. T2 noch nicht abgeschlossen, so daß die neuen Kurznamen noch nicht aufgeführt werden konnten. Daher empfiehlt es sich in der Übergangszeit, die bisherigen Kurzzeichen nach DIN 17100 und DIN 17200 vorerst weiter zu verwenden. In den entsprechenden Tabellen sind die in EN 10027 vorgesehenen neuen Kurznamen bereits aufgeführt. Diese werden erst später in DIN EN 10025 und DIN EN 10083 übernommen.

Allgemeine Baustähle nach DIN 17100 (DIN EN 10025) und EN 10027

Gütegruppen 2 Grundstähle (BS)			Gütegruppen 3 Qualitätsstähle (QS)		C in %	Zug-festigkeit R_m N/mm²	Streck-grenze R_e N/mm²	Deh-nung A_s in %	Eigenschaften und Verwendung
Kurzname DIN 17100	EN 10027	Werk-stoff-Nr.	Kurzname DIN 17100	EN 10027 Werk-stoff-Nr.					Diese allgemeinen Baustähle sind nicht für eine Wärmebehandlung bestimmt
St 33	S 185	1.0035	–	–	–	290	175	18	untergeordnete Bauteile
St 37-2	S 237JR	1.0037	–	–	0,2				
U St 37-2	S 237JRG1	1.0036	–	–	0,17	340...470	237	26	einfache Bauteile z. B. Bolzen, Niete, Profile
R St 37-2	S 237JRG2	1.0038	St 37-3	S235J261 1.0116	0,17				
St 44-2	S 275JR	1.0044	St 44-3	S275J261 1.0144	0,2	410...540	275	22	
–	–	–	St 52-3	S355J261 1.0570	0,2	490...630	355	22	geschweißte Bauteile
St 50-2	E 295	1.0050	–	–	0,3	470...610	295	20	Paßfedern, Keile, Stifte
St 60-2	E 335	1.0060	–	–	0,4	570...710	335	16	Wellen, Zahnräder
St 70-2	E 360	1.0070	–	–	0,5	670...830	360	11	hochbeanspruchte Bauteile

Feinbleche nach DIN 1623 T1 (unter 3 mm Dicke)

Stahlsorte			Zusammensetzung %		Zug-festigkeit R_m N/mm²	Streck-grenze R_e N/mm²	Bruch-dehnung in %	Härte
Kurzname DIN 1623	EN 10027	Werk-stoff-Nr.	C max	N		max	min	HRB max
St 12	DC 01	1.0330	0,10	0,007	270 bis 410	280	28	65
St 13	DC 02 G1	1.0333	0,10	0,007	270 bis 370	250	32	57
St 14	DC 03	1.0338	0,08		270 bis 350	220	36	50

Einsatzstähle nach DIN 17210

Stahlsorte		Werkstoffart Zusammensetzung in %		C in %	Zug-festigkeit R_m N/mm²	Streck-grenze R_e N/mm²	Deh-nung A_5 in %	Eigenschaften und Verwendung
Kurzname	Werk-stoff-Nr.							
C 10	1.0301	Kohlenstoff-		0,10	490...630	295	16	niedrig beanspruchte Bauteile, z. B. Hebel
C 15	1.0401	Einsatzstähle		0,15	590...780	355	14	
Ck 10	1.1121	Unlegierte Einsatzstähle		0,10	450...630	295	16	Hebel, Gelenke, Bolzen
Ck 15	1.1141	mit niedrigem P- u. S-Gehalt		0,15	590...780	355	14	
13 Cr 3	1.7015	Chrom-Einsatzstahl	0,6Cr, 0,5Mn	0,15	680...880	440	11	Zahnräder und Wellen für Getriebe, Kolbenbolzen, Nockenwellen
16MnCr5	1.7131	Chrom-Mangan-	1,2Cr, 2,3Mn	0,16	780...1080	440	10	
20MnCr5	1.7147	Einsatzstähle	1,2Cr, 2,3Mn	0,20	980...1170	540	8	
20MoCr4	1.7321	Chrom-Molybdän-	0,4Cr, 0,5Mo	0,20	780...1080	390	10	
25MoCr4	1.7325	Einsatzstähle	0,5Cr, 0,5Mo	0,25	980...1270	345	8	
15CrNi6	1.5919	Chrom-Nickel-	1,6Cr, 1,6Ni	0,15	880...1170	540	9	Hochbeanspruchte Bauteile, Zahnräder, Wellen
18CrNi8	1.5920	Einsatzstähle	2,0Cr, 2,0Ni	0,18	1170...1420	685	7	

Bei den Kurznamen der Eisenwerkstoffe nach DIN 17200 und DIN 17210 wird der prozentuale Legierungsanteil mit dem Multiplikator 4, 10 oder 100 vervielfacht. Die im Kurznamen angegebene Zahl muß daher durch den Multiplikator dividiert werden.

Multiplikator 4 (z. B. für Cr, Mn, Ni, Si, W), 10 (z. B. für Al, Cu, Mo, V) und 100 (z. B. für C, N, P, S)

Ein X vor dem Kurznamen gibt an, daß außer dem C-Gehalt alle Legierungsbestandteile in vollen Prozenten angegeben werden.

Beispiel: 16MnCr5 ist ein Stahl mit 16 : 100 = 0,16% C, 5 : 4 = 1,25% Mn und 5 : 4 = 1,25 % Cr.

R_e = Streckgrenze

Werkstoffe, Eigenschaften und Verwendung

Vergütungsstähle nach DIN 17200 (DIN EN 10083) und EN 10027

Stahlsorte Kurzname DIN 17200	Stahlsorte Kurzname EN 10027	Werkstoff-Nr.	Werkstoffart	C in %	Zugfestigkeit R_m N/mm²	Streckgrenze R_e N/mm²	Dehnung A_5 in %	Eigenschaften und Verwendung
C 35	C 35, C 35 E	1.0501	unlegierte Vergütungsstähle	0,35	580 … 720	365	12	Bauteile geringer Festigkeit mit kleinen Querschnitten, z. B. Achsen, Wellen
C 45	C 45, C 45 E	1.0503		0,45	650 … 800	410	16	
C 55	C 55, C 55 E	1.0535		0,55	730 … 880	460	14	
C 60	C 60, C 60 E	1.0601		0,60	780 … 930	490	13	
46 Cr 2	46 Cr 2	1.7006	Chrom-Vergütungsstahl	0,46	720 … 930	540	14	normalbeanspruchte Bauteile im Maschinenbau, z. B. Kolbenstangen
34 Cr 4	34 Cr 4	1.7033		0,34	720 … 930	540	14	
37 Cr 4	37 Cr 4	1.7034		0,37	830 … 980	630	13	
41 Cr 4	41 Cr 4	1.7035		0,41	880 … 1080	665	12	
25 CrMo 4	25 CrMo 4	1.7218	Chrom-Molybdän-Vergütungsstahl	0,25	720 … 930	590	14	Bauteile hoher Festigkeit mit größten Querschnitten, z. B. Kurbelwelle
34 CrMo 4	34 CrMo 4	1.7220		0,34	880 … 1080	665	12	
42 CrMo 4	42 CrMo 4	1.7225		0,42	980 … 1170	765	11	
32 CrMo 12	32 CrMo 12	1.7361		0,32	1220 … 1420	1030	9	

Stahlguß

Sorte Kurzname DIN 1681	Sorte Kurzname EN 10027	Werkstoff-Nr.	Eigenschaften Zusammensetzung in % ≈	Zugfestigkeit R_m N/mm²	Streckgrenze $R_{p0,2}$ N/mm²	Bruchdehnung A_5 in %	Eigenschaften und Verwendung
GS-38	GS 200	1.0416	0,15 C	375	200	25	komplizierte Bauteile mit mittlerer bis hoher Beanspruchung, z. B. Ventilgehäuse hochbeanspruchte Bauteile
GS-45	GS 230	1.0443	0,25 C schweißbar	440	230	22	
GS-52	GS 260	1.0551	0,35 C	510	260	18	
GS-60	GS 300	1.0553	0,45 C (bedingt)	590	300	15	

Gußeisen

Sorte Kurzname	Werkstoff-Nr.	C %	Zugfestigkeit R_m N/mm²	Dehngrenze $R_{p}0,2$ N/mm²	Dehnung A_5 %	Härte HB	Eigenschaften	Eigenschaften und Verwendung
Gußeisen mit Lamellengraphit nach DIN 1691								
GG-10	0.6010	3,6	98	–	–	100 … 150	gute Gießbarkeit, gute Korrosionsbeständigkeit hohe Dämpfung, gute Laufeigenschaften, gute Verschleißfestigkeit, gut bearbeitbar	Gußteile, z. B. Getriebegehäuse für Werkzeugmaschinen, Gußteile mit erhöhter Festigkeit auch gegen Verschleiß: Kurbelgehäuse, Pressenständer, Zylinder
GG-15	0.6015	3,5	145	–	–	140 … 190		
GG-20	0.6020	3,4	195	–	–	170 … 210		
GG-25	0.6025	3,0	245	–	–	180 … 240		
GG-30	0.6030	2,8	295	–	–	200 … 260		
GG-35	0.6035	2,8	345	–	–	220 … 280		
Gußeisen mit Kugelgraphit nach DIN 1693 T1								
GGG-40	0.7040	–	400	250	15	–	gut bearbeitbar, geringe Verschleißfestigkeit	Gußstücke mit mittlerer Festigkeit u. Zähigkeit,
GGG-50	0.7050	–	500	320	7	–	sehr gut bearbeitbar, geringe Verschleißfestigkeit	Pleuelstangen, Fittings,
GGG-60	0.7060	–	600	380	3	–	gut bearbeitbar, mittl. Verschleißfestigkeit	Lager, Kolben, Kurbelwellen,
GGG-70	0.7070	–	700	440	2	–	gute Oberflächenhärte	Gußteile für mittl. bis höhere Festigkeit
GGG-80	0.7080	–	800	500	2	–	sehr gute Oberflächen.	

Kupfer-Legierungen

Kurzname	Werkstoff-Nr.	Zusammensetzung in % ≈	Zugfestigkeit R_m N/mm²	Bruchdehnung A_5 in %	Eigenschaften und Verwendung
Kupfer-Zink-Legierungen nach DIN 17660					
CuZn 10	2.0230	90 Cu, 10 Zn	240 … 360	42 … 9	Elektrotechnik; Kunstgewerbe
CuZn 30	2.0265	70 Cu, 30 Zn	280 … 530	50 … 0	gut kaltumformbar; Rohre
CuZn 40	2.0360	60 Cu, 40 Zn	420 … 480	23 … 12	Warm- u. kaltumformbar; Beschläge
CuZn 40 Pb 2	2.0402	58 Cu, 40 Zn, 2 Pb	390 … 670	35 … 0	gut zerspanbar; Schrauben
CuZn 40 Al 2	2.0550	57 Cu, 40 Zn, 2 Al, 1 Mn	550 … 650	18 … 10	Gleitwerkzeuge, hohe Festigkeit

Sachwortverzeichnis

Abdrückmutter 94
Abmaße 29
Abwicklungen 126 ... 138
Achsenabstand, Zahnräder 167, 173
Achteck 18
Allgemeintoleranzen 29
Anleitung zum Anfertigen
  von Zeichnungen 23, 25, 27, 36
Anschlag 151
Anschlußkreise 19
Ansichten 30
—, Europäische E 68
Antriebswelle, 3-Ganggetriebe 170
Arbeitsfolge beim Zeichnen 23, 25,
  27, 36, 58, 152
Asymptote 112
Ausbruch 70
Außenpaßflächen 97
Außenpaßmaße 97
Auswahlaufgaben 35, 43, 73, 79

Baugruppe 149, 184
Baustähle 197
Bemaßen nach DIN 406 20, 21, 22,
  48, 89, 90
Bemaßen von
  Biegeteilen 96
  geschweißten Bauteilen 106 ... 111
  Gewinde 75 ... 81
  Gußstücken 188
  Kegeln 63, 91
  Koordinaten 89, 184
  Kreisteilungen 90
Bezugslinie 22
Bezugsprofil 168
Blattaufteilung 36
Blechabwicklungen 133, 134
Bohrbuchse 180, 181
Bohrvorrichtung 180
Bruchlinien 12
Buchstabenabstand 14

CAD 190 ... 194
CAD/CAM 192
CIM 198

Darstellen von
  Federn 155
  geschweißten Bauteilen 106 ... 111
Darstellung
  axonometrische 146
  dimetrische 146, 147
  isometrische 146
Diagonalkreuz 54
Dichtungen 163
Drehteile 53, 94
Dreieck 18
Dreieckverfahren 134
Durchdringungen 135 ... 145
Durchmesserzeichen 48
Durchstoßpunkte 120

Einheitsbohrung 99
Einheitswelle 99
Einsatzstähle 197
Einzelheit 71
Ellipse 112
Ellipsenschnitt 129

Entlüftungshaube 133
Ergänzungszeichen 38, 44, 56, 62
Evolvente 113
Evolventenverzahnung 168

Fasenbemaßung 90
Fasenkanten 90
Feder
  Druck- 154, 155
  Teller- 155
  Zug- 155
Feinbleche 197
Fertigungsstufen 32, 33, 94
Formfassen 31
Formtoleranzen 102
Formerhandlinien 12, 69
Freihandlinien 12, 69
Freimaßtoleranzen 29
Freistiche 162
Fünfeck 18
Fußhöhe 166

Geometrische
  Konstruktionen 112
Geräteträger 96
Getriebe
  Dreigang- 170, 171
  Schnecken-
Gewinde
  -bemaßung 75
  -bezeichnung 77
  -darstellung 75
  -steigung 156
  -übersicht 156
Grenzabmaß 29, 98
Grenzmaß 29
Grenzlehrdorn 100
Grenzrachenlehre 100
Grundabmaß 98
Grundtoleranz 98
Gußeisen 198
Gußstück 188
Gütegrad der Oberflächen 85

Halbmesser 48
Halbschnitt 70
Härteangaben 87
Hilfskugelverfahren 141
Hilfsschnittverfahren 139
Hinweislinien 22
Höchstmaß 29
Hohlkeil 158
Hosenrohr 134
Hüliform 23, 31
Hyperbel 112
  -schnitt 129

Informationen aus Schriftfeld
  und Stückliste 149, 154
Innenpaßfläche 98
Innenpaßmaß 98
ISO
  -Paßsysteme 99
  -Paßtoleranzen 98, 101
  -Toleranzen 102
  -Toleranzfelder 99, 102
  -Toleranzklassen 99
  -Kurzzeichen 100
  -Toleranzsystem 98

Kantenverfahren 135
Kavalierperspektive 37
Kegelbemaßen 63, 91
  -rad 167
  -schnitte 129
  -stifte 157
  -stumpf 91
  -winkel 91, 92
Keile 158
  Hohl- 158
  Nasen- 158
Keilnabenprofile 159
Keilwellenprofile 159
Kerbstifte 157
Kernquerschnitt 77, 156
Kolben 190
Konsole 45
Kopfhöhe 167
Körnerspitze 164
Kreisanschlüsse 19
Kugel
  -bemaßung 64
  -bolzen 64
  -gelenkbolzen 93
  -schnitte 130, 131
Kupfer-Legierungen 198
Kupplungen 175
  Einteilung 175
  elastische 175
  Kreuzscheiben- 177
  Scheiben- 175

Lage
  Hoch- 10
  Quer- 22
  -toleranzen 102
Lager
  Deckel- 165
  Gleit- 165, 166
  Wälz- 161, 162
Lagerbock 111
Laufrad 111
Lehren 25, 27, 29
Leserichtung 22
Linien
  -arten 11
  -breiten 11
  -gruppen 11
Lochkreis 49, 90
Lochteilungen 90
Lösungsfolge 133

Mantellinienverfahren 140
Maschinenuntersatz 108
Maß
  -abweichungen 29
  -anordnung 89
  -bezugsebene 53
  -bezugskante 23
  -bezugslinie 25
  -hilfslinie 20
  -linien 20
  -pfeile 20
  -stäbe 10

Maßtoleranzen 29
 -toleranzfelder 98
 -zahl 20
Maßeintragung
 fertigungsbezogen 20
 funktionsbezogen 20
 Methode 1 21
 nach DIN 406 20, 21, 22, 48, 52,
  63, 64, 89, 90
 prüfbezogen 20
Meßbolzen 149
micro-Norm $\overline{m}$ 11
Mindestmaß 29
Mittellinien 12
Mittenrauhwert R_a 83
Modul 166
Muttern 156

Nabe 108
Nabennut 90
Nasenkeil 158
Neigung 92
Nennmaß 29
Norm
 -bezeichnung 156...
 DIN- 7
 DIN ISO- 7
 -maße 21
 -schrift 14, 15
 -teile 156...

Oberflächen
 -angaben 82...85, 195
 -rauhtiefe 82
 -symbole 82
 -zeichen 82, 83

Parabel 112, 129, 130
Paßfeder 159
Paßsystem 99
Paßtoleranz 99
Paßtoleranzfeld 99
Passungen 98
 Ist-
 Spiel-
 Übergangs-
 Übermaß-
Passungsbegriffe 98
Passungsauswahl 102
Passungsbeispiel 100
Plattführungs-
 schneidwerkzeug 182, 183
Pleuel 190, 191
Prismen 30
Projektion
 axonometrische 146
 dimetrische 146, 147
 isometrische 146
Projektion von
 Flächen 118
 Körpern 123
 Punkten 115
 Strecken 116, 117
Prüfdiagramm 155
Prüflehre 150...154

Quadrat-Symbol 32
Qualität 98

Radialdichtung 163
Radien 48

Räderkasten 170
Raster 24, 29, 83, 148
Rauchfang 134
Rauhtiefen 82
Raumbilder 40, 45, 57, 67
Raumecke 30, 115, 116
Raumvorstellungsvermögen 30, 31,
 32, 38
Reihenfolge beim Zeichnen 23, 25,
 27, 36, 110, 152, 153
Reitstock 184, 185
Rohr
 -abzweigung 142
 -knie 128
 -krümmer 128

Schablone 9
Scheiben 156
Scheibenkupplung 72, 175
Schieberadblock 170
Schlagschlüssel 50
Schlüsselweiten 90, 156
Schnecken
 -getriebe 172, 173
 -rad 172
 -welle 172
Schnellwechselfutter 186
Schnitt
 -arten 70
 -beispiele 70, 71, 72
 -darstellung 70
 -kennzeichnung 70
 -verlauf 70
Schraffuren 13, 70
Schrauben
 -fläche 114
 -gang 114
 -linie 114
 -senkung 156
 -sicherung 156
 -verbindung 76, 78, 79, 80, 81
Schriftfelder 154
Schriftgrößen 14
Schriftübungen 16
Schütttrichter 126
Schweißnaht
 -bemaßung 106
 -darstellung 105
 -güte 109
 -symbole 105
Sechseck 18
Sinnbilder für Federn 155
Spannbuchse 179
Spannstift 157
Spannungsquerschnitt 77, 156
Spannvorrichtungen 179, 180
Stahlguß 198
Steigung P 77, 156
Stift 156
Stückliste 154
 aufgebaute 154
 getrennte 191
Symbole für
 Durchmesser 48
 Form- u. Lagetoleranzen 195
 Kegel 91
 Neigung 59, 92
 Oberflächenangaben 195
 Zentrierbohrungen 196
 Werkstückkanten 196

Oberflächenangaben 82, 85
Quadratform 32, 90
Radien 48
Rillenrichtung 83
Toleranzart 103
Verjüngung 91, 92

Tangente 19
Teilnumerierung 71
Teilschnitt 70
Teilung 90, 167
Testaufgaben 42...88
Toleranz
 -grad 98
 -klasse 100
 Form- 103
 -Feldlage 103
 Maß- 29, 98
 Paß- 99
Toleranzfeld 98, 99
 Paß- 99
Treibstange 166
Tuschefüller $\overline{m}$ 8

Übergangskörper 133, 134
Unrunde 49

Ventil
 Absperr- 187
 -gehäuse 188
Vergrößerung 10
Vergütungsstahl 198
Verkleinerung 10
Vielecke 18
Vollschnitt 70
Vorrichtung
 Bohr- 180
 Fräs- 179

Wälzlager 162
Wahre
 Größe 118
 Länge 116, 117
Welle 94, 161, 170, 172, 174
Wellennut 90
Werkstoffe 197, 198
Winkellehren 27

Zahnhöhe 167
Zahnräder
 Achsabstand 167
 Bestimmungsgrößen 167
 Darstellung 168
 Evolventenzahnform 169
 Übersetzung 171
Zahnstange 169
Zeichengeräte 8
Zeichenplatte 8
Zeichenschritte 23, 25, 27, 36, 109, 153
Zeichnung
 Fertigungs- 11
 Gesamt- 11, 190
 Gruppen- 11, 150, 184
 Teil- 11
Zeichnungslesen 89, 150...
Zentrierbohrungen 160, 196
Zuordnungsaufgaben 34, 42, 55, 60, 65
Zuschnitte 96
Zykloide 114
Zylinderstift 157